"十二五"江苏高等学校重点教材(编号:2015-2-075)

高等院校电气信息类专业"互联网+"创新规划教材

VHDL 数字系统设计与应用

主 编 黄 卉 李 冰

北京大学出版社
PEKING UNIVERSITY PRESS

内 容 简 介

本书以培养创新型人才为目标，内容包括电子电路及触发器等较高级的电路设计，在内容安排上注重精讲多练、先进实用，介绍基础知识的同时强调相应的实践和设计，设有实训和设计题目。实训题是验证类的题目，会简单告诉读者如何设计，其结果可以根据各章中的知识点判断回答出来，并可以引出启发性的问题，从而达到对知识点的理解巩固；设计题则是对所学知识的运用，对知识的更深层次的思考。除此之外，本书引入了对 SmartSPOC+实验平台的介绍，书中所有程序均在 EDA 开发平台上通过调试。

本书可作为高等院校电子、信息、自动化、通信等专业的本科教材，也可作为独立院校、高职高专学校电子等专业基础课程的入门教材，还可供相关技术人员参考使用。

图书在版编目(CIP)数据

VHDL 数字系统设计与应用/黄卉，李冰主编. —北京：北京大学出版社，2016.6
（高等院校电气信息类专业"互联网+"创新规划教材）
ISBN 978-7-301-27267-1

Ⅰ. ①V… Ⅱ. ①黄… ②李… Ⅲ. ①VHDL 语言—程序设计—高等学校—教材 Ⅳ. ①TP312

中国版本图书馆 CIP 数据核字（2016）第 155816 号

书 名	VHDL 数字系统设计与应用
	VHDL Shuzi Xitong Sheji yu Yingyong
著作责任者	黄 卉 李 冰 主编
策 划 编 辑	程志强
责 任 编 辑	黄红珍
数 字 编 辑	刘志秀
标 准 书 号	ISBN 978-7-301-27267-1
出 版 发 行	北京大学出版社
地　　　址	北京市海淀区成府路 205 号　100871
网　　　址	http://www.pup.cn　新浪微博：@北京大学出版社
电 子 信 箱	pup_6@163.com
电　　　话	邮购部 62752015　发行部 62750672　编辑部 62750667
印 刷 者	北京虎彩文化传播有限公司
经 销 者	新华书店
	787 毫米×1092 毫米　16 开本　18.75 印张　438 千字
	2016 年 6 月第 1 版　2020 年 2 月全新修订　2022 年 1 月第 3 次印刷
定　　　价	52.00 元

前　　言

在电子设计领域，目前数字系统的设计正朝着速度快、容量大、体积小、质量轻的方向发展。推动该潮流迅猛发展的引擎就是日趋进步和完善的 ASIC 设计技术。熟练掌握 FPGA/CPLD 设计技术已成为电子设计工程师的基本要求。为了适应这个发展趋势，配合应用型人才培养的需求，EDA 及 VHDL 硬件描述语言等相关技术已陆续成为各高校电子类专业的必修课，其重要性可见一斑。

EDA 技术课程是电子、通信、自动化等专业的专业基础课程，是一门实践性较强的课程。因为 EDA 技术是大学生科技创新活动、电子竞赛及毕业设计的重要技术手段之一，是一项直接面向实际应用的电子系统设计技术，包含集成电路设计技术、计算机辅助设计和仿真测试技术。因此，该课程应以学生为主导，实践为主，理论教学围绕实践应用开展。根据课程特点，编者结合多年的教学和科研实践经验，采用知识讲授和设计实验并行的写作思路编写本书。本书以学生本位为原则，结构具有层次化，内容由易到难，既能很好地引导学生入门，又能给学生提供一个进阶平台，使学生更好地理解和掌握 EDA 技术相关的基本知识，掌握现代数字系统的设计思想和方法、开发软件 Quartus II 的使用及 VHDL 编程技术，使其具有动手设计电子系统的能力。

本书具有以下特点：

(1) 面向应用，注重学生实践能力的培养。

在每个章节，配有大量的例题和实际案例，重点展示案例的设计与实现过程，突出本书的实践性和引导性。在第 5、6、8 章，除配有大量案例外，还针对每个案例增加不同难度梯度的实训题目和设计题目。实训题是"半设计"类型的题目，给出设计思路及设计步骤，学生可结合前面的设计案例完成设计，更好地理解、巩固、掌握所学知识；而设计题突出"设计"理念，要求学生运用所学知识独立完成设计。学生通过设计题目的训练可以对知识有更深层次的思考和运用，促进学生把理论知识和实践进行深度融合。

(2) 面向工程，融入 CDIO 教学理念。

第 8 章主要介绍综合实际应用项目的设计方法，让读者更深入地掌握数字系统的设计方法。较多的综合性工程实际设计案例，有利于培养学生的实际工程项目设计能力。综合设计突出实验教学中的"项目式"教学模式，对每个综合系统都有整个项目的设计思路、系统框架、模块设计等设计过程的详细阐述，使学生熟悉系统电路设计的流程，对数字系统设计的认识更加全面。项目配有实训题目，可以让学生参与系统项目的设计。

全书共 8 章。第 1 章主要介绍 EDA 的概念、特点，VHDL 硬件描述语言的概念及特点，其目的是使读者对 EDA 技术及 VHDL 硬件描述语言有初步的了解。第 2 章主要介绍 VHDL 语言的基本结构，目的是使读者掌握 VHDL 的基本程序结构、常规的 VHDL 语言的设计方法，掌握 VHDL 语言逻辑描述特点及语言和硬件电路的对应关系。第 3 章主要介绍 VHDL 语言的数据类型。第 4 章主要介绍 VHDL 语言的基本语句。第 5 章主要介绍组合逻辑电路的 VHDL 语言设计,包括分配器、编码器、译码器、运算器等。第 6 章主要介绍时序逻辑电路的 VHDL 语言设计,包括触发器、计数器、分频器等。第 7 章主要介绍 Quartus II 软件,结合实际应用案例介绍 Quartus II 的使用方法和设计流程。第 8 章为提高部分,主要介绍综合实际应用项目的设计方法,使读者更深入地掌握数字系统的设计方法。

本书由黄卉、李冰担任主编,具体编写分工:第 1 章由陆清茹编写,第 2~4 章由陈德斌编写,第 5~7 章由黄卉编写,第 8 章由张志鹏编写。李冰教授负责全书的统稿及定稿。

本书所有例题均使用 Quartus II 软件编译仿真通过,并且均通过 SmartSOPC+实验平台验证。

在本书的编写过程中,编者参考了大量的文献,在此向文献的作者表示感谢!

由于编者水平有限,书中难免存在疏漏和欠妥之处,敬请读者批评指正。

编　者
2016 年 3 月

目　　录

第1章

概　述

【本章教学目标与要求】

(1) 要求对现代EDA技术有所了解。

(2) 熟悉Quartus II工具的使用方法，对设计流程有初步的了解。

1.1　EDA 简介

1.1.1　EDA 的发展历史

当今社会随着电子产品的不断进步而飞速发展，人类社会由此也进入了高度发达的信息化时代。从 1959 年的第一块集成电路问世到现如今的电子产品，无论是在性能、集成度上，还是在复杂度上都已得到极大的提升。

进入 21 世纪，硅片技术日益成熟，尤其是深亚微米(Deep Sub-Micron，DSM)和超深亚微米(Very Deep Sub-Micron，VDSM)技术，极大地促进了集成电路产业的快速发展，引领当今信息社会发生了翻天覆地的巨大变革。

【参考图文】

集成电路发展先后经历了电路集成、功能集成和技术集成三个阶段，而随着当今计算机软硬件的知识集成，传统的电子系统已全面进入现代电子系统阶段，也就是现在普遍所说的 3G 时代(单片集成度达到 1G 个晶体管、器件工作速度达到 1GHz、数据传输速率达到 1Gbit/s)。

随着集成度和性能的飞速提升，电子产品的价格却不断下降，与此同时，产品更新换代的步伐也越来越快，现代电子设计技术已迈入了一个全新的阶段。集成电路设计技术的核心是电子设计自动化(Electronic Design Automation，EDA)技术，专家由此预言，未来的电子技术时代将是 EDA 的时代。

EDA 技术是通过计算机的辅助完成集成电路设计、电子电路设计和印制电路板(Printed Circuit Board，PCB)设计这三个方面的电子设计工作的，如图 1.1 所示。在这一系列过程中，它将应用电子技术、计算机技术、智能化技术等融合在一个电子 CAD 通用软件包中，实现自动化系统操作。没有 EDA 技术的支持，想要完成上述超大规模集成电路的设计制造是不可想象的，反过来，生产制造技术的不断进步又必将对 EDA 技术提出新的要求。

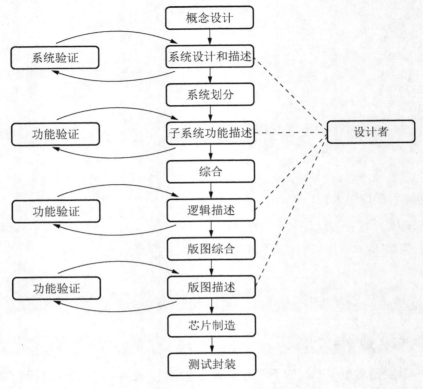

图 1.1　EDA 设计流程图

EDA 是由计算机辅助设计(Computer Aided Design，CAD)、计算机辅助制造(Computer Aided Made，CAM)、计算机辅助测试(Computer Aided Test，CAT)及计算机辅助工程(Computer Aided Engineering，CAE)结合发展而出现的，回顾电子设计技术的发展历程，EDA 技术的发展大致可分为以下三个阶段：CAD 阶段、CAE 阶段和 EDA 阶段。

20 世纪 70 年代为 CAD 阶段，人们摒弃了烦琐的手工操作，开始在计算机的帮助下对 IC 版图进行编辑及对 PCB 版图进行布局布线，计算机辅助设计的概念由此产生。

20 世纪 80 年代为 CAE 阶段，在之前的基础上，利用计算机，电子设计者又增加了电路功能设计和结构设计，并且通过电气连接网络表将两者结合在一起，实现了工程设计，这就是计算机辅助工程的概念。CAE 的主要功能是原理图输入、逻辑仿真、电路分析、自动布局布线和 PCB 后分析。

20 世纪 90 年代为 EDA 阶段，相比之前而言，CAD/CAE 技术虽然取得了巨大的成功，但在整个设计过程中，自动化和智能化程度并不高，而且由于各种 EDA 软件千差万别，兼容性差且不易上手，直接导致整个设计环节间的脱节。由此，设计者改进并完善了相应的软件及技术，实现了整个设计过程的自动化，EDA 技术应运而生。通过 EDA 工具，电子设计师从概念、算法、协议开始设计电子系统，从电路设计、性能分析直到 IC 版图或 PCB 版图生成的全过程均可在计算机上自动

【参考图文】

【参考图文】

【参考图文】

完成。EDA 的出现引领了电子设计领域的一场变革。

1.1.2　EDA 的特点

作为现代电子系统设计的主导技术，EDA 具有并行工程(Concurrent Engineering)设计和自顶向下(Top-down)设计两个明显特征。它的整个设计流程是从系统总体要求出发，依次通过行为描述(Behaviour Description)、寄存器传输级(Register Transfer Level，RTL)描述和逻辑综合(Logic Synthesis)三个层次，逐步将设计内容细化，从而完成整体设计。同以前的设计技术相比，EDA 技术更具有系统性、自动化性及高效性，可以说这是一种全新的设计思想与设计理念。

与 EDA 基本特征密切相关的有以下四个概念：

1. "自顶向下"的设计方法

在 20 世纪 90 年代，电子设计者们在设计电子系统时最初采用的是标准集成电路"自底向上"的设计方法，但最终这种方法由于成本高、效率低和容易出错而最终被"自顶向下"的设计方法所取代。

"自顶向下"的设计方法是从系统设计入手，首先在系统顶层进行功能方框图的划分，这样既有利于早期发现结构设计上的错误，避免设计工作的浪费，又减少了逻辑功能仿真的工作量，接着设计者通过软件对前面的方框图进行仿真和纠错，并通过硬件描述语言(HDL)对高层次的系统行为进行描述，然后进行系统一级的验证，最后设计者利用综合优化工具生成具体门电路的网络表，得到 PCB 版图并印制完成后实现最终的硬件电路并进行性能测试。

2. 采用 ASIC 芯片进行设计

随着现在电子产品的复杂度和集成度越来越高，集成电路的体积和功耗也越来越大，与此同时，系统的可靠性却越来越低，而通过 ASIC 芯片进行设计的方法很好地解决了这一难题。到目前为止，ASIC 芯片可分为全定制 ASIC、半定制 ASIC 和可编程 ASIC 三种类型。

【参考图文】

目前较为领先的 CPLD 和 FPGA 就属于可编程 ASIC 类型，这两种技术的高密度集成度已高达两百万每门，成为现代高层次电子设计方法的实现载体。它兼具高集成度和可编程的优点，特别适合于产品的快速先期研制和开发。

3. 硬件描述语言

硬件描述语言(Hardware Description Language，HDL)自 1962 年由 Iverson 提出以来，先后出现了很多种软件语言，但随着集成电路及硬件描述语言的发展，HDL 的发展进入多领域和多层次，迫切要求标准化和集成化，最终只有美国国防部(DOD)开发的 VHDL 和 GDA(Gateway Design Automation)公司开发的 Verilog HDL 适应这种发展趋势并被沿用至今。

【参考图文】

在电子设计过程中，设计者通过 HDL 软件编程的方式来描述电子系统的逻辑功能、电路结构和连接形式，从而实现电子系统的从最初的系统设计到最后的硬件电路。

硬件描述语言是硬件设计人员和 EDA 工具之间的界面，主要用于从算法级、门级到开关级的多种抽象设计层次的数字系统建模。

设计者通过硬件描述语言的主要功能编写设计文件，对电子系统行为级建立仿真模型，然后在计算机及相关软件的辅助下对用 Verilog HDL 或 VHDL 建模的复杂数字逻辑进行仿真，在仿真无误后对它进行自动综合，生成符合设计要求的各种网络表，然后根据相应的网络表通过软件生成具体电路并进行仿真，最后就可以根据设计生成的电路进行 ASIC 芯片的制造或把它写入 FPGA 和 CPLD 器件中。

4. EDA 系统框架结构

目前，绝大部分的 EDA 系统都在遵守国际统一技术标准的前提下建立了自己的框架结构，这些系统框架结构是一系列软件配置及使用 EDA 软件包的规范。在这些系统框架结构的帮助下，设计者可以对不同的工具软件进行优化组合，并集成在一个易于管理的统一的环境下进行操作，这一做法极大地促进了工程自顶向下的设计方法。

1.2　VHDL 简介

1.2.1　VHDL 的发展历史

VHDL 诞生于 1982 年，1985 年由美国国防部正式推出。它的英文全名是 Very-High-Speed Integrated Circuit Hardware Description Language，意即甚高速集成电路硬件描述语言。1987 年年底，VHDL 被 IEEE 和美国国防部确认为标准硬件描述语言。自 IEEE 公布了 VHDL 的标准版本以来，VHDL 在电子设计领域得到了广泛的认可，并逐步取代了原有的非标准的硬件描述语言，直至今天，VHDL 和 Verilog HDL 作为 IEEE 的工业标准硬件描述语言，在整个电子工程领域，已成为最具代表性的通用硬件描述语言。

VHDL 主要应用在行为层和寄存器传输层，对数字系统的结构、行为、功能和接口进行描述，而行为层和寄存器传输层可使 VHDL 更好地发挥其面向高层的优势，通过 VHDL 可将高层次描述转化为低层次门级描述，从而实现数字电路的设计工作。

VHDL 是一种计算机高级语言，因此，无论是它的语言形式还是它的描述风格与句法，都与绝大多数计算机高级语言一样。有所不同的是，VHDL 还另外含有许多具有硬件特征的语句。因此，VHDL 的程序结构特点是将一项工程设计分成两部分：外部和内部。一方面，它既可对一个设计实体定义外部界面，又可对其内部进行设计开发；另一方面，一旦这个实体设计完成，其他的设计就可以直接调用这个实体。

1.2.2　VHDL 的特点

VHDL 是一种全方位的硬件描述语言，它几乎覆盖了以往各种硬件描述语言的功能，也成了电子设计者们必须掌握的工具。设计者利用 VHDL 语言可实现自顶向下或自底向上的电路设计过程，另外，VHDL 还具有以下优点：

(1) 与其他的硬件描述语言相比，VHDL 具有更强的行为描述能力，从而使它成为高层次设计的核心，将设计人员的工作重心集中在系统功能的实现与调试，而不需要理会具体的器件结构，大大减轻了设计者的工作强度，并保证电子设计系统的完成。

(2) VHDL 具有丰富的仿真语句和库函数，对设计过程中出现的错误可及时发现并改进，大大节约了设计者的时间、精力及财力。

(3) VHDL 可以用简洁明确的代码描述来进行复杂控制逻辑的设计，灵活且方便，也便于设计结果的交流、保存和重用。

(4) VHDL 是一个标准语言，得到众多 EDA 厂商的支持，因此移植性好，具有支持大规模设计的分解和已有设计的再利用功能。

(5) VHDL 对设计的描述具有相对独立性，不依赖于特定的器件，可直接进行独立的设计。

1.2.3　如何把硬件电路翻译成 VHDL 代码

下面以一个全加器的设计为例，介绍如何用 VHDL 硬件语言描述一个具体电路。如图 1.2 所示的一位全加器端口引脚框图。其中，端口 a 和端口 b 是全加器的二进制输入端，端口 cin 是低位的二进制进位输入端，端口 s 是二进制和的输出端，端口 cout 是二进制和的进位输出端。如图 1.3 所示，当输入端(a、b 和 cin)1(高电平)的个数是奇数时，s 端口一定是 1；而当两个或更多的输入端为 1 时，cout 端口一定是 1。

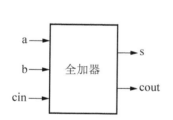

a b	cin	s	cout
0 0	0	0	0
0 1	0	1	0
1 0	0	1	0
1 1	0	0	1
0 0	1	1	0
0 1	1	0	1
1 0	1	0	1
1 1	1	1	1

图 1.2　一位全加器端口引脚框图　　　　　图 1.3　一位全加器真值表

与全加器对应的 VHDL 语言代码如图 1.4 所示。它主要包括两个部分：一个是实体部分(Entity)；另一个是结构体部分(Architecture)。实体部分用来描述电路端口(Ports)的数量和属性，从图 1.4 中可以看到端口 a、b 和 cin 都是输入(IN)信号，端口 s 和 cout 都是输出(OUT)信号。结构体部分主要用于描述电路实现的逻辑功能。从图 1.4 中可以看到端口 $s=a \oplus b \oplus cin$，端口 $cout = ab + acin + bcin$。当然也可以用其他方式描述电路的逻辑功能。

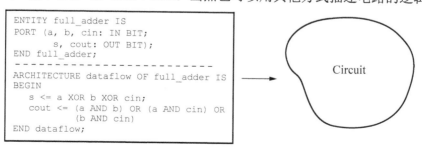

```
ENTITY full_adder IS
PORT (a, b, cin: IN BIT;
      s, cout: OUT BIT);
END full_adder;
-----------------------------------
ARCHITECTURE dataflow OF full_adder IS
BEGIN
   s <= a XOR b XOR cin;
   cout <= (a AND b) OR (a AND cin) OR
           (b AND cin)
END dataflow;
```

图 1.4　一位全加器的 VHDL 语言代码

(1) 如果我们的设计目标是用可编程逻辑器件(PLD 或 FPGA)来完成，则进位信号 cout 的实现方式有两种，如图 1.5 所示，这两种方式都是基于门电路级的实现方案。

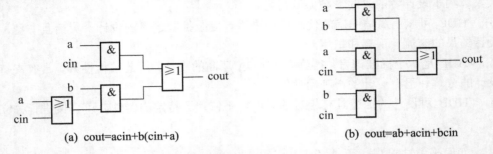

(a) cout=acin+b(cin+a)　　　　　　　　(b) cout=ab+acin+bcin

图 1.5　进位信号 cout 的两种门电路级实现方式

(2) 如果我们的设计目标是用专用集成电路(ASIC)来完成，则进位信号 cout 是使用 CMOS 电路结构实现晶体管级的实现方案。如图 1.6 所示，就是利用 MOS 晶体管和 Domino 逻辑结构来完成的。

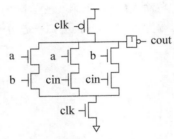

图 1.6　进位信号 cout 的晶体管级实现方法

无论用 VHDL 代码描述的电路最终用何种结构来实现，其逻辑运行的仿真验证结果和实物测试结果都应一致，如图 1.7 所示。其中包括设计过程中的电路功能仿真验证和版图功能仿真验证，以及最后的物理层面上的测试验证。从图 1.7 中可以验证在输入端的不同组合，在输出端都会产生符合图 1.3 中真值表的输出逻辑要求。除了对电路要进行功能仿真外，对有些电路还要进行时序仿真。

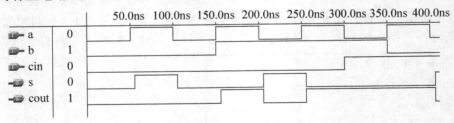

图 1.7　全加器的仿真结果

时序仿真与功能仿真的差别是时序仿真加载到仿真器的参数包括基于实际布局布线设计的最坏情况的布局布线延时，并且在仿真结果波形图中，时序仿真后的信号加载了延时，更接近电路实际。

1.3　EDA 的发展趋势

　　EDA 技术从出现至今，呈现出飞跃式发展，并已发展得相对完善，但面对当今飞速发展的电子信息化时代，这依然不够，我们还需要更加实用、更加快捷的 EDA 工具。我们需要在仿真、时序分析、集成电路自动测试、高速印制电路板设计及开发操作平台的扩展等方面取得新的突破，使得 EDA 的功能更加完善、强大，使用更加便捷，使得设计者更易上手，从而把精力可以集中到设计构思、方案比较和寻找优化设计等方面，从而以最快的速度开发出性能优良、质量一流的电子产品。

　　要做到以上这些，就要求设计者所使用的开发工具需具有处理混合信号的能力，同时还应具有高效的仿真能力，是一种理想的逻辑综合和仿真优化的工具；对于电子系统的描述方式应更加简便、高效及统一，便于移植；随着 EDA 技术的不断成熟，软件和硬件的概念将日益模糊，使用单一的高级语言直接设计整个系统将是一个统一化的发展趋势。EDA 技术是电子设计领域的一场革命，目前正处于高速发展阶段，每年都有新的 EDA 工具问世，可以毫不夸张地说，谁掌握了最新的 EDA 技术，谁就掌握了未来的电子市场。然而，我国 EDA 技术的应用水平远远落后于发达国家，因此，广大电子工程人员要尽早掌握这一先进技术，这不仅是提高设计效率的需要，更是我国电子工业在世界市场上生存、竞争与发展的需要。

VHDL 语言基本结构

【本章知识架构】

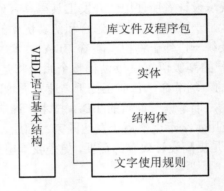

【本章教学目标与要求】

(1) 熟悉库文件(LIBRARY)的种类及使用方法。

(2) 掌握实体(ENTITY)的概念及定义方法，能理解输入/输出端口与缓冲端口的区别，并熟练使用。

(3) 掌握结构体(ARCHITECTURE)的基本功能和语法定义规则。

(4) 掌握VHDL语言的文字使用规则，对常见的错误能准确判断。

本章我们将先介绍 VHDL 语言设计的最基本的单元，包括库文件、实体和结构体等基本结构，最后介绍 VHDL 语言文字的使用规则。库文件是专门用于存放预先编译好的程序包的地方，程序包里面包含集合定义、实体定义、结构体定义和相关的配置信息，其功能相当于共享资源的仓库。实体是专门用来描述所设计单元的输入、输出端口的个数、方向等属性的。结构体主要是用来说明设计单元具有的逻辑结构或设计电路所能实现的功能，也是 VHDL 语言的核心内容及难点。本章将对上述 VHDL 语言的主要结构单元做详细介绍。

2.1 基本的 VHDL 单元

如图 2.1 所示，一段标准完整的 VHDL 语言代码至少包括三个基本的部分。

(1) **库声明**：包括在设计过程中使用的所有的库文件，如 IEEE 库、STD 库、用户自定义库和 WORK 库等。

(2) 实体：指定电路的 I / O 引脚的属性。

(3) 结构体：描述电路可实现的功能。

图 2.1　基本的 VHDL 语言结构

2.2　库文件声明及包集合

声明库文件包含两行，一行说明库文件的名称，另一行说明在该库文件用到的那些标准(包集合)，如图 2.2 所示。库文件的基本组成如图 2.3 所示。

```
LIBRARY library_name;
USE library_name.package_name.package_parts;
```

图 2.2　标准的库文件格式

1. 库

库(LIBRARY)是经过编译后的数据集合，存放包括集合定义、实体定义、构造体定义和配置定义。在 VHDL 语言中，库的说明总是放在设计单元的最前面。库的种类有五种：IEEE 库、STD 库、ASIC 库、用户定义库和 WORK 库。其中，WORK 库是设计者自己定义和设计的元件或模块，在使用过程中不用声明可以直接使用。用户定义库是用户为自身设计需要所开发的共用包集合和实体等，汇集在一起定义成一个库，在使用时一定要遵循"先声明后使用"的规则。比较常用的是 IEEE 库、STD 库和 ASIC 库。

1) IEEE 库

由于 IEEE 库不属于 VHDL 的标准库，所以使用库的内容时要先声明。IEEE 库主要包括 STD_LOGIC_1164、NUMERIC_BIT 和 NUMERIC_STD 等程序包，其中的 STD_LOGIC_1164 是最常用的、使用最广泛的程序包。IEEE 库使用的规则是"先声明后使用"。例如：

```
LIBRARY IEEE;    --表示打开 IEEE 库
```

图 2.3　库文件的基本组成

2) STD 库

STD 库包含在 VHDL 的标准库中，在标准库中存放在 "STANDARD" 的包集合中。也正因为如此，在调用 "STANDARD" 中的数据时可以不用声明，而直接使用。例如：

```
LIBRARY STD;
USE STD.STANDARD.ALL;
```

3) ASIC 库

ASIC 库也称为代工厂元件库，在 VHDL 设计过程中，为了进行门级仿真的需要，各芯片代工厂根据自己工艺生产线的实际水平，面向设计者所提供的 ASIC 逻辑门库，在该库中存放着与逻辑门一一对应的实体。设计者在设计过程中可以调用该库中的文件，但也一定要遵循 "先声明后使用" 的规则。

库的调用规则：在 VHDL 语言中，库的说明语句总是放在实体单元最前面，其作用范围在整个实体内有效。如果设计单元有多个实体，则在每个实体的前面都要有库的说明语句。这一点要特别注意。实体有了库的说明以后，在实体内部就可以直接使用库里的数据和文件，只要库之间是相互独立的，VHDL 语言允许在一个设计实体中同时打开多个不同的库，比如以下某段程序中最前面的三条语句：

```
LIBRARY IEEE;
USE IEEE.STD_LOGIC_1164.ALL;
```

第 2 章　VHDL 语言基本结构

```
USE IEEE.STD_LOGIC_ARITH.ALL;
```

该三条语句表示打开 IEEE 库，再打开此库中的 STD_LOGIC_1164 程序包和 STD_LOGIC_ARITH 程序包的所有内容。库语句一般必须与 USE 语句一同使用。因此，每一个设计实体都有自己完整的库说明语句和与之对应的 USE 语句。USE 语句的使用有两种常用格式：

```
USE 库名.程序包名.程序;      --说明在实体内可以使用库中的指定程序包内所选定的程序
USE 库名.程序包名.ALL;       --说明在实体内可以使用库中的指定程序包内所有的程序
```

2. 程序包

程序包(PACKAGE)是用 VHDL 语言编写的一段程序，可以供其他设计单元调用和共享，相当于公用的"工具箱"，各种数据类型、子程序等一旦放入了程序包，就成为共享的"工具"，类似于 C 语言的头文件，使用它可以减少代码的输入量，使程序结构清晰。在一个设计中，实体部分所定义的数据类型、常量和子程序可以在相应的结构体中使用，但在一个实体的声明部分和结构体部分中定义的数据类型、常量及子程序却不能被其他设计单元使用。因此，程序包的作用是可以使一组数据类型、常量和子程序能够被多个设计单元使用。

程序包分为包头和包体两部分。包头(也称程序包说明)是对包中使用的数据类型、元件、函数和子程序进行定义，其形式与实体定义类似。包体规定了程序包的实际功能，存放函数和过程的程序体，而且还允许建立内部的子程序、内部变量和数据类型。包头、包体均以关键字 PACKAGE 开头。程序包格式如下：

包头格式：

```
PACKAGE 程序包名 IS
    [包头说明语句]
END 程序包名;
```

包体格式：

```
PACKAGE BODY 程序包名 IS
    [包体说明语句]
END 程序包名;
```

调用程序包的通用模式如下：

```
USE 库名.程序包名.ALL;
```

常用预定义程序包有以下四个：

1) STD_LOGIC_1164 程序包

STD_LOGIC_1164 程序包定义了一些数据类型、子类型和函数。数据类型包括 STD_ULOGIC、STD_ULOGIC_VECTOR、STD_LOGIC 和 STD_LOGIC_VECTOR，用得最多最广的是 STD_LOGIC 和 STD_LOGIC_VECTOR 数据类型。调用 STD_LOGIC_1164 程序包中的项目需要使用以下语句：

11

```
LIBRARY IEEE;
USE IEEE.STD_LOGIC_1164.ALL;
```

该程序包预先在 IEEE 库中编译，是 IEEE 库中最常用的标准程序包，其数据类型能够满足工业标准，非常适合 CPLD(或 FPGA)器件的多值逻辑设计结构。

2) STD_LOGIC_ARITH 程序包

STD_LOGIC_ARITH 程序包是美国 Synopsys 公司的程序包，预先编译在 IEEE 库中，主要是在 STD_LOGIC_1164 程序包的基础上扩展了 UNSIGNED(无符号)、SIGNED(符号)和 SMALL_INT(短整型)三个数据类型，并定义了相关的算术运算符和转换函数。

3) STD_LOGIC_SIGNED 程序包

STD_LOGIC_SIGNED 程序包预先编译在 IEEE 库中，也是 Synopsys 公司的程序包，主要定义有符号数的运算，重载后可用于 INTEGER(整数)、STD_LOGIC(标准逻辑位)和 STD_LOGIC_VECTOR(标准逻辑位向量)之间的混合运算，并且定义了 STD_LOGIC_ VECTOR 到 INTEGER 的转换函数。

4) STD_LOGIC_UNSIGNED 程序包

STD_LOGIC_UNSIGNED 程序包用来定义无符号数的运算，其他功能与 STD_LOGIC_ SIGNED 相似。

【参考图文】

2.3 实   体

实体作为一个设计单元实体的组成部分，其主要功能是对这个设计单元与外部电路的接口进行描述。

实体基本语法结构如图 2.4 所示。

```
ENTITY entity_name IS
PORT(
    Port_name:signal_mode signal_type;
    Port_name:signal_mode signal_type;
    …);
END entity_name;
```

图 2.4　实体的结构

实体说明单元必须按照这一语法结构来编写，其中实体名可以由设计者自己根据电路特点和习惯来命名。由 PORT 端口说明语句对一个设计实体的所有端口进行说明和定义。其中包括对每一接口的输入输出模式(MODE)或称端口工作模式和数据类型(TYPE)进行了定义，在实体说明的前面一般是要有库的说明，即由关键词"LIBRARY"和"USE"引导一些对库和程序包使用的说明语句，其中的一些内容可以为实体端口数据类型的定义所用。

端口信号的工作模式可以是输入、输出、输入输出或缓冲等种类。如图 2.5 所示，输入端口(IN)和输出端口(OUT)只有一个工作方向，而输入输出端口(INOUT)可以有双向工作方式。缓冲端口(BUFFER)一方面可以作为输出方式，另一方面也可以利用输出信号的反馈作为输入端。

【参考图文】

信号的数据类型可以是 BIT 类、STD_LOGIC 类、INTEGER 整型类等，在以后的章节中详细讨论。

最后，实体的名称，除了 VHDL 硬件描述语言的保留字以外基本上可以是任何名字。

例 2.1　如图 2.6 所示的与非门，它的实体说明如下：

图 2.5　端口的种类　　　　图 2.6　与非门

```
ENTITY nand_gate IS
PORT(a,b :IN BIT;
      x :OUT BIT);
END nand_gate;
```

上述与非门实体的含义：电路有三个端口，两个输入端(a 和 b)和一个输出端(x)。数据类型都为 BIT 类。实体的名称为 nand_gate。

INOUT 为输入/输出双向端口，即从端口内部看，可以对端口进行赋值，即输出数据；也可以从此端口读入数据，即输入数据。

BUFFER 为缓冲端口，属于双向端口，既允许读数据，也允许写数据。功能与 INOUT 类似，但规定该端口只有一个源，不允许多重驱动，不与其他实体的输出端口、双向端口相连。区别在于当需要读入数据时，只允许内部回读内部产生的输出信号(即反馈)或其他实体的缓冲端口，就是说 BUFFER 仅仅是一个数据缓存器，不能用于 IO 输出。举例说明，设计一个计数器的时候可以将输出的计数信号定义为 BUFFER，这样回读输出信号可以做下一计数值的初始值，要是定义为 INOUT 先前的值就被覆盖了。

2.4　结　构　体

结构体是描述电路可实现的功能或行为。它具体地指明了该基本设计单元的行为、元件及内部的连接关系，也就是说它定义了设计单元具体的功能。由于结构体是对实体功能的具体描述，因此，它一定要跟在实体的后面。它的语法结构如图 2.7 所示。

结构体是实体所定义的设计实体中的一个组成部分，结构体描述设计实体的内部结构和(或)外部设计实体端口间的逻辑关系。结构体由声明部分和功能描述部分两大部分组成，如图 2.8 所示。

```
ARCHITECTURE architecture_nameOF entity_name IS
      [declarations]
BEGIN
      (code)
 END architecture_name;
```

图 2.7　结构体的结构

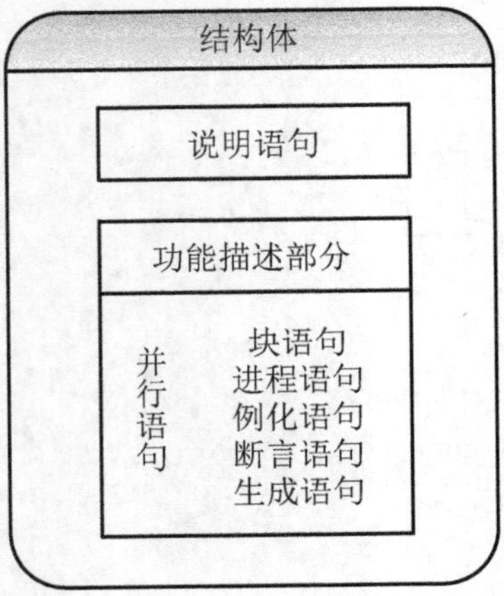

结构体

说明语句

功能描述部分

并行语句　块语句
进程语句
例化语句
断言语句
生成语句

图 2.8　结构体构造图

结构体的名称可以是除了 VHDL 的保留字以外的任何名称，包括与实体的名称相同。结构体包含两个部分：一个是声明部分(可选)，是对本结构体内的信号(SIGNAL)、常量(CONSTANT)、数据类型(TYPE)、元件(COMPONENT)及函数(FUNCTION)等进行定义和说明。需要特别注意的是，在一个结构体中说明和定义的数据类型、常数、元件、函数和过程只能用于这个结构体中。另一部分是功能描述部分(必选)。功能描述语句主要为描述实体逻辑行为，以各种不同的描述风格描述系统的逻辑功能实现的部分。常用的描述风格有行为描述、数据流描述和结构化描述。

功能描述部分的结构可以含有五种主要不同类型的以并行方式工作的语句结构，如图 2.8 所示。这可以看成结构体的五个子结构。而在每一语句结构的内部可能含有并行运行的逻辑描述语句或顺序运行的逻辑描述语句。也就是说，这五种语句结构本身是并行语句，但它们内部所包含的语句并不一定是并行语句，如进程语句内所包含的是顺序语句。

五种主要语句结构的基本组成和功能分别如下：

(1) 块语句是由一系列并行执行语句构成的组合体，其功能是将结构体中的并行语句组成一个或多个子模块。

(2) 进程语句定义顺序语句模块用以将从外部获得的信号值，或内部的运算数据向其他的信号进行赋值。

(3) 信号赋值语句将设计实体内的处理结果向定义的信号或界面端口进行赋值。

(4) 元件例化语句对其他的设计实体做元件调用说明，并将此元件的端口与其他的元件、信号或高层次实体的界面端口进行连接。

(5) 子程序调用可以进程或者参数。

结构体是描述实体所具有的特定功能。其中，每个实体可以有多个结构体，每个结构体对应着实体不同的功能结构，其间的各个结构体的地位是相同的，用 VHDL 语言中的顺序语句和并行语句完整地描述并实现实体的功能。但同一结构体不能为不同的实体所拥有。结构体不能单独存在，必须归属于某一个实体。在电路中，如果实体代表一个元器件符号，则结构体描述了这个符号的内部功能。例如，一个校园里有学习区、生活区、工作区等不同的区域，校园就相当于一个实体，而里面的学习区、生活区、工作区等不同功能的区域就相当于结构体，这些结构体都是校园这个实体所具有的功能，彼此之间的地位是相同的，并都为这一个校园实体所拥有。

例 2.2　以图 2.6 所示的与非门为例，它的结构体如下所示。

```
ARCHITECTURE myarch OF nand_gate IS
  BEGIN
      x <= a NAND b;
END myarch;
```

上述结构体的含义如下：这个电路执行的是与非的功能，两个输入信号为 a 和 b，一个输出端口为 x，这个结构体的名字为 myarch。在这个例子中，没有声明部分，只包含功能描述部分。

2.5　类属说明语句

类属(GENERIC)参量是一种端口界面常数，常以一种说明的形式放在实体或块结构体前的说明部分。类属为所说明的环境提供了一种静态信息通道。类属与常数不同，常数只能从设计实体的内部得到赋值，而且不能再改变，而类属的值可以由设计实体外部提供。因此，设计者可以从外面通过类属参量的重新设定而容易地改变一个设计实体或一个元件的内部电路结构和规模。类属说明的一般书写格式如下：

```
GENERIC( [ 常数名:数据类型 [ :设定值 ]
    { 常数名:数据类型 [ :设定值 ] } );
```

类属参量以关键词 GENERIC 引导一个类属参量表，在表中提供时间参数或总线宽度等静态信息。类属表说明用于设计实体和其外部环境通信的参数，传递静态的信息。类属在所定义的环境中的地位与常数十分接近，但能从环境如设计实体外部动态地接受赋值，其行为又有点类似于端口 PORT。因此，常如以上的实体定义语句那样，将类属说明放在其中，并且放在端口说明语句的前面。

在一个实体中定义的、来自外部赋入类属的值可以在实体内部或与之相应的结构体中读到。对于同一个设计实体，可以通过 GENERIC 参数类属的说明，为它创建多个行为不同的逻辑结构。比较常见的情况是利用类属来动态规定一个实体的端口的大小，或设计实体的物理特性，或结构体中的总线宽度，或设计实体中底层中同种元件的例化数量等。

一般在结构体中，类属的应用与常数是一样的。例如，当用实体例化一个设计实体的器件时，可以用类属表中的参数项定制这个器件，如可以将一个实体的传输延迟、上升和下降延时等参数加到类属参数表中，然后根据这些参数进行定制，这对于系统仿真控制是十分方便的。其中的常数名是由设计者确定的类属常数名，数据类型通常取 INTEGER 或

TIME 等类型，设定值即为常数名所代表的数值。但需注意 VHDL 综合器仅支持数据类型为整数的类属值。

下列程序使用了类属说明的实例描述：

```
ENTITY mcu1 IS
GENERIC (addrwidth : INTEGER := 16);
  PORT(
       add_bus : OUT STD_LOGIC_VECTOR(addrwidth-1 DOWNTO 0) );
       ……
```

在这里，GENERIC 语句对实体 mcu1 作为地址总线的端口 add_bus 的数据类型和宽度做了定义，即定义 add_bus 为一个 16 位的标准位矢量，定义常量 addrwidth 的数据类型是整数 INTEGER。其中，常量名 addrwidth 减 1 即为 15，所以这类似于将上例端口表写成：

```
PORT (add_bus : OUT STD_LOGIC_VECTOR (15 DOWNTO 0));
```

由该程序可见，对于类属值 addrwidth 的改变将对结构体中所有相关的总线的定义同时做出改变，由此将改变整个设计实体的硬件结构。

2.6 配　　置

配置是 VHDL 语言中，用来为一个设计实体指定综合或仿真时采用的结构体。在层次化电路的设计中，配置还为高层次设计所调用的元件指定所希望的结构体。默认配置是 VHDL 语言最简单的配置结构，它为一个设计实体选择不同的结构体，每种结构体都对应设计实体的一种方案，如图 2.9 所示。

【参考图文】

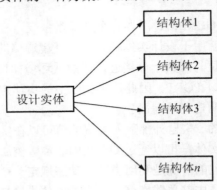

图 2.9　一个设计实体的多种实现方式

简单配置的语句格式：

```
CONFIGURATION  配置名  OF  实体名 IS
     FOR  选配结构体名
```

```
        END  FOR ;
    END  配置名;
```

例 2.3　一个与非门不同实现方式的配置实例。

```
    LIBRARY IEEE;
    USE IEEE.STD_LOGIC_1164.ALL;
    ENTITY nand IS
        PORT(a: IN STD_LOGIC;
                b: IN STD_LOGIC;
                c: OUT STD_LOGIC);
    END ENTITY nand;
    ARCHITECTURE art1 OF nand IS
    BEGIN
        c<=not (a and b);
    END ARCHITECTURE art1;
      ARCHITECTURE art2 OF nand IS
     BEGIN
        c<='1' WHEN (a='0') AND (b='0') ELSE
            '1' WHEN (a='0') AND (b='1') ELSE
            '1' WHEN (a='1') AND (b='0') ELSE
            '0' WHEN (a='1') AND (b='1') ELSE
            '0';
    END ARCHITECTURE art2;
    CONFIGURATION first OF nand IS
        FOR art1;
        END FOR;
    END first;
    CONFIGURATION second OF nand IS
        FOR art2
        END for;
    END  second;
```

2.7　VHDL 文字使用规则

VHDL 语言还有一些特殊的文字规则和表达方式，在编程中需要认真遵循。

2.7.1　数字

VHDL 语言中的数字有多种表达方法，现举例说明。

(1) 整数。整数都是十进制的数，如 5、678、0、156E2(=15600)、45_234_287 (=45234287)。
数字间的下划线是为了提高文字的可读性，相当于一个空的间隔符。

(2) 实数。实数也都是十进制的数，但必须带有小数点，如 1.345、848_673_541.453_909(=848673541.453909)、21.0、44.99E-2(=0.4499)。

(3) 以数制基数表示的文字。这种表示方式的基本结构为：数制#基数#指数。其中，"#"表示隔离符号；"数制"表示进制数值；"指数"表示指数部分。"数制"和"指数"部分都用十进制数表示时，"指数"部分为 0 时可省略不写。

```
SIGNAL  d1,d2,d3,d4,d5,: INTEGER;
d1 <= 10#85#;                 -- (十进制表示，等于 85)
d2 <= 16#234#;                -- (十六进制数"234"表示，等于十进制的"564")
d3 <= 2#110101010#;           -- (二进制表示，等于十进制的"426")
d4 <= 8#67#;                  -- (八进制表示，等于十进制的"55")
d5 <= 16#E#E1;                -- (十六进制表示，14*16^1)
```

(4) 物理量文字。例如，56s(560 秒)、90m(90 米)、7kΩ(7 千欧姆)、276A(276 安培)。

2.7.2 字符串

字符是用单引号括起来的 ASCII 字符，可以是数值，也可以是符号或字母，如 'd' 'F' '&' '$' 'P' '!' 'H' '*' '8' 'U' 等。

也可用字符来定义一个新的数据类型：

```
TYPE  STD_Ulogic is ('U','X','0','1','w','L','H','_')
```

字符串在 VHDL 语言中主要用来做注释或信息提示。字符串是一维数组，需要放在双引号中。有两种字符串：文字字符串和数位字符串。

(1) 文字字符串，如 "ERROR" "Both S and Q equal to 1" "X" "BB$CC"。

(2) 数位字符串又称为矢量，是预定的数据类型 BIT 的一位数组。数位字符串所代表的是二进制、八进制、十六进制的数组。表示方法由基数符号(B、O、X)加"数值"组成。

基数符号的含义如下所示：

B：二进制基数符号，表示二进制位 0 或 1，在字符串中的每位表示一个 BIT。

O：八进制基数符号，在字符串中的每一个数代表一个八进制数，即代表一个三位(BIT)的二进制数。

X：十六进制基数符号(0～F)，代表一个十六进制数，即一个四位的二进制数。

例如：

```
data1 <= B"1_1101_1110"        -- 二进制数数组,位矢数组长度是 9
data2 <= O"15"                 -- 八进制数数组,位矢数组长度是 6
data3 <= X"AD0"                -- 十六进制数数组,位矢数组长度是 12
data4 <= B"101_010_101_010"    -- 二进制数数组,位矢数组长度是 12
data5 <= "101_010_101_010"     --表达错误,缺 B
data6 <= "0AD0"                --表达错误,缺 X
```

2.7.3　标识符

标识符是最常用的操作符，可以是常数、变量、信号、端口、子程序或参数的名字。标识符规则是 VHDL 语言中符号书写的一般规则，为 EDA 工具提供了标准的书写规范。VHDL'93 对 VHDL'87 版本的标识符语法规则进行了扩展，通常称 VHDL'87 版本标识符为短标识符，称 VHDL'93 版标识符为扩展标识符。

1. 短标识符

VHDL 短标识符需遵守以下规则：

(1) 必须以英文字母开头。

(2) 英文字母、数字(0～9)和下划线都是有效的字符。

(3) 短标识符不区分大小写。

【参考图文】

(4) 下划线(_)的前后都必须有英文字母或数字。一般情况下，在写程序时，应将 VHDL 的保留字大写或黑体，设计者自己定义的字符小写，以使程序便于阅读和检查。尽管 VHDL 仿真综合时不区分大小写，但一个优秀的硬件程序设计师应该养成良好的习惯。例如：

合法的标识符：S_MACHINE、present_state、sig3、Decoder_1、FFT。

不合法的标识符：present-state、3states、cons_、entity、_now。

2. 扩展标识符

VHDL 扩展标识符的识别和书写有以下的规则：

(1) 用反斜杠来界定扩展标识符，如 \control_machine\、\s_block\ 等都是合法的扩展标识符。

(2) 扩展标识符允许包含图形符号和空格，如 \s&33\、\legal$state\ 是合法的扩展标识符。

(3) 两个反斜杠之间的字可以和保留字相同，如 \SIGNAL\、\ENTITY\ 是合法的标识符，与 SIGNAL、ENTITY 是不同的。

(4) 两个反斜杠之间的标识符可以用数字开头，如 \15BIT\、\5ns\ 是合法的。

(5) 扩展标识符是区分大小写的，如 \F\ 与 \f\ 是不同的标识符。

(6) 扩展标识符允许多个下划线相邻，如 \my___entity\ 是合法的扩展标识符。

(7) 扩展标识符的名字中如果含有一个反斜杠，则用相邻的两个反斜杠来代表它，如 \te\\xe\ 表示该扩展标识符的名字为 te\xe (共五个字符)。

2.8　注　释

为了提高 VHDL 源程序的可读性，在 VHDL 中可以写入注释。注释以"--"开头，包含直到本行末尾的一段文字。在设计软件中是可见的，输入"- -"后，后面字体的颜色就会发生改变。注释不是 VHDL 设计描述的一部分，编译后存入数据库中的信息不包含注释部分。

习　题

一、填空题

1．VHDL 程序的基本结构由_____、_____、_____、_____和_____
等部分组成。其中_____和_____是设计实体的基本组成部分，它们可以构成最基本
的 VHDL 程序。

2．在 VHDL 的端口说明语句中，端口方向包括_____、_____、_____和
_____。

3．在下面横线上填上合适的 VHDL 关键词，完成 2 选 1 多路选择器的设计。

```
LIBRARY_____;
_____IEEE.STD_LOGIC_1164.ALL;
_____MUX21  IS
_____(SEL:IN STD_LOGIC;
   A,B:IN STD_LOGIC;
   Q: OUT STD_LOGIC );
END MUX21;
_____BHV OF MUX21 IS
_____
Q<=A WHEN SEL='1' ELSE  B;
END BHV;
```

4．在 VHDL 中最常用的库是_____标准库，最常用的数据包是_____数据包。

5．VHDL 的实体声明部分指定了设计单元的_____或_____，是设计实体对外
的一个通信界面，是外界可以看到的部分。

6．VHDL 的标识符名必须以_____，后跟若干字母、数字或单个下划线构成，但
最后不能为_____。

二、选择题

1．VHDL 语言中的注释以____开头。
　　A. —　　　　　　　B. _ _　　　　　　　C. %　　　　　　　　D. --

2．在 VHDL 的 IEEE 标准库中，预定义的标准逻辑位 STD_LOGIC 的数据类型中的
数据是用____表示的。
　　A. 小写字母　　　　　　　　　　B. 大写字母
　　C. 大或小写字母　　　　　　　　D. 全部是数字

3．在下列标识符中，____是 VHDL 错误的标识符。
　　A. 4h_adde　　　　B. h_adde4　　　　C. h_adder_4　　　　D. h_adde

4．在 VHDL 中，45_234_278 属于____文字。
　　A. 整数　　　　　　　　　　　　B. 以数制基数表示的

C．实数　　　　　　　　　　　　　　D．物理量

5．在 VHDL 的端口声明语句中，用____声明端口为双向方向。

　A．IN　　　　　　B．OUT　　　　　　C．INOUT　　　　　D．BUFFER

6．VHDL 常用的库是____标准库。

　A．IEEE　　　　　　　　　　　　　B．STD

　C．WORK　　　　　　　　　　　　D．PACKAGE

7．在 VHDL 中，16#FE# 属于____文字。

　A．整数　　　　　　　　　　　　　B．以数制基数表示的

　C．实数　　　　　　　　　　　　　D．物理量

8．下列标识符中，_____是不合法的标识符。

　A．State0　　　　　B．9moon　　　　C．Not_Ack_0　　　D．signall

9．VHDL 语言是一种结构化设计语言，一个设计实体(电路模块)包括实体与结构体两部分，结构体描述_____。

　A．器件外部特性　　　　　　　　　B．器件的综合约束
　C．器件外部特性与内部功能　　　　D．器件的内部功能

三、简答题

【参考图文】

1．端口模式除了 INOUT 和 BUFFER 外，还有哪几种模式？INOUT 和 BUFFER 有什么区别？

2．简述 VHDL 语言基本结构中各个部分的功能。

第 3 章

数 据 类 型

【本章知识架构】

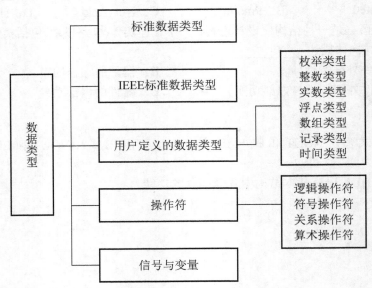

```
                        ┌──────────────────────┐
                        │      标准数据类型       │
                        └──────────────────────┘

                        ┌──────────────────────┐          ┌──────────┐
                        │   IEEE标准数据类型       │          │ 枚举类型  │
                        └──────────────────────┘          │ 整数类型  │
 ┌────┐                                                    │ 实数类型  │
 │ 数 │                 ┌──────────────────────┐          │ 浮点类型  │
 │ 据 │─────────────────│    用户定义的数据类型     │──────────│ 数组类型  │
 │ 类 │                 └──────────────────────┘          │ 记录类型  │
 │ 型 │                                                    │ 时间类型  │
 └────┘                                                    └──────────┘

                        ┌──────────────────────┐          ┌──────────┐
                        │        操作符          │──────────│ 逻辑操作符 │
                        └──────────────────────┘          │ 符号操作符 │
                                                           │ 关系操作符 │
                                                           │ 算术操作符 │
                        ┌──────────────────────┐          └──────────┘
                        │       信号与变量        │
                        └──────────────────────┘
```

【本章教学目标与要求】

(1) 熟悉各种标准的数据类型及其使用方法。

(2) 掌握用户定义数据类型的使用方法，能根据不同条件选择设计自己需要的数据类型。

(3) 熟练掌握操作符的使用功能及优先顺序。

(4) 重点掌握信号和变量的概念以及彼此间在使用过程中的区别。

VHDL 语言是一种强数据类型语言。要求设计实体中的每一个常数、信号、变量、函数及设定的各种参量都必须具有确定的数据类型，并且只有相同数据类型的量才能互相传递和作用。因此，在 VHDL 语言中信号、变量、常数等数据对象都是使用指定数据类型的，而且数据对象与数据类型是一一对应的。为此，VHDL 提供了多种标准的数据类型。同时，为使用户设计方便，还可以由用户自定义数据类型。不同数据类型之间的数据对象不能直接参加运算，因此，熟练掌握数据类型及其使用方法，对设计和调试程序至关重要。

3.1 标准的数据类型

标准的数据类型共有 10 种，都在 VHDL 标准程序包 STANDARD 中定义，见表 3-1。这 10 种数据类型是 VHDL 语言的标准数据类型，可以不用声明而直接使用。

下面对几种常用的数据类型做简要说明。

表 3-1 标准数据类型

数 据 类 型	含 义
整数	整数 32 位，−2147483647～+2147483647
实数	浮点数，−1.0E+38～+1.0E+38
位	逻辑 '0' 或 '1'
位矢量	位矢量
布尔量	逻辑 "假" 或逻辑 "真"
字符	ASCII 字符
字符串	字符矢量
时间	时间单位 fs、ps、ns、ms、s、min、hr、μs
自然数、正整数	整数的子集(自然数、正整数)
错误等级	NOTE、WARNING、ERROR、FAILURE

【参考图文】

1. 整数(INTEGER)

在 VHDL 中，整数的表述范围为-2147483647～+2147483647，它包括正整数、负整数和零。可以使用加 "+"、减 "−"、乘 "*"、除 "/" 等进行算术运算，但是不能使用逻辑操作符。要求在赋值语句中的数据类型必须匹配。

2. 实数(REAL)

在 VHDL 语言中的实数类型类似于数学上的实数，或称浮点数。实数的取值为-1.0E38～+1.0E38，书写时一定要有小数点。通常情况下，实数类型仅能在 VHDL 仿真器中使用，VHDL 综合器不支持实数，因为实数类型的实现相当复杂，目前在电路规模上难以承受。实数常量的书写方式举例如下：

```
65971.333333              --十进制浮点数
8#43.6#E+4                --八进制浮点数
43.6E-4                   --十进制浮点数
```

有些数可以表示为整数，也可以表示为实数。例如，数字 6 的整数表示为 6，而用实数表示则为 6.0，这两个数的值是一样的，但数据类型不一样，一般情况下最好不要通用。

3. 位(BIT)

在数字系统中，信号通常是用一个位来表示的。位值的表示方法是用 '0' 或

'1'表示。位与整数中的 1 和 0 不一样，'0'或'1'仅表示一个位的两种取值，可参与逻辑运算，运算结果仍是位数据类型。位数据常常用来描述数字系统中的总线的值。例如：

```
SIGNAL b:BIT;      --信号b是一个BIT类的数据类型
b <='0'            --给信号b赋值'0'
```

注意：对BIT类数据赋值要用单引号(' ')。

4. 位矢量(BIT_VECTOR)

位矢量是用双引号括起来的一组数据。它是基于位数据类型的数组，使用位矢量必须注明位宽，即数组中的元素个数和排列，例如：

```
SIGNAL a:BIT_VECTOR(0 To 7);--信号a是一个八位BIT类的数据类型
a <="10010001"              --给信号a赋值"10010001"
```

注意：对BIT_VECTOR类数据赋值要用双引号(" ")。

5. 布尔(BOOLEAN)

布尔数据类型实际上也是一个二值枚举型数据类型。它的取值只有两种，即 FALSE(假)或 TRUE(真)。由于布尔量不属于数值类，所以不能用于运算，只能通过关系运算。例如，它可以在 IF 语句中被测试，测试结果产生一个布尔量 FALSE 或 TRUE。

6. 字符(CHARACTER)

字符类型通常用单引号引起来，如'A'。字符类型区分大小写，如'B'不同于'b'。字符类型已在 STANDARD 程序包中做了定义。

7. 字符串(STRING)

字符串是一个由双引号括起来的一个字符序列，它也称字符矢量或字符串数组。字符串常用于程序的提示和说明：

```
VARIABLE string_var:STRING(1 TO 7)  --定义字符串变量,由7个字符组成
string_var := "m n x y"             --变量string_var的7个字符含空格,注
                                      意用":="赋值
```

8. 时间(TIME)(物理类型)

VHDL 中最常用的预定义物理类型是时间，由整数和物理量单位两部分组成，表达式上整数和单位之间至少要留一个空格，如 32ms、60ns、2min。其时间单位分别为 fs、ps、ns、ms、s、min、hr、μs。在系统仿真时，时间数据特别有用，用它可以表示信号延时，从而使系统能更逼近实际系统的运行环境。

时间单位的相互关系如下：

```
TYPE time IS RANGE -2147483647 TO 2147483647
  UNITS
```

```
            fs;                    -- 飞秒,VHDL 中的最小时间单位
            ps = 1000 fs;          -- 皮秒
            ns = 1000 ps;          -- 纳秒
            us = 1000 ns;          -- 微秒
            ms = 1000 us;          -- 毫秒
            sec = 1000 ms;         -- 秒
            min = 60 sec;          -- 分
            hr = 60 min;           -- 时
        END UNITS;
```

9. 错误等级

　　错误等级在仿真中用来指示系统的工作状态,在系统仿真过程中可以用来提示系统当前的工作情况,使操作人员可以根据系统的不同状态采取对应的对策。错误等级共有四种:NOTE(注意)、WARNING(警告)、ERROR(出错)、FAILURE(失败)。

3.2　IEEE 标准数据类型

　　IEEE 库是 VHDL 设计中最为常见的库,包含 IEEE 标准的程序包和其他一些支持工业标准的程序包。IEEE 库中的标准程序包主要包括 STD_LOGIC_1164、NUMERIC_BIT 和 NUMERIC_STD 等。其中,STD_LOGIC_1164 是最重要和最常用的程序包,大部分基于数字系统设计的程序包都是以此程序包中设定的标准为基础的。

　　IEEE 库中最常用的四个程序包 STD_LOGIC_1164、STD_LOGIC_ARITH、STD_LOGIC_SIGNED 和 STD_LOGIC_UNSIGNED 基本上已经足够使用,另外需要注意的是在 IEEE 库中符合 IEEE 标准的程序包并非符合 VHDL 语言标准,如 STD_LOGIC_1164 程序包。因此,在使用 VHDL 设计实体的前面必须以显式表达出来。以下重点介绍 STD_LOGIC 类型和 STD_LOGIC_VECTOR 类型。

1. STD_LOGIC 类型

　　由 IEEE 库中的 STD_LOGIC_1164 程序包,定义了一个 9 值逻辑的数据类型,并为该类型的各种运算提供了各种各样的函数,而且与前面所述的标准数据类型相比有较强的描述能力。例如,由 STD_LOGIC 数据类型代替 BIT 数据类型可以完成电子系统的精确模拟,并可实现常见的三态总线电路。因此,目前在 VHDL 语言的描述中,STD_LOGIC 与 STD_LOGIC_VECTOR 成为主要使用的数据类型。

　　STD_LOGIC 数据类型是具有 9 值的逻辑数据,取值分别为 'U' 'X' '0' '1' 'Z' 'W' 'L' 'H' 和 '-'。其九个值的含义为① 'U':未初始化的。② 'X':强未知的。③ '0':强 0。④ '1':强 1。⑤ '-':忽略。⑥ 'W':弱未知的。⑦ 'L':弱 0。⑧ 'H':弱 1。⑨ 'Z':高阻态(三态缓冲器,常用于总线设计)。

2. STD_LOGIC_VECTOR 类型

STD_LOGIC_VECTOR 数据类型是由 STD_LOGIC 构成的数组。定义如下：

```
TYPE STD_LOGIC_VECTOR IS ARRAY(Natural Range < >)OF STD_LOGIC
```

由于 STD_LOGIC 与 STD_LOGIC_VECTOR 在 IEEE 库中是以程序包的方式提供的，因此，使用前应先打开 IEEE 库，并调用库中的程序包，使用下列语句：

```
LIBRARY IEEE;
USE IEEE.STD _LOGIC_1164.ALL;
```

如果使用库中的各种函数，还应包含下列语句：

```
USE IEEE.STD_LOGIC_UNSIGNED.ALL;
USE IEEE.STD_LOGIC_ARITH.ALL;
```

上述两种数据类型都可以给信号和变量赋值，其赋值的原则是位宽相同，数据类型相同。

3.3 用户定义的数据类型

VHDL 硬件描述语言还允许用户定义自己的数据类型。其定义格式如下：

```
TYPE 数据类型名 数据类型定义;
```

常用的用户定义的数据类型有枚举类型、整数类型、实数类型、浮点类型、数组类型、记录类型、时间类型。

下面对常用的几种用户定义的数据类型做简单说明。

3.3.1 枚举类型

在逻辑电路中，所有的数据都是用"1"或"0"来表示的，但是在实际逻辑设计当中往往不方便。在 VHDL 语言中，可以用符号来代替数字。例如，在表示一周每一天状态的逻辑电路中，可以假设"000"为星期天，"001"为星期一，这对程序的阅读很不方便且不直接。为此，可以定义一个叫"week"的数据类型。例如：

```
TYPE week IS(sun,mon,tue,wed,thu,fri,sat);
```

由于上述的定义，凡是用于代表星期二的日子都可以用 tue 来代替，这比用代码"010"表示星期二更直观些，物理意义也更明确，便于理解。所以，这类用户定义的数据类型在实际应用中相当广泛。

枚举类型数据的定义格式如下：

```
TYPE 数据类型名 IS(元素 1,元素 2,……);
```

例 3.1

```
TYPE std_logic IS('U','X','0','1','Z','W','L','H','-')
                                --定义标准的九值逻辑类型
```

例 3.2

```
TYPE color IS (blue,green,yellow,red);--定义枚举类型 color,它含有四种颜色
TYPE my_logic IS ('0','1','U','Z');  --定义枚举类型 my_logic,它含有四个
VARIABLE hue:color;                  --定义变量 hue 为枚举类型 color
SIGNAL sig:my_logic;                 --定义信号 sig 为枚举类型 my_logic
hue := blue;                         --给变量 hue 赋值 blue
sig <='Z';                           --给信号 sig 赋值'Z'
```

3.3.2　整数类型和实数类型

整数类型在 VHDL 语言中已存在，这里所说的是用户定义的整数类型，可以认为是整数的一个子集。例如，在一个数码管上显示数字，其值只能取 0~9 的整数。如果用户定义了一个用于数码管的数据类型，那么就可以写为：

```
TYPE digit IS Integer Range 0 TO 9;  --定义了一种 digit 的数据类型,它的取值
                                       范围为 0 到 9 的整数
```

同理实数类型也可以这样定义，该类型的数据格式为：

```
TYPE 数据类型名 IS 数据类型定义 数据取值范围;
```

3.3.3　数组类型

数组类型是将相同类型的数据集合在一起所形成的一个新的数据类型。分为限定数组类型和非限定数组类型两种。

限定数组有一维数组、二维数组和多维数组等多种形式。数组的元素可以是任何一种数据类型，用以定义数组元素的下标范围。子句决定了数组中元素的个数，以及元素的排序方向，即下标数是由低到高，或是由高到低。

限定数组类型定义的格式为：

```
TYPE 数据类型名 IS ARRAY 数据范围 OF 原数据类型名;
```

例 3.3

```
TYPE word IS ARRAY(0 TO 7)OF BIT;
--定义了一个名为 word 的一维数组,它有八个元素,从低到高分别为 word(0)、word(1)、
word(2)、word(3)、word(4)、word(5)、word(6)、word(7)
TYPE book IS ARRAY(7 DOWNTO 0)OF BIT;
--定义了一个名为 book 的一维数组,它有八个元素从高到低分别为 book(7)、book(6)、
book(5)、book(4)、book(3)、book(2)、book(1)、book(0)
```

多维数组类型的定义格式如下：

TYPE 数据类型名 IS ARRAY(范围1,范围2,范围3……范围n)OF 原数据类型名；

其中，"范围1""范围2"……"范围n"分别表示为每个维度的大小范围。

例3.4

```
TYPE sum IS ARRAY(0 TO 5,7 DOWNTO 0)OF BIT;
    --定义了一个名为 sum 的二维数组，共由 48 个元素组成。从 Sum(0,7)、Sum(0,6)、
Sum(0,5)、Sum(0,4)、Sum(0,3)、Sum(0,2)、Sum(0,1)、Sum(0,0)、Sum(1,7)、Sum(1,6)、
Sum(1,5)、Sum(1,4)、Sum(1,3)、Sum(1,2)、Sum(1,1)、Sum(1,0)、Sum(2,7)…Sum(5,0)。注意
下标的变化规律
```

非限定数组类型是指数组索引范围被定义成一个类型范围。用"RANGE <>"指定一个没有限制的数组，在这种情况下，范围由信号说明语句等确定。非限定数组类型的定义格式如下：

TYPE 数组名 IS ARRAY(类型名称 RANGE < >)of 数据类型；

例如：

```
TYPE bit_vector IS ARRAY(INTEGER RANGE < >)of BIT;
                          --定义位矢量bit_vector
```

3.3.4 记录类型

数组是同一类数据类型的集合，而记录类型则是将不同类型的数据和数据名组织在一起而形成的新的数据类型。记录类型的定义格式如下：

```
TYPE 数据类型 IS RECORD
    元素名:数据类型；
元素名:数据类型；
    ……
END RECORD;
```

例3.5

```
TYPE byte_and_ix IS RECORD              --定义记录类型 byte_and_ix
    byte: BIT_VECTOR(7 DOWNTO 0);       --元素 byte 是位矢量,有8位
     ix: INTEGER RANGE 0 TO 8;          --元素 ix 是个整型量,取值为0~8
END RECORD;
    SIGNAL x,y: byte_and_ix;            --信号x、y是记录类型 byte_and_ix
    SIGNAL data:BIT_VECTOR(7 DOWNTO 0);
    SIGNAL num:INTEGER;
    ……
    x.byte <="11110000";               --信号x的byte 部分赋值为"11110000"
     x.ix <= 2;                         --信号x的ix 部分赋值为2
```

```
            y <= x;                     --信号 x 的值赋给信号 y
```

例 3.6

```
TYPE date IS RECORD
    day:INTEGER RANGE 1 TO 31;
        month:Month_Name;
            year:INTEGER RANGE 0 TO 3000;
END RECORD;
        VARIABLE today:date;
            today :=(15,may,1995);
```

3.3.5 数据类型的转换

在 VHDL 程序中，数据类型的定义是很严格的，不同类型的数据是不能进行运算和直接使用的。不同类型的数据要进行类型转换才可以进行代入操作。类型转换的方法有以下几种。

1. 直接类型转换法

所谓直接类型转换，就是将欲转换的目的类型直接标出，后面紧跟用括号括起来的源数据。例如，a 为 UNSIGNED 类型，则用 STD_LOGIC_VECTOR (a)的方式即可以将 a 由 UNSIGNED 类型转换为 STD_LOGIC_VECTOR 类型。一般在 VHDL 语言中，直接类型转换仅用于关系比较密切的数据类型之间的数据转换。例如，UNSIGNED、SIGNED 与 Bit_VECTOR，UNSIGNED、SIGNED 与 STD_LOGIC_VECTOR 之间的数据转换，因为它们之间的关系相近。使用直接类型转换时，可采用赋值语句。

要注意的是，在直接类型转换时，要先打开程序包 STD_LOGIC_ARITH.ALL。

例 3.7

```
LIBRARY IEEE;
USE IEEE STD_LOGIC_1164.ALL;
USE IEEE STD_LOGIC_ARITH.ALL;      --程序包 STD_LOGIC_ARITH.ALL 的声明
            ......
        VARIABLE x:INTEGE;
        VARIABLE y:REAL;
x := INTEGER(y);                   --注意实数转换整数时会发生四舍五入现象
y := REAL(x);
```

2. 类型函数转换法

VHDL 程序包中提供了多种转换函数，使得某些类型的数据之间可以相互转换，以实现正确的赋值操作。例如，STD_LOGIC_1164.ALL 程序包包含了 TO_BIT( )、TO_BIT_VECTOR( )、TO_STD_LOGIC( )和 TO_STD_LOGIC_VECTOR( )转换函数；STD_LOGIC_ARITH 程序包包含了 CONV_INTEGER( )和 CONV_STD_LOGIC_VECTOR( )转换函

数。STD_LOGIC__UNSIGNED 程序包包含了 CONV_INTEGER( )转换函数。转换函数见表 3-2。

需要注意的是，如果要利用类型函数转换法，必须要在调用前，先打开库和相应的程序包。

表 3-2　转换函数

函数(A,位长)	说　　明
STD_LOGIC_1164 程序包 TO_STDLOGICVECTOR(A) TO_BITVECTOR(A) TO_LOGIC(A) TO_BIT(A)	由 BIT_VECTOR 转换成 STD_LOGIC_VECTOR 由 STD_LOGIC_VECTOR 转换成 BIT_VECTOR 由 BIT 转换成 STD_LOGIC 由 STD_LOGIC 转换成 BIT
STD_LOGIC_ARITH 程序包 CONV_STD_LOGIC_VECTOR CONV_INTEGER(A)	由 INTEGER,UNSIGNED 和 SIGNED 转换成 STD_LOGIC_VECTOR 由 UNSIGNED 和 SIGNED 转换成 INTEGER
STD_LOGIC_UNSIGNED 程序包 CONV_INTEGER	STD_LOGIC_VECTOR 转换成 INTEGER

常用的七个类型转换函数的含义：

CONV_INTEGER( )：将 STD_LOGIC_VECTOR 类型转换成 INTEGER 类型。

CONV_INTEGER( )：将 UNSIGNED、SIGNED 类型转换成 INTEGER 类型。

CONV_STD_LOGIC_VECTOR( )：将 INTEGER 类型、UNSIGNED 类型或 SIGNED 类型转换成 STD_LOGIC_VECTOR 类型。

TO_BIT( )：将 STD_LOGIC 类型转换成 BIT 类型。

TO_BIT_VECTOR( )：将 STD_LOGIC_VECTOR 类型转换成 BIT_VECTOR 类型。

TO_STD_LOGIC( )：将 BIT 类型转换成 STD_LOGIC 类型。

TO_STD_LOGIC_VECTOR( )：将 BIT_VECTOR 类型转换成 STD_LOGIC_VECTOR 类型。

例 3.8　"STD_LOGIC_VECTOR" 转换成 "INTEGER" 的实例。

```
LIBRARY IEEE;
USE IEEE STD_LOGIC_1164.ALL;          --库声明
USE IEEE STD_LOGIC_ ARITH.ALL;        --程序包声明
ENTITY add5 IS
PORT (num:IN STD_LOGIC_VECTOR (2 DOWNTO 0);
    ⋮
    );
END add5;
ARCHITECTURE rtl OF add5 IS
SIGNAL in_num:INTEGER RANGE 0 TO 5;
```

```
            ⋮
BEGIN
    in_num<=CONV_INTEGER(num);            --位矢量转换成整数变换式
            ⋮
END rtl;
```

3.4 操 作 符

在 VHDL 语言中主要有四大类操作符，分别为关系(RELATIONAL)操作符、逻辑(LOGICAL)操作符、算术(ARITHMETIC)操作符和符号操作符。每一大类操作符又有许多种不同的小类，各种操作符的逻辑功能和所要求的数据类型见表 3-3。在使用这些操作符与操作数间的运算时要注意操作数的数据类型必须与操作符所要求的数据类型完全一致。表 3-4 给出了各种操作符的优先顺序，在使用这些操作符时也要严格遵守。

表 3-3 操作符表

类 型	操 作 符	功 能	操作数据类型
关系操作符	=	等于	任何数据类型
	/=	不等于	任何数据类型
	<	小于	枚举与整数类型，以及一维数组
	>	大于	枚举与整数类型，以及一维数组
	<=	小于等于	枚举与整数类型，以及一维数组
	>=	大于等于	枚举与整数类型，以及一维数组
逻辑操作符	AND	与	BIT、BOOLEAN、STD_LOGIC
	OR	或	BIT、BOOLEAN、STD_LOGIC
	NAND	与非	BIT、BOOLEAN、STD_LOGIC
	NOR	或非	BIT、BOOLEAN、STD_LOGIC
	XOR	异或	BIT、BOOLEAN、STD_LOGIC
	XNOR	异或非	BIT、BOOLEAN、STD_LOGIC
	NOT	非	BIT、BOOLEAN、STD_LOGIC
算术操作符	+	加	整数
	−	减	整数
	&	并置	一维数组
	*	乘	整数和实数
	/	除	整数和实数
	MOD	取模	整数
	REM	取余	整数
	SLL	逻辑左移	BIT、BOOLEAN 及一维数组
	SRL	逻辑右移	BIT、BOOLEAN 及一维数组
	SLA	算术左移	BIT、BOOLEAN 及一维数组

类　　型	操　作　符	功　　能	操作数据类型
算术操作符	SRA	算术右移	BIT、BOOLEAN 及一维数组
	ROL	逻辑循环左移	BIT、BOOLEAN 及一维数组
	ROR	逻辑循环右移	BIT、BOOLEAN 及一维数组
	**	乘方	整数
	ABS	去绝对值	整数
符号操作符	+	正	整数
	−	负	整数

表 3-4　操作符的优先顺序

优先级顺序	运算操作符类型	操　作　符	功　　能
低	逻辑操作符	NOT	取反
		AND	逻辑与
		OR	逻辑或
		NAND	逻辑与非
		NOR	逻辑或
		XOR	逻辑异或
	关系操作符	=	等于
		/=	不等于
		<	小于
		>	大于
		<=	小于等于
		>=	大于等于
	加减并置操作符	+	加
		−	减
		&	并置
	正负操作符	+	正
		−	负
	乘方操作符	*	乘
		/	除
		MOD	取模
		REM	取余
高	其他	**	乘方
		ABS	去绝对值

3.4.1　关系(RELATIONAL)操作符

　　VHDL 语言中的关系运算符有等于 "="、不等于 "/="、大于 ">"、大于等于 ">="、小于 "<"、小于等于 "<=" 六种。不同的关系运算符对运算符两边操作数的数据类型有不

同的要求。其中，"="和"/="可以适用所有类型的数据，其他关系运算符则可使用 INTEGER、STD_LOGIC、STD_LOGIC_VECTOR、BIT、BIT_VECTOR 等，但关系运算符左右数据类型应相同，宽度也应相同。例如，下面的程序宽度不同，只能按自左至右的比较结果作为运算结果。

例 3.9

```
……
SIGNAL  a:STD_LOGIC_VECTOR(3 DOWNTO 0);
SIGNAL  b:STD_LOGIC_VECTOR(2 DOWNTO 0);
SIGNAL  c:STD_LOGIC_VECTOR(3 DOWNTO 0);
    a<="1010";
    b<="111";
IF(a>b)THEN
      c<=a;
  ELSE
      c<=b;
END IF;
……
```

该例的结果是 c 得到了 b 的值，虽然"a=1010"从整体上说比"b=111"大，但由于 a、b 的宽度不同，因此，比较时只能按从高位到低位的方式进行。而 b 的第二位为'1'大于 a 的第二位'0'，因此，总体结果为 b 大于 a。为了能使位矢量进行正确的关系运算，在程序包 STD_LOGIC_UNSIGNED 中对 STD_LOGIC_VECTOR 关系运算重新做了定义，使其可以正确进行关系运算。

例 3.10

```
ENTITY relational_ops_1 IS
  PORT(a,b:IN BIT_VECTOR(0 TO 3);
        output:OUT BOOLEAN
          );
END relational_ops_1;
ARCHITECTURE example OF relational_ops_1 IS
BEGIN
        output <=(a=b);
END example;
```

3.4.2　逻辑(LOGICAL)操作符

VHDL 语言中的逻辑运算符共有六种，分别是 NOT(取反)、AND(与)、OR(或)、NAND(与非)、NOR(或非)、XOR(异或)。

这六种操作可以分别对 BIT、STD_LOGIC 及 B_VECTOR、STD_LOGIC_VECTOR 操作，由于两个操作数及赋值对象数据类型也必须相同。在 VHDL 语言中，如果有多个操作符，但它们之间没有左右差别，因此必须带括号。如果没有括号，则会产生语法错误。如果在一串运算中的运算符是 AND、OR、XOR 三种中的一种且运算符相同，则括号可以省略。例如：

```
X<=(a AND b)OR(NOT c AND d);          --括号不能省略
Y<=(a OR b)OR c;                      --括号可以省略
Z<= m XOR n XOR p;
```

例 3.11

```
SIGNAL a,b,c:STD_LOGIC_VECTOR(3 DOWNTO 0);
SIGNAL d,e,f,g:STD_LOGIC_VECTOR(1 DOWNTO 0);
SIGNAL h,i,j,k:STD_LOGIC;
SIGNAL l,m,n,o,p:BOOLEAN;
          ......
a<=b AND c;                -- b、c 相与后向 a 赋值,a、b、c 的数据类型同属 4 位长
                              的位矢量
d<=e OR f OR g;            -- 两个操作符 OR 相同,不需要括号
h<=(i NAND j)NAND k;       -- NAND 不属上述三种算符中的一种,必须加括号
l<=(m XOR n)AND(q XOR p);  -- 操作符不同,必须加括号
h<=i AND j AND k;          -- 两个操作符都是 AND,不必加括号
h<=i AND j OR k ;          -- 两个操作符不同,未加括号,表达错误
a<=b AND e;                -- 操作数 b 与 e 的位矢长度不一致,表达错误
h<=i OR l;                 -- i 的数据类型是位 STD_LOGIC,而 l 的数据类型是
                              布尔量 BOOLEAN,因而不能相互作用,表达错误
```

3.4.3 算术(ARITHMETIC)操作符

VHDL 语言中，最常见的算术运算符有以下十种：+(加)、–(减)、*(乘)、/ (除)、MOD(求模)、REM(求余)、+[正(一元运算)]、–[负(一元运算)]、**(指数)、ABS(取绝对值)。

另外，还有一种并置运算符 "&" 也常归类于算术运算符。并置运算符 "&" 用于信号或输入端口的一位或多位的连接。并置运算符的数据类型是一维数组，可以利用并置运算符将普通操作数或数组组合起来形成各种新的数组。例如，"VH" & "DL" 的结果为 "VHDL"，'0' & '1' 为 "01"。

例 3.12

```
LIBRARY IEEE;
USE IEEE.STD_LOGIC_1164.ALL;
ENTITY shift1 IS
    PORT (
        a:IN STD_LOGIC_VECTOR(7 DOWNTO 0);
        b:IN STD_LOGIC_VECTOR(7 DOWNTO 0);
        out1:OUT STD_LOGIC_VECTOR(7 DOWNTO 0);
```

```
              out2:OUT STD_LOGIC_VECTOR(7 DOWNTO 0)
                    );
END shift1;
ARCHITECTURE shift1_arch OF shift1 IS
BEGIN
   out1<=a(5 DOWNTO 0)& "00";
   out2<=b(5 DOWNTO 0)& b(7 DOWNTO 6);
END shift1_arch;
```

在例 3.12 中，out1<=a(5 DOWNTO 0)& "00"；通过并置运算符在右边补零实现输入端 a 的移位操作。

例 3.13

```
SIGNAL a,d:STD_LOGIC_VECTOR(3 DOWNTO 0);
SIGNAL b,c:STD_LOGIC_VECTOR(1 DOWNTO 0);
SIGNAL e:STD_LOGIC_VECTOR(2 DOWNTO 0);
SIGNAL f:STD_LOGIC;
a<= b & c;
d<= e & f;
```

注意：在赋值语句中使用"&"时，除了要求等式左右两边位数一致外，等式的右边还至少应有一个信号或变量。

在 VHDL 语言中，还有一类比较特殊的算术运算符，也叫移位(SHIFT)操作符。移位操作符有六种：SLL、SRL、SRA、SLA、ROL 和 ROR。它们都是 VHDL'93 版本新增的操作符，在 VHDL' 87 版本中没有定义。在 VHDL 本身中，要操作的数据对象是一维数组且数据类型为 BIT 型或 BOOLEAN 型。其他如 STD_LOGIC、INTEGER 等类型使用移位操作运算时，需使用数据类型转换函数，将其他类型转换为 BIT 类型。

移位(SHIFT)操作符的含义如下：

SLL：逻辑左移，右边补零。

SRL：逻辑右移，左边补零。

ROL、ROR：循环左、右移，移出的位用于依次填补移空的位。

SLA、SRA：算术左、右移位操作符，其移空位用最初的首位来填补。

移位操作语句格式为：

数据对象　移位操作符,移位位数(整数);

例 3.14

```
      ......
VARIABLE  a: BIT_VECTOR(7 DOWNTO 0):="10111011"
      a SLL 1;   --(a="01110110")   逻辑左移 1 位
      a SLL 3;   --(a="11011000")   逻辑左移 3 位
      a SRL 1;   --(a="01011101")   逻辑右移 1 位
```

```
        a SLA 1;      --(a="01110111")    算术左移 1 位
        a SLA 3;      --(a="11011101")    算术左移 3 位
        a ROL 1;      --(a="01110111")    循环左移 1 位
        a ROL 3;      --(a="11011101")    循环左移 3 位
        a ROR -3;     --(a="11011101")    循环右移 -3 位即循环左移 3 位
```

  VHDL 语言中由于有了移位操作，使得数据的位操作和处理极为方便。但由于目前 VHDL 语言只支持 BIT 和 BOOLEAN 两种类型的移位操作，因此，对于 STD_LOGIC 数据类型，在实现移位操作之前使用数据类型转换函数 TO_BIT_VECTOR 将 STD_LOGIC 数据类型转换为 BIT 类型，移位操作之后再利用 TO_STD_LOGIC_VECTOR 函数将 BIT 类型转换为 STD_LOGIC 类型与输出匹配。

  例 3.15 利用移位操作符实现移位。

```
    LIBRARY IEEE;
    USE IEEE.STD_LOGIC_1164.ALL;
    ENTITY shift1 IS
      PORT(
          a:IN STD_LOGIC_VECTOR (7 DOWNTO 0);
          b:IN STD_LOGIC_VECTOR (7 DOWNTO 0);
          out1:OUT STD_LOGIC_VECTOR (7 DOWNTO 0);
          out2:OUT STD_LOGIC_VECTOR (7 DOWNTO 0)
          );
      END shift1;
      ARCHITECTURE shift1_arch OF shift1 IS
      SIGNAL m,n: BIT_VECTOR(7 DOWNTO 0);
    BEGIN
          m<=to_BIT_VECTOR(a) SLL 2;
          n<=to_BIT_VECTOR(b) ROL 2;
          out1<=to_STD_LOGIC_VECTOR(m);
          out2<=to_STD_LOGIC_VECTOR(n);
      END shift1_arch;
```

  由于 VHDL 语言只支持 BIT 和 BOOLEAN 两种类型的移位操作，因此，对于 STD_LOGIC 数据类型，在实现移位操作前后都要对数据进行类别转型，才可以与移位操作符的使用规则相匹配。

  最后，还有一些操作符如求积、求和及混合操作符，它们的使用规则与常规的加减法、乘法的使用类似，具体可参考相关资料。

3.5 常量、变量和信号

  VHDL 语言提供了 SIGNAL 和 VARIABLE 这两种对象来处理非静态数据，同时提供了 CONSTANT 来处理静态数据。常量、变量和信号这几个量的共同特点是在使用前都必须先声明后使用，否则会产生编译错误。

3.5.1　常量

常量(CONSTANT)就是一个定值，是对某些特定类型数据赋予的数值。常量是全局量，通常在结构体描述、程序包说明、实体说明、过程说明、函数调用说明和进程说明中定义，其定义的位置决定了常量使用范围。如果一个常量定义在设计实体的某一结构体中，则这个常量只能用于此结构体；如果常量定义在结构体的某一单元，如一个进程中，则这个常量只能用在这一进程中。这就是常数的可视性规则。与计算机语言一样，定义一个常量主要是为了在设计过程中便于对某些特定量的修改和调整。

常量定义的格式如下：

```
CONSTANT 常量名[,常量名……]:数据类型:=表达式;
```

例如：

```
CONSTANT VCC:REAL:=12.0;
CONSTANT delay_time:TIME:=45 ns;
```

3.5.2　变量

在 VHDL 语法规则中，变量(VARIABLE)是一个局部量，只能在进程和子程序中使用。变量不能将信息带出对它做出定义的当前设计单元。变量的赋值是一种理想化的数据传输过程，是立即发生，不存在任何延时的行为。变量常用在实现某种算法的赋值语句中。定义变量的语法格式如下：

```
VARIABLE 变量名[,常量名……]:数据类型:=初始值;
```

例 3.16

```
VARIABLE  a:INTEGER;
VARIABLE  b,c:INTEGER:=2;
VARIABLE  d:STD_LOGIC;
```

在例 3.16 中分别定义 a 为整数型变量；b 和 c 也为整数型变量；初始值为 2；d 为标准位变量。

变量作为局部量，其适用范围仅限于定义了变量的进程或子程序中。仿真过程中唯一的例外是共享变量。变量的值将随变量赋值语句的运算而改变。变量定义语句中的初始值可以是一个与变量具有相同数据类型的常数值，也可以是一个全局静态表达式，这个静态表达式的数据类型必须与所赋值的变量一致。此外，对变量赋初始值不是必需的。变量赋值语句的语法格式如下：

```
目标变量名:=表达式;
```

变量赋值符号是":="，变量数值的改变是通过对变量的赋值操作来实现的。赋值语句右方的表达式的数据类型必须是一个与目标变量具有相同数据类型的数值，通过赋值操作，新的变量值的更新是立刻生效的，没有时间延迟。变量赋值语句既可以对单值变量赋值，也可以对多值变量(数组型变量)赋值。

下列程序表达了变量不同的赋值方式，请注意它们数据类型的一致性。

例 3.17

```
VARIABLE  x,y:REAL;
VARIABLE  a,b:BIT_VECTOR(0 TO 7)
x :=100.0;                          --实数赋值,x是实数变量
y := 1.5+x;                         --运算表达式赋值,y也是实数变量
a :=b;
a := "1010101";                     --位矢量赋值,a的数据类型是位矢量
a(3 TO 6):=('1','1','0','1');       --段赋值,注意赋值格式
a(0 TO 5):= b(2 TO 7);
a(7):='0';                          --位赋值
```

程序中，a 和 b 是以变量数组的方式定义的，它们的位宽都为 8，即分别含有 8 个单变量 a(0)、a(1)、a(2)、a(3)、a(4)···a(7)和 b(0)、b(1)、b(2)、b(3)、b(4)···b(7)，赋值方式也可以是多种多样的。

<h3>3.5.3　信号</h3>

在 VHDL 硬件描述语言中，信号是非常重要的一种数据类型，其功能相当于逻辑电路中的物理导线，其具有很强的硬件特征，也是在实体中信息交流的一个重要载体，通过对信号的定义和使用，才能把实体中各种设计单元有机地组合在一起，实现特定的功能。由于信号类似于电路图中的导线部分，因此，与实体的端口相比，除了没有方向特性以外，本质上是一致的。信号定义的格式与变量非常相似，如下：

SIGNAL 信号名[,信号名……]:数据类型[范围] [:= 初始值];

以下是信号的定义示例：

```
SIGNAL    temp:STD_LOGIC := 0;
SIGNAL    flaga,flagb:BIT;
SIGNAL    data:STD_LOG IC VECTOR(15 DOWNTO 0);
SIGNAL    a:INTEGER RANGE 0 TO 15;
```

信号的使用和定义范围一般都是在实体、结构体和程序包中。在进程和子程序中只能使用而不能定义。信号的赋值语句表达式如下：

目标信号名 <= 表达式:

赋值语句中的表达式可以是一个运算表达式，也可以是变量、信号或常量。因为信号具有导线的硬件特性，所以其赋值操作也具有物理导线的特点——传播延迟特性，因此，信号的赋值语句与变量的赋值过程有很大不同。所以，赋值符号用"<="而非":="。但

须特别注意，信号的初始赋值符号仍是"：="。以下是三个赋值语句示例：

```
x <= 9
y <= x
z <= x after 5ns
```

第三句信号的赋值是在 5ns 后将 x 赋予 z 的，关键词 after 后是延迟时间值，在这一点上，信号的赋值与变量的赋值很不相同。但是，即使没有 after 标注延迟时间，信号的赋值也是需要延时的，即任何信号赋值也都存在延时。信号的定义必须在进程外，但是信号的赋值可以在一个进程中赋值也可以在进程外赋值，在进程中赋值时，只要该进程启动，信号的赋值操作就开始按顺序执行。如果在进程外赋值，因为是并行赋值语句，赋值操作是同时执行的。两者有很大不同。通过下面两个例子体会二者的不同。

例 3.18

```
      ……
SIGNAL a,b,c,y,z :INTEGER;
PROCESS(a,b,c)
BEGIN
y <= a * b;
z <= c - x;
y <= b;
END  ROCESS;
      ……
```

例 3.18 的进程中，a、b、c 被列入进程敏感表，当进程运行后，信号赋值将以自上而下的顺序执行，但第一项赋值操作并不会发生，这是因为 y 的最后一项驱动源是 b，因此，y 被赋值 b。

在结构体中(包括块中)的并行信号赋值语句的运行是独立于结构体中的其他语句的，每当驱动源改变，都会引发并行赋值操作。以下是一个半加器结构体的逻辑描述。

例 3.19

```
ARCHITECTURE  fun1  OF  adder_h  IS
BEGIN
sum <= a XOR b;
carry <= a AND b;
END ARCHITECTURE  fun1;
```

在例 3.19 中，每当 a 或 b 的值发生改变，两个赋值语句将被同时并行启动，并将新值分别赋予 sum 和 carry。

3.5.4　信号与变量的区别、赋值

1. 信号与变量的区别

信号与变量的区别见表 3-5。

表 3-5　信号与变量的区别

	信　　号	变　　量
符号	<=	:=
用途	代表真实的电路	代表内部数据交换
适用范围	全局量，进程和进程之间的通信	局部量，进程的内部
行为	延迟一定时间后才赋值	立即赋值
用法	在包中、实体，或结构体中。在一个实体中，所有端口都默认为信号	只用在顺序语句中，即进程、函数或过程中

再一次强调，变量的赋值是立刻生效的，而信号不是立刻生效。通常，每赋给信号一个新的值，都是在相应的进程结束的时候才生效的。例 3.20 将进一步说明信号与变量的区别。仿真结果分别如图 3.1 和图 3.2 所示。

例 3.20

```
-- Solution 1:using a SIGNAL (not ok)          -- 用信号
LIBRARY IEEE;
USE IEEE.STD_LOGIC_1164.ALL;
-------------------------------------------
ENTITY mux IS
   PORT(a,b,c,d,s0,s1:IN STD_LOGIC;
           y:OUT STD_LOGIC);
END mux;
-------------------------------------------
ARCHITECTURE not_ok OF mux IS
   SIGNAL sel :INTEGER RANGE 0 TO 3;          --定义信号
BEGIN
   PROCESS(a,b,c,d,s0,s1)
   BEGIN
       sel <= 0;
     IF (s0='1') THEN sel <= sel + 1;
     END IF;
     IF (s1='1') THEN sel <= sel + 2;
     END IF;
     CASE sel IS
         WHEN 0 => y<=a;
         WHEN 1 => y<=b;
         WHEN 2 => y<=c;
         WHEN 3 => y<=d;
      END CASE;
    END PROCESS;
```

```
END not_ok;
--------------------------------------------
```

例 3.21

```
-- Solution 2:using a VARIABLE (ok)              -- 用变量
LIBRARY IEEE;
USE IEEE.STD_LOGIC_1164.ALL;
--------------------------------------------
ENTITY mux IS
PORT ( a,b,c,d,s0,s1:IN STD_LOGIC;
        y:OUT STD_LOGIC);
END mux;
--------------------------------------------
ARCHITECTURE ok OF mux IS
BEGIN
    PROCESS (a,b,c,d,s0,s1)
      VARIABLE sel :INTEGER RANGE 0 TO 3;         --定义变量
    BEGIN
        sel := 0;
      IF (s0='1') THEN sel := sel + 1;
      END IF;
      IF (s1='1') THEN sel:= sel + 2;
      END IF;
      CASE sel IS
        WHEN 0 => y<=a;
        WHEN 1 => y<=b;
        WHEN 2 => y<=c;
        WHEN 3 => y<=d;
      END CASE;
    END PROCESS;
END ok;
--------------------------------------------
```

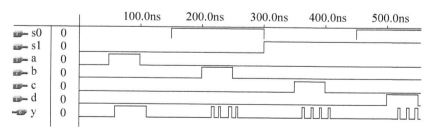

图 3.1　例 3.20 使用信号的仿真结果

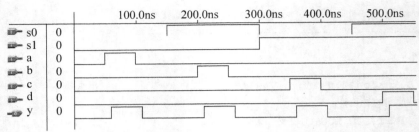

图 3.2 例 3.21 使用变量的仿真结果

信号可以在 PACKAGE、ENTITY 和 ARCHITECTURE 中声明，而变量只能在一段顺序描述代码的内部声明。因此，信号是全局的，而变量通常是局部的。

变量的值通常是无法直接传递到 PROCESS 外部的。如果需要进行变量值的传递，则必须把这个值赋给一个信号，然后由信号将变量值传递到 PROCESS 外部。另外，赋予变量的值是即刻生效的，在此后的代码中，此变量将使用新的变量值。这一点和 PROCESS 中使用的信号不同，新的信号值通常只有在整个 PROCESS 运行完毕后才开始生效。因此，如果在一个进程中同时存在对信号赋值进行"赋值"和"读"操作，那么就要小心了，因为"读"到的信号值是"赋值"以前的值，即使"赋值"语句写在"读"语句之前也是这样的。这个问题经常会造成一个 CLK 延时的现象。

在一个进程中，如果对一个信号(SIGNAL)多次赋值，那么只有最后一个值才是有效的。如果对变量(VARIABLE)多次赋值，那么每次赋值都是有效的，并且变量的值在再次赋值之前一直保持不变。

总结：信号与变量的区别如下。

(1) 声明形式与赋值符号不同。变量声明使用 VARIABLE，赋值符号为:=，而信号声明用 SIGNAL，赋值符号为<=。

(2) 有效域不同。信号的声明在结构体内部、进程、子程序及函数外部声明，而变量只能在进程、函数体、子程序内部进行声明。换句话说，信号的有效作用域为整个结构体，而变量只能在进程、函数体、子程序内部起作用，它们不能为多个进程所共用。

(3) 赋值操作及数据带入时刻不同。在进程中，信号赋值在进程结束时起作用(即当整个进程执行到最后一条语句，进程接下来挂起时，数据才发生带入)，而变量赋值是立即起作用的。如果在一个进程中多次为一个信号赋值，只有最后一个值会起作用；而当为变量赋值时，变量值的改变是立即发生的。即变量将保持着当前值，直到被赋予新的值。

(4) 应用场合不同。在实际应用中，信号的行为更接近硬件电路的实际情况，因此，应该更多地使用信号进行电路内部的数据传递，只有在描述一些用信号很难描述的算法时，才用到变量。(也有人建议在同一进程内部传递的数据用变量，而在进程间传递的数据建议用信号)但在以下几种情况只能使用变量。

① LOOP 语句中，若在一个循环体内需要多次对某一个数据操作，则必须用变量，因为对信号进行多次赋值只在最后一次才会有效。

② 数组的索引(INDEX)只能用变量。如果使用信号，则编译会报错。

2. 信号与变量的赋值

1) 对信号的赋值

以下通过几个程序实例说明信号在进程内部、外部赋值所产生的的不同结果。

(1) 进程外部信号的赋值。

例 3.22

```
LIBRARY IEEE;
USE IEEE.STD_LOGIC_1164.ALL;
USE IEEE.STD_LOGIC_UNSIGNED.ALL;
ENTITY test IS
        PORT(a,b:IN STD_LOGIC_VECTOR(3 DOWNTO 0);
            s:BUFFER STD_LOGIC_VECTOR(3 DOWNTO 0);
            y:OUT STD_LOGIC_VECTOR(3 DOWNTO 0));
END ENTITY test;
ARCHITECTURE one OF test IS
    BEGIN
        s<=a;
        y<=s+1;
        s<=a+b;
END ARCHITECTURE one;
```

在例 3.22 中，对信号 s 进行了多次赋值，经过仿真，系统报如下错误：ERROR: signal "s" has multiple sources。此例说明在进程的外部，不能为同一信号多次赋值。因为在进程外部，几个信号的赋值语句是并行执行的。

(2) 进程内部信号的赋值。由于进程中的语句都是顺序语句，所以进程中的信号赋值也都是顺序执行的，但有一点需要注意，如果在一个进程中多次为一个信号赋值，那么只有最后一个值会起作用。如果还将此信号赋给其他信号，那么一律按此信号的最后一次所赋的值赋给其他信号。

例 3.23

```
......
PROCESS(a,b,s)
BEGIN
    y<=s+1;
      s<=a;
    s<=a+b;
END PROCESS;
```

在例 3.23 的程序中，如果 a、b 或 s 发生变化，则执行此进程；由于对信号 s 的最后一次赋值语句为 s<=a+b，所以将 a+b 的值赋给 s；而 y<=s+1 这句赋值语句中 s 的值取得便是对信号 s 最后一次所赋的值 a+b，即 y=s+1=a+b+1。而 y<=s+1 这个语句的位置对结果没有影响。

例 3.24

```
......
PROCESS(clk)
  BEGIN
     IF clk='1'AND clk'event THEN
          s<=a+b;
          s<=a;
          y<=s+1;
     END IF;
END PROCESS;
```

在例 3.24 中，由于时钟边沿触发的特殊性，即在时钟边沿发生时，对各个信号采样，然后将时钟边沿这一时刻各个信号的取值赋给所要赋值的对象，也就是将时钟到来前未发生变化的各个信号的取值赋给所要赋值的对象。但这些信号的赋值仍是顺序执行的(因为 if 语句是顺序执行语句)，所以这一点需要注意，如果在一个进程中通过时钟边沿触发多次为同一个信号赋值，只有最后一个赋值会起作用。也就是说，在进程内部多次为同一个信号赋值时，只有最后一次赋值会起作用，所以例 3.24 中 y=s+1=a+1。

例 3.25

```
LIBRARY IEEE;
USE IEEE.STD_LOGIC_1164.ALL;
ENTITY mux21 IS
                PORT(a,b:IN STD_LOGIC;
                     s:IN STD_LOGIC;
                     y:OUT STD_LOGIC);
END ENTITY mux21;
ARCHITECTURE one OF mux21 IS
    BEGIN
        PROCESS(s,a,b)
           BEGIN
               y<=a WHEN s='0' else      --条件信号赋值语句
                   b WHEN s='1';
           END PROCESS;
END ARCHITECTURE one;
```

对例 3.25 编译时会报错，ERROR: sequential signal assignment cannot contain conditional waveforms。这是因为进程里不可以存在条件信号赋值语句或选择信号赋值语句等并行赋值语句，如例 3.26 所示。

例 3.26

```
LIBRARY IEEE;
USE IEEE.STD_LOGIC_1164.ALL;
ENTITY mux21 IS
```

```
                    PORT(a,b:IN STD_LOGIC;
                      s:IN STD_LOGIC;
                      y:OUT STD_LOGIC);
          END ENTITY mux21;
          ARCHITECTURE one OF mux21 IS
              BEGIN
                    PROCESS(s,a,b)
                    BEGIN
                        WITH  s  SELECT                --选择信号赋值语句
                            y<=a WHEN '0',
                                b WHEN '1';
                    END PROCESS;
          END ARCHITECTURE one;
```

同理，对例 3.26 编译时会报错，ERROR: found illegal use of a selected signal assignment statement in process statement part。

2) 对变量的赋值

与信号的赋值不同，变量的赋值只能在进程内部完成。以下通过几个程序实例说明变量赋值的特点。

(1) 变量的普通赋值。这里所说的变量的普通赋值，是指变量赋值不需要通过时钟边沿的驱动。由于进程中的语句都是顺序语句，所以进程中的变量赋值都是顺序执行的。但有一点需要注意，就是如果在一个进程中多次为一个变量赋值，则赋值会立即起作用，这就与 C 语言等普通的高级语言相类似了。也就是说，在进程内部多次为一个变量赋值时，每次赋值都立即起作用；如果还将此变量赋给其他信号或变量，则一律都按此变量的最近一次所赋的值赋给其他信号或变量，而为此变量多次赋值的语句的位置对结果产生影响。

例 3.27

```
          LIBRARY IEEE;
          USE IEEE.STD_LOGIC_1164.ALL;
          USE IEEE.STD_LOGIC_UNSIGNED.ALL;
          ENTITY test IS
                    PORT(clk:IN STD_LOGIC;
                      a,b:IN STD_LOGIC_VECTOR(3 DOWNTO 0);
                      y:OUT STD_LOGIC_VECTOR(3 DOWNTO 0));
          END ENTITY test;
          ARCHITECTURE one OF test IS
                  BEGIN
                    PROCESS(a,b)
                        VARIABLE s: STD_LOGIC_VECTOR(3 DOWNTO 0);
                      BEGIN
                        s:=a;
```

```
                    s:=a+b;
                    y<=s+1;
              END PROCESS;
        END ARCHITECTURE one;
```

在例 3.27 中，由于 s 是变量，所以对 s 的赋值都是立即起作用的。变量与信号的赋值也都是顺序执行的，这些都与信号的赋值相类似。由于 y<=s+1 写在 s:=a+b 之后，所以 y=a+b+1。

(2) 变量的时钟边沿赋值。变量的时钟边沿赋值是指变量赋值需要通过时钟边沿的驱动。由于变量不同于信号，其赋值是立即进行的，所以，如果一个变量在时钟边沿到来时多次赋值，再将其赋给其他信号或变量，则将其最后一次赋值所得到的值再赋给其他信号或变量。

在一个进程中，如果对一个信号多次赋值，那么只有最后一个值才是有效的。如果对变量多次赋值，那么每次赋值都是有效的，并且变量的值在再次赋值之前一直保持不变。信号跟电路导线的特点(有延迟)有点类似，并且是在进程结束时才更新的；变量是立即更新的，因此可以影响程序的功能，但变量的好处是仿真速度更快。

因此，通常情况下，推荐使用信号，可以保证程序的正确性。

习　　题

一、填空题

1. 在 VHDL 中，标准逻辑位数据有_____种逻辑值。

2. 为信号赋初值的符号是_____；程序中，为变量赋值的符号是_____，为信号赋值的符号是_____。

3. VHDL 的操作符包括_____、_____、_____和_____四类。

4. VHDL 中，std_logic 数据类型：_____表示高阻，_____表示不确定。

5. 根据 VHDL 语法规则，在 VHDL 程序中使用的文字、数据对象、数据类型都需要_____。

6. VHDL 的数据对象包括_____、_____和_____，它们是用来存放各种类型数据的容器。

7. 进程必须位于_____内部，变量必须定义于_____内部。

8. 在 VHDL 中，赋值语句是_____执行，IF 语句是_____执行。

9. 在 VHDL 中，表示 '0' '1' 两值逻辑的数据类型是_____，表示 '0' '1' 'Z' 等九值逻辑的数据类型是_____，表示空操作的数据类型是_____。

10. "<=" 是_____关系运算符，又是_____运算操作符，"/=" 是_____操作符，功能是在条件判断中，判断操作符两端不相等。NOT 是_____运算符，表示_____，在所有操作符中优先级_____。

二、选择题

1. 在 VHDL 中，____不能将信息带出对它定义的当前设计单元。
    A. 信号   B. 常量   C. 数据   D. 变量

2. 在 VHDL 中，____的数据传输是立即发生的，不存在任何延时的行为。
    A. 信号   B. 常量   C. 数据   D. 变量

3. 在 VHDL 中，为目标变量赋值的符号是____。
    A. =:   B. =   C. :=   D. <=

4. 在 VHDL 中，为目标信号赋值的符号是____。
    A. =:   B. =   C. :=   D. <=

5. 在 VHDL 中，定义信号名时，可以用____符号为信号赋初值。
    A. =:   B. =   C. :=   D. <=

6. 可以不必声明而直接引用的数据类型是____。
    A. STD_LOGIC   B. STD_LOGIC_VECTOR
    C. BIT   D. ARRAY   E. INTEGER

7. 在一个 VHDL 设计中，idata 是一个信号，数据类型为 integer，数据范围 0～127，下面____赋值语句是正确的。
    A. idata := 32;   B. idata <= 16#A0#;
    C. idata <= 16#7#E1;   D. idata := B#1010#;

8. 在 VHDL 中，下列对进程(PROCESS)语句的语句结构及语法规则的描述中，不正确的是____。
    A. PROCESS 是一个无限循环语句
    B. 敏感信号发生更新时启动进程，执行完成后，等待下一次进程启动
    C. 当前进程中声明的变量不可用于其他进程
    D. 进程由说明语句部分、并行语句部分和敏感信号参数表三部分组成

9. 对于信号和变量的说法，____是不正确的。
    A. 信号用于作为进程中局部数据存储单元
    B. 变量的赋值是立即完成的
    C. 信号在整个结构体内的任何地方都能适用
    D. 变量和信号的赋值符号不一样

10. VHDL 运算符优先级的说法正确的是____。
    A. NOT 的优先级最高
    B. AND 和 NOT 属于同一个优先级
    C. NOT 的优先级最低
    D. 前面的说法都是错误的

三、简答题

1. VHDL 语言定义的标准数据类型有哪些？

【参考图文】

2．变量和信号的区别是什么？

3．简述 VHDL 语言操作符的优先级。

四、设计题

如图 3.3 所示，用 VHDL 语言设计异或逻辑门电路。

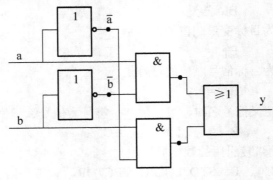

图 3.3　设计题图

第 4 章

基 本 语 句

【本章知识架构】

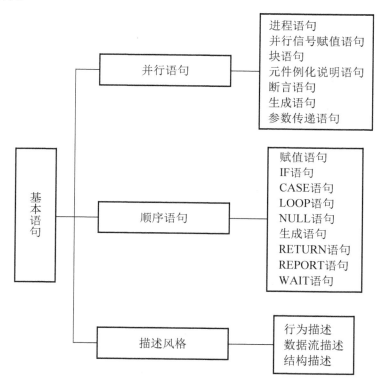

【本章教学目标与要求】

(1) 熟悉并行语句的各种类型及其使用方法，重点掌握进程的概念及使用方法，对元件例化语句的语法规则和使用方法要熟悉并掌握。

(2) 掌握顺序语句的各种类型及使用方法，重点掌握IF语句的三种不同的使用格式和使用场合，对赋值语句和CASE语句的使用要求熟练掌握。

(3) 了解VHDL语言的三种描述风格。熟悉各种描述风格的特点及使用场合。

VHDL 语言是硬件描述语言，这与一般的计算机语言有很大的不同，如计算机 C 语言的指令都是顺序执行的，而 VHDL 语言除此之外，还有并行执行的语句。这也是硬件描述语言的特色之一。本章主要学习 VHDL 语言的各种基本语句，这是学好 VHDL 语言课程的关键内容。其中，要重点学习并行语句中的进程语句及其使用方法，还有顺序语句中的 IF 语句。这些都是使用广泛且初学者不容易掌握、易犯错的地方。

4.1　并　行　语　句

　　VHDL 的并行语句用来描述一组并发行为，是并发执行的，与程序的书写顺序无关。并行语句也是 VHDL 硬件描述语言所特有的有别于计算机语言的一种语句。

4.1.1　进程语句

　　在 VHDL 语言中，进程语句(PROCESS)是使用最为广泛、最为重要的一种并行语句。进程语句结构代表着设计实体中部分逻辑功能。与并行语句的同时执行方式不同，顺序语句可以根据设计者的要求利用顺序可控的语句，完成逐条执行的功能。一个结构体可以包含一个或者多个进程语句，每一个进程语句都由顺序执行语句组成，各个进程之间按并行的方式执行。可见，进程语句同时具有并行描述语句和顺序描述语句的特点。进程主要通过在结构体中说明的信号互相传递信息，在实体中说明定义的端口也可以用于进程间互相传递信息。

　　进程语句的语法如下：

```
[进程标号:] PROCESS [敏感信号表] [IS]
[进程说明部分];
BEGIN
顺序描述语句;
……;
END PROCESS;
```

　　其中，进程标号是进程语句的标识符，是一个可选项，不是必须要有的。当多个进程并行执行时，要注明进程标号以示进程的区别；敏感信号表列出进程对其敏感的信号，敏感信号表也是可选项，当默认时，进程语句内必须包含 WAIT 语句，因为进程需要由敏感信号表中的信号变化来激活或由 WAIT 语句来同步，但是进程语句不允许同时使用 WAIT 语句和敏感信号表，其中 IS 也是可选项。进程语句的说明部分用于说明进程内部使用的数据类型、子程序和变量等。

　　进程启动后，BEGIN 和 END PROCESS 之间的语句将会以从上到下的顺序执行一次，当最后一个语句执行完后，程序就返回进程语句的开始，然后等待下一次敏感信号表中的信号变化或者 WAIT 语句中表达式的满足以再次启动进程，因此，进程具有两种工作状态，即执行状态和等待状态。

　　重复上述操作。一个结构体中可以含有多个进程结构，每一进程结构对于其敏感信号参数表中定义的任一敏感信号的变化都会有响应，每个进程都可以在任何时刻被激活或者称为启动。而在一结构体中所有被激活的进程都是并行运行的。进程也有组合进程和时序进程两种类型。组合进程只产生组合电路，时序进程产生时序和相配合的组合电路。这两种类型的进程设计必须注意 VHDL 语句应用的特殊方面，这在多进程的状态机的设计中，各进程有明确分工。设计中需要特别注意的是组合进程中所有输入信号，包括赋值符号右边的所有信号和条件表达式中的所有信号，都必须包含于此进程的敏感信号表中；否则，当没有被包括在敏感信号表中的信号发生变化时，进程中的输出信号不能按照组合逻辑的要求得到即时的新的信号。

进程的组成：语句结构是由三个部分组成的，即进程说明部分、顺序描述语句部分和敏感信号参数表。

(1) 进程说明部分主要定义一些局部量，可包括数据类型、常数、变量、属性、子程序等。但不允许定义信号或共享变量。

(2) 顺序描述语句部分可分为信号赋值语句、变量赋值语句、进程启动语句、子程序调用语句、顺序描述语句(包括 IF 语句、CASE 语句、LOOP 语句、NULL 语句等)和进程跳出语句(包括 NEXT 语句、EXIT 语句)等。特别强调一下，进程里不可以有并行信号赋值语句。这一点在后面相关的章节中会举例说明。

(3) 敏感信号参数表需列出用于启动本进程可读入的信号名(当有 WAIT 语句时除外)。

例 4.1 是一个简单的使用进程语句的例子(D 触发器)，其电路符号和仿真结果分别如图 4.1 和图 4.2 所示。

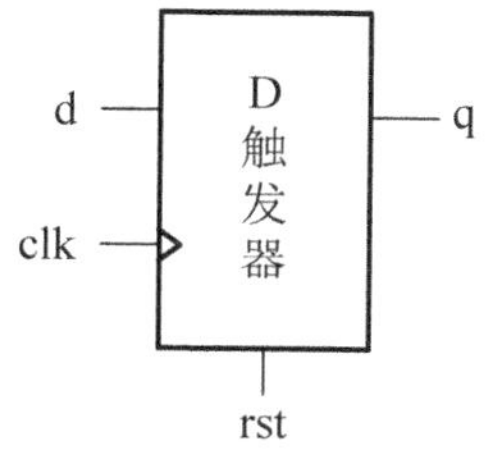

图 4.1 D 触发器

例 4.1

```
LIBRARY IEEE;
USE IEEE STD_LOGIC_1164.ALL;
ENTITY D_flipflop IS
      PORT(clk,rst:IN STD_LOGIC;
                d:IN STD_LOGIC;
                q: OUT STD_LOGIC);
END D_flipflop ;
ARCHITECTURE behave OF D_flipflop IS
BEGIN
    PROCESS (clk,rst)          --clk,rst 为敏感信号表
    BEGIN
        IF (rst='1') THEN
            q<=0;
        ELSE IF(clk'event and clk='1') THEN;
            q<=d;
        END IF;
    END PROCESS;
END behave;
```

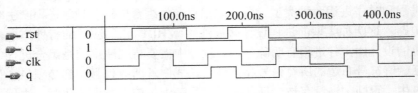

图 4.2　D 触发器仿真结果

前面述及，每个结构体可有多个并行的进程语句，在实际操作中，往往会碰到进程如何同步的问题，通常情况下，VHDL 语言采用时钟信号来同步进程，具体操作方法就是结构体中的多个进程共用同一个时钟信号来进行进程激励，这样就能保证多个进程的操作在同一时钟下进行，从而能实现同步操作。

注意：进程语句中定义的变量是不能够带出进程以外的，因此，多个进程间的通信不能采用变量来进行，可以在进程之外定义一些信号或者共享变量(进程内不允许定义信号和共享变量)，然后通过这些信号和变量与进程内的变量连接就可以实现多个进程间的通信了。下面举例具体说明。

例 4.2

```
LIBRARY IEEE;
USE IEEE STD_LOGIC_1164.ALL;
USE IEEE.STD_LOGIC_ARITH.ALL;
USE IEEE.STD_LOGIC_UNSIGNED.ALL;
ENTITY example IS
      PORT(clk:IN STD_LOGIC;
            q: OUT STD_LOGIC);
END example ;
ARCHITECTURE behave OF example IS
   SIGNAL CNT:STD_LOGIC_VECTOR (7 DOWNTO 0);
BEGIN
   P1:PROCESS (clk)          --clk 为敏感信号表
   BEGIN
      IF (clk'event and clk='1') THEN
         cnt<=cnt+1;
      END IF;
END PROCESS P1;
P2:PROCESS (clk)                --clk 为敏感信号表
BEGIN
      IF (clk'event and clk='1') THEN
      IF (cnt="11111111")THEN
         q<='1';
      ELSE
         q<='0';
```

```
        END IF;
      END IF;
    END PROCESS P2;
  END behave;
```

此例的两个进程共用同一个时钟信号来进行进程激励，并且用进程之外定义信号 cnt 来实现两个进程间的通信。

4.1.2 并行信号赋值语句

VHDL 语言中的信号赋值语句有两种：一种是应用于进程和子程序内部的信号赋值语句，这时它是一种顺序语句，因此，称为顺序赋值语句，在 4.2 中我们将介绍顺序赋值语句。本节，我们来介绍第二种：应用于进程和子程序外部的信号赋值语句，常称为并行信号赋值语句。

VHDL 语言提供了三种并行信号赋值语句：并发信号赋值语句、选择信号赋值语句、条件信号赋值语句。

1. 并发信号赋值语句

并发信号赋值语句的语法结构与顺序赋值语句的语法结构一样：

待赋值信号<=表达式;

此时，作为一种并行描述语句，结构体中的多条并发信号赋值语句是并行执行的，它们的执行顺序与书写顺序无关。需要注意的是，并发信号赋值语句是靠事件来驱动的，只有当赋值符号 "<=" 右边的对象有事件发生时才会执行该语句。在实际的设计中，经常用并发信号赋值语句来描述基本的组合逻辑电路，如例 4.3 所示。

例 4.3

```
LIBRARY IEEE;
USE IEEE STD_LOGIC_1164.ALL;
USE IEEE.STD_LOGIC_ARITH.ALL;
USE IEEE.STD_LOGIC_UNSIGNED.ALL;
ENTITY example IS
      PORT(a,b:IN STD_LOGIC;
          c,d,e: OUT STD_LOGIC);
END example ;
ARCHITECTURE behave OF example IS
BEGIN
    c<=a and b;      --LINE1
    d<=a or b;       --LINE2
    e<=a xor b;      --LINE3
END behave;
```

其中，LINE1、LINE2、LINE3 三条语句是并行执行的，任意颠倒它们之间的顺序不会影响程序执行结果。一般来说，一条并行信号赋值语句与一个含有信号赋值语句的进程是等价的。

2. 选择信号赋值语句

选择信号赋值语句也是一种并行描述语句。它是一种根据选择条件的不同而将不同的表达式赋给目标信号的赋值语句，其语法如下：

```
WITH 选择条件表达式 SELECT
        目标信号<=表达式1 WHEN 选择条件1,
                表达式2 WHEN 选择条件2,
                    ......
表达式 n WHEN 选择条件 n;
```

程序执行到该语句时，首先要对选择条件表达式进行判断，然后根据条件表达式的值来决定将哪一个表达式赋给目标信号。如果选择条件表达式的值符合某一个选择条件，那么就将该选择条件前面的表达式赋给目标信号，如果选择条件表达式的值不符合某一个选择条件，那么程序就去继续判断下一个选择条件，直到找到满足的选择条件为止。下面举例说明选择信号赋值语句的用法：

例 4.4

```
LIBRARY IEEE;
USE IEEE.STD_LOGIC_1164.ALL;
USE IEEE.STD_LOGIC_ARITH.ALL;
USE IEEE.STD_LOGIC_UNSIGNED.ALL;
ENTITY example IS
        PORT(a,b,d,e:IN STD_LOGIC;
                c: OUT STD_LOGIC);
END example ;
ARCHITECTURE behave OF example IS
        SIGNAL sel :STD_LOGIC_VECTOR(1 DOWNTO 0);
BEGIN
        sel<=a&b;
    WITH sel SELECT
        c<= '1'  WHEN "00",
            '0'  WHEN "01",
            d WHEN "10",
            e WHEN "11",
            'Z'  WHEN OTHERS;
END behave;
```

注意：选择信号赋值语句中的表达式后面都要含有WHEN子句；选择信号赋值语句中选择条件的测试是同时的，因此，不允许有选择条件重叠的情况；也不允许选择信号赋值语句中的选择条件出现涵盖不全的情况。

下面通过例 4.5 再次强调：选择信号赋值语句是并行语句，不能在进程中使用。

例 4.5

```
LIBRARY IEEE;
USE IEEE.STD_LOGIC_1164.ALL;
ENTITY mux21 IS
    PORT(a,b:IN STD_LOGIC;
        s:IN STD_LOGIC;
        y:OUT STD_LOGIC);
END ENTITY mux21;
ARCHITECTURE one OF mux21 IS
BEGIN
  PROCESS(s,a,b) --   进程里含有选择信号赋值语句,所以编译的时候会报错
  BEGIN
                    -- ERROR: found illegal use of a selected signal
                    -- assignment statement in process statement part
    WITH s SELECT
        y<=a WHEN '0',
            b WHEN '1';
  END PROCESS;
END ARCHITECTURE one;
```

3. 条件信号赋值语句

在 VHDL 语言中，条件信号赋值语句也是一种并行描述语句。它是一种根据条件的不同而将不同的表达式赋给目标信号的赋值语句，其语法如下：

```
目标信号<=表达式 1 WHEN 条件 1 ELSE
        表达式 2 WHEN 条件 2 ELSE
            ......
        表达式 n-1 WHEN 条件 n-1 ELSE
        表达式 n;
```

程序执行到该语句时，首先要对条件表达式进行判断，然后根据不同条件的判断情况将不同的表达式赋给目标信号。如果某条件满足，那么就将该条件前面的表达式赋给目标信号；如果该条件不满足，就去判断下一个条件；最后一个表达式没有条件，也就是说，当前面所有条件都不满足时，就将最后一个表达式赋给目标信号。下面给出了一个含有条件信号赋值语句的 VHDL 程序。

例 4.6

```
LIBRARY IEEE;
USE IEEE.STD_LOGIC_1164.ALL;
USE IEEE.STD_LOGIC_ARITH.ALL;
USE IEEE.STD_LOGIC_UNSIGNED.ALL;
```

```
ENTITY example IS
        PORT(a,b,d,e:IN STD_LOGIC;
                    c: OUT STD_LOGIC);
END example ;
ARCHITECTURE behave OF example IS
        SIGNAL sel :STD_LOGIC_VECTOR(1 DOWNTO 0)
BEGIN
        sel<=a&b;
            c<='1'  WHEN sel="00" ELSE
                '0'  WHEN sel="01" ELSE
                d  WHEN sel="10" ELSE
                e  WHEN sel="11" ELSE
                'Z'  WHEN OTHERS;
END behave;
```

最后，通过例 4.7 说明：条件信号赋值语句同样也不能在进程中使用。

例 4.7

```
LIBRARY IEEE;
USE IEEE.STD_LOGIC_1164.ALL;
ENTITY mux21 IS
  PORT(a,b:IN STD_LOGIC;
        s:IN STD_LOGIC;
        y:OUT STD_LOGIC);
    END ENTITY mux21;
    ARCHITECTURE one OF mux21 IS
      BEGIN
      PROCESS(s,a,b)    --进程里含有条件信号赋值语句,所以编译的时候会报错
      BEGIN             --ERROR:sequential signal assignment cannot contain
                        --conditional waveforms
        y<=a WHEN s='0' else
            b WHEN s='1';
    END PROCESS;
END ARCHITECTURE one;
```

注意： 因为条件信号赋值语句是并行语句，所以不能像IF语句那样可以嵌套使用。条件信号赋值语句与IF语句虽然在语义上有点类似，但是初学者在使用时要注意以下区别：

(1) IF语句是顺序描述语句，而条件信号赋值语句是并行描述语句。

(2) IF语句中的ELSE子句是可选项，而条件信号赋值语句必须有ELSE语句。

(3) IF语句可嵌套使用，而条件信号赋值语句不能嵌套使用。

(4) 硬件电路的高层描述一般采用IF语句来完成，因为采用IF语句不需要太多的硬件知识，而条件信号赋值语句与硬件电路的十分接近，要求设计者具有较多的硬件电路知识。因此，一般情况很少使用条件信号赋值语句，只有当采用进程语句、IF语句和CASE语句

难以描述硬件电路的功能时，才会考虑使用条件信号赋值语句。

4.1.3　块语句

对于大规模的硬件系统而言，设计人员通常将其设计为总电路原理图和若干子原理图的形式，如果说一个设计实体的结构体对应着总电路原理图，那么每一个子原理图对应着块语句。块语句为分割构造体内的并行语句提供了一种有效的方法，主要描述功能相对比较独立的子结构。块语句是一个把多条并行语句聚合在一起的并行语句，其语法结构如下：

```
[标号]BLOCK [卫士表达式] [IS]
    [GENERIC (属性表);]
    [GENERIC MAP (属性表);]        --类属参数说明
    [PORT(属性表);]
    [PORT MAP (属性表);]           --端口说明
    [说明部分;]
    BEGIN
    [GUARDED]并行描述语句……
    END BLOCK
```

其中，标号是块语句的标识符，它是可选项。卫士表达式用于对块语句的执行进行控制，是一个可选项。如果默认，当程序运行到块语句时，块语句会无条件地执行，如果用卫士表达式对块语句的执行进行控制，当卫士表达式为真时，块语句将会执行；当卫士表达式为假时，块语句将不会执行。IS 是可选项，这里不再多说。

类属参数说明用于块语句中的参数定义，是通过 GENERIC 和 GENERIC MAP 语句来实现的。端口说明用于块语句与外部接口的定义，是通过 PORT 和 PORT MAP 语句来实现的。块语句说明部分常用于 USE 子句、数据类型、常量、信号和元件等的说明。块语句内说明的项目只在块内有效，在块的外部不可见，在块语句外面说明的项目在块内可以使用。所有这些在 BLOCK 内部的说明对于这个块的外部来说是完全不透明的，即不能适用于外部环境，或由外部环境所调用。但对于嵌套于更内层的块却是透明的，即可将信息向内部传递。块的说明部分可以定义的项目主要有定义 USE 语句、定义数据类型、定义子类型、定义常数、定义信号和定义元件。

块中的并行语句部分可包含结构体中的任何并行语句结构。BLOCK 语句本身属并行语句，BLOCK 语句中所包含的语句也是并行语句。

保留字 GUARDED 代表由卫士表达式隐含说明的一个布尔型信号。当卫士表达式为真时，信号 GUARDED 就接通被它保护的并行信号赋值语句的驱动器，允许执行赋值操作；否则就切断驱动器，禁止赋值操作。也就是说保留字 GUARDED 表示只有当卫士表达式为真时才进行赋值操作。块内没有 GUARDED 前缀的并行信号赋值语句不会受影响。下面给出一个含有块语句的例子，其功能是实现一位全加器。其块语句实现如图 4.3 所示。

例 4.8　一位全加器。

```
LIBRARY IEEE;
```

```
USE IEEE. STD_LOGIC_1164.ALL;
ENTITY add IS
    PORT(A:IN STD_LOGIC;
         B:IN STD_LOGIC;
         Cin:IN STD_LOGIC;
         Co:OUT STD_LOGIC;
         S:OUT STD_LOGIC);
END add;
ARCHITECTURE dataflow OF add IS
BEGIN
ex : BLOCK
           PORT(a_A:IN STD_LOGIC;
                a_B:IN STD_LOGIC;
                a_Cin:IN STD_LOGIC;
                a_Co:OUT STD_LOGIC;
                a_S:OUT STD_LOGIC);
           PORT MAP(a_A=>A,a_B=>B,a_Cin=> Cin,
                       a_Co=> Co,a_S=>S);
           SIGNAL tmp1,tmp2:STD_LOGIC;
        BEGIN
           label1:PROCESS(a_A,a_B)
           BEGIN
              tmp1<= a_A XOR a_B;
           END PROCESS label1;
           label2:PROCESS(tmp1,a_Cin)
           BEGIN
              tmp2<= tmp1AND a_Cin ;
           END PROCESS label2;
           label3:PROCESS(tmp1,a_Cin)
           BEGIN
              a_S <= tmp1XOR a_Cin ;
           END PROCESS label3;
           label4:PROCESS(a_A,a_B,tmp2)
           BEGIN
              a_Co <= tmp2 OR(a_A AND a_B);
           END PROCESS label4;
        END BLOCK ex;
END dataflow;
```

块语句(BLOCK)的应用可使结构体层次鲜明,结构明确。利用 BLOCK 语句可以将结构体中的并行语句划分成多个并列方式的块语句,每一个块语句都像一个独立的设计实体,并具有自己的类属参数说明和界面端口,以及与外部环境的衔接描述。

　　VHDL 语言允许在块语句内部使用块语句,即块语句可以进行多层嵌套,下面用一个锁存器的例子简单描述嵌套的用法。其中,图 4.4 说明了锁存器的 4 个块语句的逻辑结构关系。

　　例4.9　锁存器(嵌套块语句)。

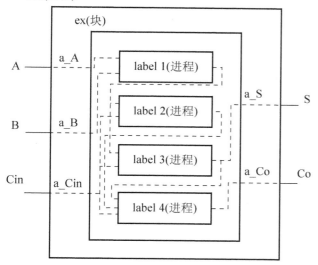

图 4.3　全加器的块语句实现

图 4.4　锁存器块语句嵌套关系

```
USE IEEE STD_LOGIC_1164.ALL;
USE IEEE.STD_LOGIC_ARITH.ALL;
USE IEEE.STD_LOGIC_UNSIGNED.ALL;
ENTITY example IS
      PORT(A,B,Cin :IN STD_LOGIC;
          Co,Sout : OUT STD_LOGIC);
END example;
ARCHITECTURE behave OF example IS
BEGIN
    B1:BLOCK
     PORT(A_temp,B_temp,Cin_temp:IN STD_LOGIC;
          Co_temp,Sout_temp:OUT STD_LOGIC);
     PORT MAP(A_temp=>A;
             B_temp=>B;
             Cin_temp=>Cin;
             Co_temp=>Co;
```

```
                          Sout_temp=>Sout);
              SIGNAL temp1,temp2:STD_LOGIC;
              BEGIN
                  P1:PROCESS(A_temp,B_temp)
                   BEGIN
                     temp1<=A_temp XOR B_temp;
                   END PROCESS P1;
                  P2:PROCESS(temp1,Cin_temp)
                   BEGIN
                     temp2<=temp1 AND Cin_temp;
                     Sout_temp<=temp1 XOR Cin_temp;
                   END PROCESS P2;
                  P3:PROCESS(A_temp,B_temp,temp2)
                   BEGIN
                     Co_temp<=temp2 OR (A_temp AND B_temp);
                   END PROCESS P3;
                END BLOCK B1;
             B2:BLOCK
              BEGIN
                B3:BLOCK
                 BEGIN
                 ......
                 END BLOCK B3;

                B4:BLOCK
                 BEGIN
                 ......
                 END BLOCK B4;
              END BLOCK B2;
              ......
         END behave;
```

<h3>4.1.4　参数传递语句</h3>

在 VHDL 语言中，参数传递语句一般也被称为类属说明语句，常以一种说明的形式放在实体或块语句前的说明部分，其主要功能是传递信息给设计实体的某个具体元件，如定义端口宽度、器件延迟时间等参数。参数为所说明的环境提供了一种静态信息通道，参数与常数不同，常数只能从设计实体的内部得到赋值且不能再改变；而参数的值可以由设计实体外部提供，因此，设计者可以从外面通过对参数的重新设定而很容易地改变参数的值，参数传递语句易于使设计具有通用性，并且可以简化设计。

通常，VHDL 语言提供的参数传递语句包括参数说明语句和参数映射语句，即

GENERIC 语句和 GENERIC MAP 语句，GENERIC 语句一般放在设计实体的说明部分，因此，参数传递语句所定义的参数或者信息相对整个设计实体来说都是可见的；GENERIC MAP 语句一般放在设计实体的结构体中，它的作用是用来实现待定参数或者信息的具体化，因此，采用这种语句可以很灵活地改变设计实体中的参数或者信息。下面是一个含有参数传递语句的 VHDL 程序，描述的是一个简单的二输入与门电路。

例 4.10 二输入与门电路。

```
LIBRARY IEEE;
USE IEEE. STD_LOGIC_1164.ALL;
USE IEEE.STD_LOGIC_ARITH.ALL;
USE IEEE.STD_LOGIC_UNSIGNED.ALL;
ENTITY and_gate IS
     GENERIC(DELAY:TIME);
       PORT(a,b:IN STD_LOGIC;
             c:OUT STD_LOGIC);
END and_gate;
ARCHITECTURE behave OF and_gate IS
BEGIN
     c<=a and b after (DELAY);
END behave;
```

其中，在程序实体说明部分已经定义了参数 DELAY，它表示输入信号 a 和 b 相与后送到输出端口 c 上需要 DELAY 的延迟时间。如果这个事先描述的与门器件被例化，那么例化时可以采用 GENERIC MAP 语句来对参数进行赋值操作。

下面给出一个在元件例化时采用 GENERIC MAP 语句对参数进行赋值操作的例子。例 4.11 和例 4.12 给出了参数传递语句的一种典型应用，显然参数传递语句的应用为方便且迅速地改变电路的结构和规模提供了极便利的条件。

例 4.11

```
LIBRARY IEEE;
USE IEEE.STD_LOGIC_1164.ALL;
ENTITY andn IS
    GENERIC ( n :INTEGER: =10);  --定义参数及其数据类型，赋初值10
        PORT(a : IN STD_LOGIC_VECTOR(n-1 DOWNTO 0);
                           --用参数限制矢量长度
            c : OUT STD_LOGIC);
END;
ARCHITECTURE behav OF andn IS
  BEGIN
    PROCESS (a)
      VARIABLE int : STD_LOGIC;
```

```
        BEGIN
            int := '1';
            FOR i IN a'LENGTH - 1 DOWNTO 0 LOOP  --循环语句
             IF a(i)='0' THEN
                    int := '0';
              END IF;
             END LOOP;
             c <=int;
          END PROCESS;
        END;
```

例 4.12

```
    LIBRARY IEEE;
    USE IEEE.STD_LOGIC_1164.ALL;
    ENTITY exn IS
      PORT(d1,d2,d3,d4,d5,d6,d7 : IN STD_LOGIC;
                        q1,q2 : OUT STD_LOGIC);
    END;
    ARCHITECTURE exn_behav OF exn IS
      COMPONENT andn                       --调用例 4.11 的元件调用声明
         GENERIC ( n : INTEGER);
       PORT(a: IN STD_LOGIC_VECTOR(n-1 DOWNTO 0);
            c: OUT STD_LOGIC);
      END COMPONENT;
       BEGIN
         u1: andn GENERIC MAP (n =>2)
                                  -- 参数传递映射语句,定义类属变量,n 赋值为 2
              PORT MAP (a(0)=>d1,a(1)=>d2,c=>q1);
            u2: andn GENERIC MAP (n =>5)
                                  -- 定义类属变量,n 赋值为 5
              PORT MAP (a(0)=>d3,a(1)=>d4,a(2)=>d5,
                  a(3)=>d6,a(4)=>d7, c=>q2);
         END;
```

例 4.12 给出了参数传递映射语句 GENERIC MAP( )配合端口映射语句 PORT MAP ( )语句的使用范例，端口映射语句是本结构体对外部元件调用和连接过程中，描述元件间端口的衔接方式的。而类属映射语句具有相似的功能，用以描述相应元件类属参数间的衔接和传送方式。

4.1.5　元件例化语句

当采用 VHDL 语言设计实际的硬件系统时，设计人员经常采用层次化的设计思想。层次化的设计思想在结构体中的主要体现就是采用结构描述方式来进行实体的设计，即通过调用库中的元件或已设计好的模块来完成设计实体功能的描述。这时在结构体中，功能描述像网表一样表示元件(模块)和元件(模块)之间的互连。在 VHDL 语言中，库中的元件或模块的调用都是通过元件例化语句实现的。

VHDL 语言提供的与元件例化相关的语句有元件例化说明语句 COMPONENT 和元件例化映射语句 PORT MAP。下面分别予以介绍。

1. 元件例化说明语句

元件例化说明语句一般放在结构体的说明部分，用来说明结构体中所要用到的元件或模块。这里要注意的是，如果所调用的元件和模块在库中不存在，那么设计人员首先要进行元件的创建，然后将其放在工作库中，最后就可用元件例化说明语句调用工作库来引用该元件或模块。元件例化说明语句的语法如下：

```
COMPONENT 引用元件名
    [GENERIC 参数说明;]
  PORT 端口说明;
END COMPONENT;
```

元件例化说明语句可以在程序包、结构体和块语句的说明部分使用。元件例化说明语句中的引用元件名必须与放在工作库中的被调用的元件或模块的 VHDL 程序的实体名保持一致，同时，元件端口说明中的端口名称、端口模式和数据类型等定义必须与库中设计实体说明中的相应定义规则相同。

2. 元件例化映射语句

采用元件例化说明语句对要引用的元件进行说明以后，为了把引用的元件正确地嵌入高一层的结构体描述中，必须把被引用的元件的端口信号与结构体中的相应的端口信号进行正确的连接，从而达到引用元件的目的。这部分功能是由元件例化映射语句来完成的。元件例化映射语句的语法如下：

```
标号名：元件名 [GENERIC MAP (参数映射)]
    PORT MAP (端口映射);
```

其中，标号名是这个元件例化的唯一标识；PORT MAP 语句的功能与 GENERIC MAP 语句的功能十分类似，4.1.4 也有讲过，PORT MAP 语句主要用于实现引用元件与结构体中相应端口信号的连接，GENERIC MAP 语句则主要用于实现待定参数的具体化。另外，PORT MAP 语句一般是可以进行逻辑综合的，而 GENERIC MAP 语句一般是不能进行综合的。下面给出一个含有元件例化语句的例子，其结构图如图 4.5 所示。其中，与非门如图 4.6 所示，或门如图 4.7 所示。

例 4.13 四输入与非门例化语。

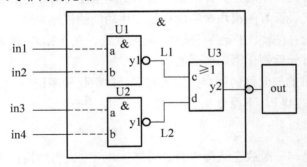

图 4.5　四输入与非门例化语句的结构图

```
LIBRARY IEEE;
USE IEEE.STD_LOGIC_1164.ALL;
ENTITY nand_2 IS           -- 2 输入与非门
 PORT(a,b:IN STD_LOGIC;
      y1:OUT STD_LOGIC);
END nand_2;
ARCHITECTURE one OF nand_2 IS
BEGIN
 PROCESS(a,b)
 BEGIN
    y1<=a nand b;
 END PROCESS;
END one;
```

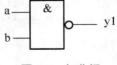

图 4.6　与非门

```
LIBRARY IEEE;
USE IEEE.STD_LOGIC_1164.ALL;
ENTITY or_2 IS              -- 2 输入或门
 PORT(c,d:IN STD_LOGIC;
      y2:OUT STD_LOGIC);
END or_2;
ARCHITECTURE one OF or_2 IS
BEGIN
 PROCESS(c,d)
 BEGIN
    y2<=c or d;
```

```
END PROCESS;
END one;
```

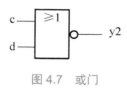

图 4.7 或门

```
LIBRARY IEEE;
USE IEEE.STD_LOGIC_1164.ALL;
ENTITY nand_4 IS
    PORT(in1,in2,in3,in4:IN STD_LOGIC;
        out:OUT STD_LOGIC);
END nand_4;
ARCHITECTURE one OF nand_4 IS

COMPONENT nand_2                        --2 输入与非门元件声明
    PORT(a,b:IN STD_LOGIC;
        y1:OUT STD_LOGIC);
END COMPONENT;
COMPONENT or_2                          --2 输入或门元件声明
    PORT(c,d:IN STD_LOGIC;
        y2:OUT STD_LOGIC);
END COMPONENT;
SIGNAL L1,L2:STD_LOGIC;
 BEGIN
    u1:nand_2 PORT MAP(in1,in2,L1);     --元件例化(位置关联方式)
    u2:nand_2 PORT MAP(in3,in4,L2);
    u3:or_2  PORT MAP(L1,L2,out);
END one;
```

名称映射指在 PORT MAP 语句中将引用的元件的端口信号名称赋给结构体中要使用例化元件的各个信号。元件例化的关联方法有位置关联、名字关联、混合关联三种。

1) 位置关联

例化名:元件名 PORT MAP(信号1,信号2……);

位置映射指 PORT MAP 语句中实际信号的书写顺序与 COMPONENT 语句中端口说明的信号书写顺序保持一致，其中信号 1、信号 2 的次序与元件声明中器件端口的说明次序是一一对应的，如例 4.13 所示。

2) 名字关联

例化名:元件名 PORT MAP(信号关联式1,信号关联式2……);

信号关联式形如：in1=>a, in2=>b, 意思是将元件的引脚 a 与调用该元件的结构体端口 in1 相关联。在这种情况下，位置可以是任意的。例 4.13 中的例化语句也可以如下表达：

```
u1:nand_2 PORT MAP(a=>in1,b =>in2, y1=> L1);    --元件例化(名字关联方式)
u2:nand_2 PORT MAP(a =>in3, y1=> L2, b => in4);
u3:or_2 PORT MAP(y2= > out, d => L2, c =>L1);
```

3) 混合关联

将上述两种关联方法相结合，即为混合关联，例如：

```
u1:nand_2 PORT MAP(a=>in1,b =>in2, y1=> L1);
u2:nand_2 PORT MAP(in3,in4,L2);
u3:or_2 PORT MAP(d => L2, c =>L1,out);
```

综上所述，元件例化语句是一种应用十分广泛的并行描述语句，使用它可以避免大量重复的 VHDL 程序书写工作，能大大缩短设计周期。在这里建议读者将一些经常使用的，通用性较强的元件或模块存放在工作库中，以备调用。

4.1.6　断言语句

在进行 VHDL 程序仿真或者调试的过程中，设计人员往往需要在程序中添加一些人机交互语句，并通过这些语句来了解程序仿真或者调试的一些情况，断言语句就由此而生，其格式如下：

```
ASSERT 条件 REPORT 输出信息 SEVERITY 级别;
```

断言语句有顺序断言语句和并行断言语句两种。顺序断言语句只能用在进程、过程和函数中，而并行断言语句则用在实体说明、结构体和块语句中。任何并行断言语句都对应着一个等价的被动进程语句，执行这个语句不会引起程序任何功能性的变化，只是在断言条件表达式为"false"时给出字符串信息报告，从而方便 VHDL 程序的修改、编译、仿真和调试。注意：程序在逻辑综合时将会忽略断言语句。下面给出一个含有并行断言语句的例子。

例 4.14

```
LIBRARY IEEE;
USE IEEE STD_LOGIC_1164.ALL;
ENTITY example IS
        PORT(a: IN STD_LOGIC;
             b: INOUT STD_LOGIC);
END example ;
ARCHITECTURE behave OF example  IS
BEGIN
      ASSERT (a>b) REPORT "The judgement is a<=b" SEVERITY error;
          b<=a;
END behave;
```

每个并行断言语句都对应着一个等价的被动进程语句，所谓被动进程语句是指那些只在开始执行一次后就处于无限等待状态的一类特殊的进程语句。下面是一个与例 4.14 等价的被动进程语句的 VHDL 程序。

例 4.15

```
USE IEEE STD_LOGIC_1164.ALL;
ENTITY example IS
        PORT(a: IN STD_LOGIC;
              b: INOUT STD_LOGIC);
END example;
ARCHITECTURE behave OF example IS
BEGIN
    PROCESS
     BEGIN
         ASSERT (a>b) REPORT "The judgement is a<=b" SEVERITY error;
     END PROCESS
         b<=a;
END behave;
```

4.1.7　生成语句

在 VHDL 语言中，生成语句也叫 GENERATE 语句，是一种可以建立重复结构或者在多个模块的表示之间进行选择的语句，由于生成语句可以用来产生多个相同的结构，因此，使用生成语句可以避免多段相同结构的 VHDL 语言程序的重复书写。

VHDL 提供了两种形式的生成语句：一种是 FOR 模式的生成语句；另一种是 IF 模式的生成语句。FOR 模式生成语句主要用来进行重复结构的描述；而 IF 模式生成语句主要用于描述一个结构中的例外情况。下面对两种形式的生成语句分别进行介绍。

1. FOR 模式生成语句

FOR 模式生成语句的语法如下：

```
[标号:] FOR 循环变量 IN 离散范围 GENERATE
并行处理语句;
......
END GENERATE [标号];
```

其中，标号是用来表示生成语句的唯一标识符，是一个可选项，当程序中有多个生成语句时，要用标号区分。循环变量是一个属于生成语句的局部的、临时的变量，不需进行变量说明便可使用，其值在每次的循环中都将发生变化。离散范围用来指定循环变量的取值范围，循环变量的取值从离散范围的最左值开始并递增到最右值，即限定了循环次数。并行处理语句用来描述语句中的具体功能，循环变量每取一值就要执行一次语句中的并行处理语句。

注意：FOR模式生成语句和FOR LOOP语句的书写结构很类似，但它们本质上还是有区别的。FOR LOOP语句循环体中的语句是顺序处理语句，而FOR模式生成语句循环体中的语句是并行处理语句，因为是并发执行的，因此，它们的书写顺序可以是任意的。而且正因为是并行执行的，所以FOR模式生成语句中不允许出现NEXT语句和EXIT语句。

一般来说，生成语句的典型例子是用来描述寄存器和存储器阵列的。如例 4.16 所示，用生成语句来描述一个由 D 触发器构成的四位移位寄存器，试与例 4.13 中用元件例化语句实现方法对比一下，找出两者的不同。

例 4.16 用一位 D 触发器，利用生成语句实现 4 位移位寄存器。

```
LIBRARY IEEE;
USE IEEE.STD_LOGIC_1164.ALL;
ENTITY shift_reg1 IS                          --定义 1 位 D 触发器
 PORT(clk: IN STD_LOGIC;
     D: IN STD_LOGIC;
     Q: OUT STD_LOGIC);
END ENTITY;
ARCHITECTURE one OF shift_reg1 IS
BEGIN
 PROCESS(clk,D)
 BEGIN
     IF clk'event and clk='1' THEN
         Q<=D;
     END IF;
 END PROCESS;
END one;

LIBRARY IEEE;
USE IEEE.STD_LOGIC_1164.ALL;
ENTITY shift_reg4 IS
   PORT(clk: IN STD_LOGIC;
       D: IN STD_LOGIC;
       Q: OUT STD_LOGIC);
END shift_reg4;
ARCHITECTURE two OF shift_reg4 IS
COMPONENT shift_reg1                          --元件声明
   PORT(clk: IN STD_LOGIC;
        D: IN STD_LOGIC;
        Q: OUT STD_LOGIC);
END COMPONENT;
   SIGNAL y:STD_LOGIC_VECTOR(0 TO 4);
BEGIN
```

```
      y(0)<=D;
        FOR i IN 0 TO 3 GENERATE          --元件生成 u0、u1、u2、u3。
          ux:shift_reg1 PORT MAP(clk,y(i),y(i+1));
        END GENERATE;
      Q<=y(4);
    END two;
```

可以看出，上述程序中的四条元件例化语句具有相同的规则结构，所以特别适合用 FOR 模式生成语句来描述。而且当程序中的移位寄存器增加时，FOR 模式生成语句将体现强大的优越性。

2. IF 模式生成语句

IF 模式生成语句的语法如下：

```
    [标号:] IF 条件表达式 GENERATE
    并行处理语句;
    ......
    END GENERATE [标号];
```

其中，标号是 IF 模式生成语句的唯一标识符，是一个可选项，与 FOR 模式生成语句用法类似。条件表达式是执行并行处理语句的先决条件，如果条件表达式为真，则去执行并行处理语句，否则不去执行。

注意：IF模式生成语句与IF语句的书写结构十分类似，但是它们之间是有本质区别的：IF语句中的处理语句是顺序描述语句，而IF模式生成语句中的处理语句是并行处理语句，正因为是并行的，所以语句中不允许出现ELSE子句。

IF 模式的生成语句主要用于描述一个结构中的例外情况。如某些边界条件的特殊性，在大多数的硬件电路的设计中，电路的输入输出端口总是具有不规则性，不能用统一的结构对其电路功能进行描述，如在例 4.16 中，由于寄存器的输入端 d1 和输出端 d0 的信号连接无法用 FOR 模式生成语句来实现，因此设计人员采用了两条并发信号赋值语句将内部信号 y 和输入端口 d1、输出端口 d0 连接起来。而我们可以用 IF 模式生成语句来代替这种方法，以解决这种电路端口的不规则性，如例 4.17 所示。

例 4.17

```
    USE IEEE STD_LOGIC_1164.ALL;
    USE IEEE.STD_LOGIC_ARITH.ALL;
    USE IEEE.STD_LOGIC_UNSIGNED.ALL;
    USE WORK.DFF.ALL;
    ENTITY DFF IS
        PORT(d1,cp:IN STD_LOGIC;
            d0: OUT STD_LOGIC);
    END DFF ;
    ARCHITECTURE behave OF DFF IS
```

```
COMPONENT DFF
    PORT(d1,cp:IN STD_LOGIC;
          d0:OUT STD_LOGIC);
  END COMPONENT;
      signal q_temp:STD_LOGIC_VECTOR(3 DOWNTO 0);
  BEGIN
    G1:FOR i IN 0 TO 3 GENERATE
    P1:IF (i=0) GENERATE
      Ux:DFF PORT MAP(d1,cp,q_temp(i+1));
    END GENERATE P1;
    P2:IF (i=3) GENERATE
      Ux:DFF PORT MAP(q_temp(i),cp,d0);
    END GENERATE P2;
    P3:IF (i/=0 and i/=3) GENERATE
      Ux:DFF PORT MAP(q_temp(i),cp,q_temp(i+1));
    END GENERATE P3;
    END GENERATE G1;
  END behave;
```

4.2 顺 序 语 句

顺序语句是建模进程、过程和函数功能的基本语句单元，只能在进程、过程和函数中使用，其执行顺序即书写顺序，同时前面语句的执行结果会对后面语句的执行结果产生影响。顺序描述语句按照控制方式分为条件控制语句和迭代控制语句，其中，条件控制语句有 IF 语句和 CASE 语句，迭代控制语句有循环语句和顺序断言语句。下面对顺序描述语句进行详细介绍。

4.2.1 赋值语句(信号和变量)

采用 VHDL 语言描述硬件电路的过程中，数据的传递和端口界面数据的读写都是通过赋值语句来实现的。赋值语句就是将一个数值或表达式传递给某一个数据对象的语句。VHDL 提供了两类赋值语句：信号赋值语句和变量赋值语句。

VHDL 语言中的信号赋值语句有两种：一种是应用于进程和子程序内部的信号赋值语句，按语句的先后次序执行赋值操作，因此称为顺序赋值语句；另一种是应用于进程和子程序外部的信号赋值语句，它的赋值操作是同时进行的，与语句的先后次序无关，称为并行赋值语句。这里主要介绍顺序赋值语句。

如前所述，信号的说明部分只能在 VHDL 程序的并行部分进行，但是它的使用程序的顺序部分和并行部分均可。信号赋值语句的语法如下：

待赋值信号<=表达式；

变量的说明和赋值操作都只能在程序的顺序部分进行。变量赋值语句的语法如下：

```
待赋值变量:=表达式;
```

注意：不论是信号还是变量，赋值符号两边必须具备相同的数据类型和位长。在第3章我们讲过信号与变量的区别：信号赋值的执行和信号值的更新之间是有一定延迟的，只有经过延迟后信号才能得到新值，否则保持原值；而变量赋值的语句执行后立即得到新值，没有时间延迟。

由于信号的赋值有延迟，任何对信号的赋值都暂存于该信号的驱动器中，什么时候把新值代入信号，有待同步事件发生或延迟达到由保留字 after 指定的时间，例如：

```
a<=0 after 10 ns, 1 after 7 ns;
```

after 指定的延迟时间应从执行信号赋值语句的模拟时刻起开始计算，假设在100ns时执行该语句，那么把 0 值代入 a 的时刻是 110 ns，而把 1 值代入 a 的时刻是 107ns。它的执行是按书写顺序进行的。

4.2.2 IF 语句

IF 语句是具有条件控制功能的语句，根据给出的条件及条件是否成立的结果来确定执行语句的顺序，其格式有三种：

1. 单分支的 IF 语句

单分支的 IF 语句其书写格式如下：

```
IF 条件 THEN 顺序语句
END IF;
```

该语句的执行顺序是当条件满足时，执行 THEN 后面的顺序语句；若条件不满足则跳出 IF 语句外，执行 END IF 后面的语句。这种 IF 语句常用于对时序电路的描述。例如，当描述触发器或是锁存器等存储元件时，就只能使用这种单分支 IF 结构来描述。

2. 双分支的 IF 语句

IF 语句二选择控制，其书写格式如下：

```
IF 条件 THEN
    顺序处理语句;
ELSE
    顺序处理语句;
END IF;
```

该语句的执行顺序是当条件满足时，执行 THEN 后面的顺序语句，否则执行 ELSE 后面的语句，即该语句的执行无论是满足条件还是不满足条件都在 IF 语句内部执行，只有在 IF 语句执行完之后才跳出 IF 语句外执行其他语句。换句话说，要么执行顺序处理语句1，要么执行顺序处理语句2，二者必居其一。该语句常用于组合电路的设计。

例 4.18

```
LIBRARY IEEE;
USE IEEE.STD_LOGIC_1164.ALL;                      --程序包使用说明
ENTITY bufs IS                                    --ENTITY(实体)
 PORT (din: IN STD_LOGIC_VECTOR(3 DOWNTO 0);
        dout: OUT STD_LOGIC_VECTOR(3 DOWNTO 0);   --PORT(端口定义)
         en: IN STD_LOGIC);
END bufs;
ARCHITECTURE bufs1 OF bufs IS                     --ARCHITECTURE(结构体)
BEGIN
  PROCESS(en,din)
              --PROCESS(进程)en 与 din 为进程敏感信号,控制进程的挂起和执行
    BEGIN
      IF (en='1') THEN
        dout<=din;
      ELSE
        dout<="ZZZZ";
      END IF;
  END PROCESS;
END bufs1;
```

3. 多分支的嵌套 IF 语句

IF 语句的多选择控制又称 IF 语句的嵌套，其书写格式如下：

```
IF 条件1 THEN
   顺序处理语句1;
  ELSEIF 条件2 THEN
   顺序处理语句2;
    ……
    ELSEIF 条件n THEN
   顺序处理语句n;
   ELSE
   顺序处理语句x;
END IF;
```

该语句的执行顺序是当条件 1 满足时，执行顺序处理语句 1，否则当条件 1 不满足时，判断条件 2 是否满足，满足就执行顺序处理语句 2，不满足就判断条件 3 是否满足……以此类推，直到条件 n 也不满足时，就执行 ELSE 后面的顺序处理语句——x 语句。与双分支 IF 语句相比，给出的条件更多一点，所以非常适合于多路数据选择器、多路数据比较器等组合电路的设计使用，其条件顺序实际上也暗含了优先级别。

例 4.19

```
LIBRARY IEEE;
USE IEEE.STD_LOGIC_1164.ALL;
ENTITY mux4 IS
  PORT( input: IN STD_LOGIC_VECTOR(3 DOWNTO 0);
        a,b: IN STD_LOGIC;
        y: OUT STD_LOGIC);
END mux4;
ARCHITECTURE 4mux1 OF mux4 IS
SIGNAL sel: STD_LOGIC_VECTOR(1 DOWNTO 0);
BEGIN
    sel<=b&a;
PROCESS(input,sel)
  BEGIN
    IF(sel="00") THEN        --输入"00"时,输出 input(0)                     ①
      y<=input(0);
    ELSEIF (sel="01") THEN   --输入"01"时,输出 input(1)                     ②
      y<=input(1);
    ELSEIF (sel="10") THEN   --输入"10"时,输出 input(2)                     ③
      y<=input(2);
    ELSE
      y<=input(3);           --输入既不是"00"、"01"和"10"时,输出 input(0)  ④
END IF;
END PROCESS;
END 4mux1;
```

在上述 4 选 1 数据选择器程序中，条件①、条件②、条件③和条件④的排列次序对结果没有影响。但注意程序中是暗含优先级的，次序不同可能会造成不同的逻辑结果，所以在使用时要特别小心。

最后，还需要注意的是 IF 语句是顺序语句，都在进程(PROCESS)中使用，不能直接用在实体中。

4.2.3　CASE 语句

CASE 语句是另外一种条件控制语句，是根据表达式的值来从不同的顺序处理语句中选取其中的一组语句来进行操作，常用来描写总线行为、编码器和译码器的结构。与 IF语句相比，CASE 语句可读性好，非常简洁。其书写格式如下：

```
CASE 表达式 IS
    WHEN 条件表达式 1=>顺序处理语句 1;
    WHEN 条件表达式 2=>顺序处理语句 2;
    ……
```

```
    WHEN 条件表达式 n-1=>顺序处理语句 n-1;
    WHEN OTHERS=>顺序处理语句 n;
END CASE;
```

条件句中的“=>”不是操作符，只相当于“THEN”的作用，表示如果满足条件表达式就执行该顺序处理语。其中，对条件表达式排列的次序没有要求，即没有优先级的概念。在这一点上 CASE 语句与多分支的嵌套 IF 语句不完全相同，所以在没有次序优先级的条件下，用 CASE 语句描述比用 IF 语句描述在表达上更简洁明了，在逻辑上也更具有可读性，建议在这种情况下尽量用 CASE 语句表达。下面是用 CASE 语句实现的 4 选 1 数据选择器的程序段。

例 4.20　4 选 1 数据选择器。

```
ARCHITECTURE one OF muax41 IS
BEGIN
  PROCESS(S)
   BEGIN
     CASE S IS
      WHEN "00"=>y<=i0;
      WHEN "01"=>y<=i1;
      WHEN "10"=>y<=i2;
      WHEN "11"=>y<=i3;
      WHEN OTHERS=>NULL;
     END CASE;
   END PROCESS;
END ARCHITECTURE one;
```

另外，CASE 语句的 WHEN 子句有以下五种不同的书写格式，设计人员可根据需要具体来选择。

```
WHEN 值 =>顺序处理语句
WHEN 值|值|…|值 =>顺序处理语句
WHEN 值 TO 值 =>顺序处理语句
WHEN 值 DOWNTO 值 =>顺序处理语句
WHEN OTHERS =>顺序处理语句
```

在 VHDL 中，采用 CASE 语句要注意以下几个方面：

(1) 条件表达式的所有可能值都必须在 WHEN 子句中列举出来。

(2) WHEN 子句的取值必须在条件表达式的取值范围内。

(3) 不同的 WHEN 子句中不允许出现相同的表达式的取值。

(4) WHEN 子句可以任意颠倒顺序。

(5) WHEN 子句可以采用保留字 OTHERS 来表示所有具有相同操作的取值。

(6) 含有保留字 OTHERS 的 WHEN 子句只能在 CASE 语句中出现一次且只能放在最后。

最后，CASE 语句同 IF 语句一样，一般都使用在进程(PROCESS)中。不同之处是 IF

语句的每个分支之间是有优先级的，最后综合得到的电路是类似级联的结构电路。CASE 语句每个分支的地位都是平等的，综合得到的电路则是一个多路选择器。因此，多个 IF…ELSEIF 语句综合得到的逻辑电路延时往往比 CASE 语句要大。

4.2.4　LOOP 语句

　　LOOP 语句也叫循环语句，是一种可用来实现迭代控制的语句。它非常适用于进行位片逻辑或者迭代电路的功能描述。在采用 VHDL 语言描述硬件电路的过程中，设计人员经常会遇到某些操作重复进行或操作重复进行到某个条件满足为止的情况，这时就可采用 LOOP 语句来进行有规则的循环操作。LOOP 语句与高级语言的循环语句十分类似，使用 LOOP 语句将会使程序显得简单明了，并且可省掉大量的重复书写而节省了开发时间。

　　VHDL 语言提供了两种形式的 LOOP 语句：FOR 模式的 LOOP 语句和 WHILE 模式的 LOOP 语句。其中，FOR 模式主要用于规定迭代次数的重复情况；WHILE 模式则主要用于连续执行操作直至控制条件被判为"ture"的情况。下面分别进行介绍。

　　1. FOR 模式的 LOOP 语句

　　在 VHDL 中，FOR 模式的 LOOP 语句的语法如下：

```
[循环标号:] FOR 循环变量 IN 离散区间 LOOP
顺序处理语句;
......;
END LOOP [循环标号];
```

　　其中，循环标号是用来表示 LOOP 语句的唯一标识符，是一个可选项。循环变量是一个属于 LOOP 语句的局部、临时的变量，不需进行变量说明就可在语句中使用，同时这个变量只能作为赋值源，循环变量的值在每次循环中都将发生变化。离散区间用来指定循环变量的取值范围，循环变量的取值将从取值范围最左边的值开始递增到取值范围最右边的值，也即指定了 LOOP 语句的循环次数，循环变量每取一个值就要执行一次循环体中的顺序处理语句，这正是 LOOP 语句的特殊之处。

　　下面给出了一个应用 FOR 模式的 LOOP 语句的例子，此例功能是将位矢量转换为整数。
　　例 4.21

```
LIBRARY IEEE;
USE IEEE STD_LOGIC_1164.ALL;
ENTITY vector_to_integer IS
      PORT(data_in : IN STD_LOGIC_VECTOR (7 DOWNTO 0);
              flag : OUT BOOLEAN;
          data_out : OUT INTEGER);
END vector_to_integer;
ARCHITECTURE behave OF vector_to_integer IS
BEGIN
    PROCESS (data_in)
```

```
            VARIABLE temp:integer:=0;
        BEGIN
                flag<=false;
            LOOP1:FOR i IN 7 DOWNTO 0 LOOP
                    temp:=temp*2;
                    IF(data_in(7-i)='1')THEN
                    temp:=temp+1;
                    flag<=true;
                ELSE
                    flag<=false;
                END IF;
            END LOOP LOOP1;
                data_out<=temp;
        END PROCESS;
    END behave;
```

其中，进程中的变量 temp 是一个局部变量，只能在进程中定义，循环变量 i 由 FOR 模式的 LOOP 语句局部地进行说明，它并不需要在进程、过程和函数中进行显示说明，循环变量 i 的具体取值为 0～7，这也表示要循环八次才能将位矢量转化为整数。LOOP 语句中的顺序处理语句由变量赋值语句和 IF 语句组成，用以逐位地将矢量转化为整数。

注意：LOOP语句中，隐式定义的变量i只能作为赋值源，即信号和变量的值不能赋给该变量；另外，由于标识符i已经被隐式说明，因此，LOOP语句中不允许出现与之相同的变量或信号标识符。

2. WHILE 模式的 LOOP 语句

在 VHDL 中，WHILE 模式的 LOOP 语句的语法如下：

```
[循环标号:] WHILE 条件表达式 LOOP
顺序处理语句；
……;
END LOOP [循环标号];
```

其中，循环标号是用来表示 LOOP 语句的唯一标识符，是一个可选项。"WHILE"后面跟一个布尔表达式，它的返回值为 BOOLEAN 类型，如果此返回值为"true"，将会执行一次循环体中的顺序处理语句，执行完毕后回到该循环的开始，并再次检查条件表达式的值，如果返回值仍为"true"，接着执行一次循环体中的顺序处理语句，执行完毕后再回到该循环的开始，只要条件表达式的返回值为"true"，就会这么周而复始地执行，一旦检查到条件表达式的返回值为"false"，那么程序将会结束循环并转而执行 LOOP 语句后面的语句，从而跳出 LOOP 语句。

下面是应用 WHILE 模式的 LOOP 语句的例子，此例功能还是将位矢量转换为整数，可以比较一下例 4.21 与例 4.22 的区别。

例 4.22

```
LIBRARY IEEE;
USE IEEE.STD_LOGIC_1164.ALL;
ENTITY vector_to_integer IS
      PORT(data_in : IN STD_LOGIC_VECTOR (7 DOWNTO 0);
            flag : OUT BOOLEAN;
         data_out : OUT INTEGER);
END vector_to_integer;
ARCHITECTURE behave OF vector_to_integer IS
BEGIN
    PROCESS (data_in)
    VARIABLE temp:integer:=0;
    VARIABLE i:integer:=0;
    BEGIN
        flag<=false;
        LOOP1:WHILE (i<8) LOOP
            temp:=temp*2;
            IF(data_in(i)='1')THEN
              temp:=temp+1;
              i:=i+1;
              flag<=true;
            ELSE
              flag<=true;
            END IF;
        END LOOP LOOP1;
          data_out<=temp;
    END PROCESS;
END behave;
```

从例 4.22 可以看出，WHILE 模式的 LOOP 语句中的条件表达式的控制变量 i 需要事先定义，要进行显示的说明，同时变量 i 的递增操作也需要在循环处理语句中进行，这是与 FOR 模式的 LOOP 语句完全不同的，需要引起读者注意。

目前，一般的综合工具都可以对 FOR 模式的 LOOP 语句进行逻辑综合，但对 WHILE 模式的 LOOP 语句，仅有一些高级的综合工具才能对其进行逻辑综合，所以希望大家在使用 LOOP 语句时，尽量使用 FOR 模式的 LOOP 语句。

4.2.5　WAIT 语句

在 VHDL 语言中，对进程语句而言，它有两种工作状态：等待状态和执行状态。其工作状态主要取决于敏感信号激励。VHDL 语言提供的敏感信号激励通常有两种：一种是敏感信号表；另一种就是 WAIT 语句。这里主要介绍 WAIT 语句，至于敏感信号将会在其他章节中描述。

通常，设计人员可以通过 WAIT 语句来控制进程的等待状态和执行状态：进程执行到 WAIT 语句时将被挂起，这时进程处于等待状态；否则，进程会处于执行状态。在 VHDL 语言中，WAIT 语句有四种形式：

```
WAIT;
WAIT ON 敏感信号 [,敏感信号,…];
WAIT UNTIL 条件表达式;
WAIT FOR 时间表达式;
```

(1) WAIT 语句是一种最基本的等待语句，会使进程处于无限的等待状态。似乎它没什么用途，但在生成模拟测试激励信号时却十分有用。

例 4.23

```
……
PROCESS                          -- (WAIT)
    BEGIN
        stimulus<='1' after 10 ns,'0' after 20 ns,'1' after 30 ns,'0' after
40 ns;
                                    --产生两个孤立脉冲后进程挂起
            WAIT;
END PROCESS;
```

在例 4.23 中，如果删除 WAIT，那么进程将进入无限死循环，因为信号赋值语句需要延时的条件不满足，故信号 stimulus 将没有任何输出。

(2) WAIT ON 语句后面的敏感信号表列出了一个或多个进程中的敏感信号。WAIT ON 语句使进程处于等待状态，直到敏感信号表中的某个信号发生变化时才能把进程激活，从而使其处于执行状态。WAIT ON 语句与进程中的敏感信号表的作用是一样的。

以下两例是分别用 WAIT ON 语句和由敏感信号表的进程来实现的异步复位 D 触发器。

例 4.24　异步复位 D 触发器(WAIT ON 触发)。

```
LIBRARY IEEE;
USE IEEE STD_LOGIC_1164.ALL;
ENTITY D_flipflop IS
        PORT(clk,rst :IN STD_LOGIC;
                d :IN STD_LOGIC;
                q : OUT STD_LOGIC);
END D_flipflop;
ARCHITECTURE behave OF D_flipflop IS
BEGIN
    PROCESS
        BEGIN
            IF (rst='1') THEN
                q<=0;
```

```
        ELSEIF(clk'event and clk='1') THEN;
            q<=d;
        END IF;
            WAIT ON clk,rst;
        END PROCESS;
    END behave;
```

例 4.25 异步复位 D 触发器(敏感信号表触发)。

```
LIBRARY IEEE;
USE IEEE STD_LOGIC_1164.ALL;
ENTITY D_flipflop IS
        PORT(clk,rst:IN STD_LOGIC;
                d:IN STD_LOGIC;
                q: OUT STD_LOGIC);
END D_flipflop;
ARCHITECTURE behave OF D_flipflop IS
BEGIN
    PROCESS (clk,rst)
      BEGIN
        IF (rst='1') THEN
            q<=0;
         ELSEIF(clk'event and clk='1') THEN;
            q<=d;
         END IF;
    END PROCESS;
END behave;
```

注意：如果进程中使用了WAIT ON语句，那么进程的保留字"PROCESS"后不能有敏感信号表。

读者可根据前面的介绍自行分析上面两例的区别。

(3) WAIT UNTIL 语句中的条件表达式是一个布尔表达式，WAIT UNTIL 语句使进程处于等待状态，直到条件表达式的返回值为真时才能激活进程，从而使进程处于执行状态。对于条件表达式而言，它将建立一个隐藏在表达式中的敏感信号表。当条件表达式中的任何一个信号发生变化时，就会立即对这个条件表达式进行计算，条件表达式将返回一个布尔类型的数值，如果返回值为真，则进程脱离等待状态，继续执行 WAIT UNTIL 语句后面的语句；否则，进程会继续处于等待状态。下面是用 WAIT UNTIL 语句来描述异步复位 D 触发器的例子。

例 4.26

```
LIBRARY IEEE;
USE IEEE STD_LOGIC_1164.ALL;
ENTITY D_flipflop IS
```

```
        PORT(clk,rst:IN STD_LOGIC;
                 d:IN STD_LOGIC;
                 q: OUT STD_LOGIC);
END D_flipflop;
ARCHITECTURE behave OF D_flipflop IS
BEGIN
    PROCESS
    BEGIN
        WAIT UNTIL clk'event and clk='1';
          IF (rst='1') THEN
             q<=0;
          ELSE
             q<=d;
          END IF;
       END PROCESS;
END behave;
```

(4) WAIT FOR 语句中的条件表达式是一个时间表达式，程序执行到该句时将会使进程处于等待状态，如果 WAIT FOR 语句中指定的等待时间到，那么进程将会脱离等待状态而进入工作状态，并开始执行 WAIT FOR 语句后面的语句；反之，如果 WAIT FOR 语句中指定的等待时间没到，那么进程将会一直处于等待状态。下面是一个使用 WAIT FOR 语句实现时钟发生器的例子。

例 4.27

```
LIBRARY IEEE;
USE IEEE STD_LOGIC_1164.ALL;
ENTITY clk_generator IS
        PORT(clk :OUT std_logic;);
END clk_generator;
ARCHITECTURE behave OF clk_generator IS
BEGIN
   PROCESS
     BEGIN
        WAIT FOR 125 ns;
          clk<='0';
        WAIT FOR 125 ns;
          clk<='1';
    END PROCESS;
END behave;
```

上述四种等待语句通常只是在程序的仿真过程中使用，它们的作用是对 VHDL 程序的功能进行验证。除了 WAIT ON 语句和 WAIT UNTIL 语句外，程序在进行逻辑综合时将会忽略 WAIT 语句和 WAIT FOR 语句，目前，现有的 EDA 工具并不都可对 WAIT ON 语句和 WAIT UNTIL 语句进行逻辑综合，这点要引起注意。

在使用 WAIT 语句的时候，设计人员往往不能确定 WAIT 语句中的等待条件是否能够得到满足。如果等待条件永远得不到满足，那么进程将进入无限的等待中，为了避免这种情况，设计过程中往往需要添加一条超时等待语句，以保证在等待条件不满足时执行超时等待语句，从而避免无限期的等待。下面将用一个存在无限等待情况的例子加以说明。

例 4.28

```
LIBRARY IEEE;
USE IEEE STD_LOGIC_1164.ALL;
ENTITY example IS
END example;
ARCHITECTURE behave OF example IS
     SIGNAL a,b :STD_LOGIC;
BEGIN
        a<='0'
  P1:PROCESS
    BEGIN
        WAIT UNTIL b='1';           --①
            a<='1' after 10 ns;
        WAIT UNTIL b='0';           --②
            a<='0' after 10 ns;
    END PEOCESS;
  P2:PROCESS
    BEGIN
        WAIT UNTIL a='0';           --③
            b<='0' after 10 ns;
        WAIT UNTIL a='1';           --④
            b<='1' after 10 ns;
    END PROCESS;
END behave;
```

在上面的程序中，进程 P1 执行到①处的 WAIT UNTIL 语句处将会处于等待状态；进程 P2 执行到③处的 WAIT UNTIL 语句处将不会处于等待状态，因为等待条件为真，所以继续执行下面的语句，执行到④处的 WAIT UNTIL 语句处将会处于等待状态。两个进程将处于互相等待状态，因为它们的等待条件都需要对方继续执行，这样进程便处于无限等待的状态。

这时，为了解决这个无限等待的情况，只需要在每个 WAIT UNTIL 语句中插入一个超时等待语句，为了能够检查出没有遇到等待条件而继续向下执行的情况，需要在等待语句后面加一条断言语句。例 4.29 便是由此修改而得。

例 4.29

```
LIBRARY IEEE;
```

```
USE IEEE STD_LOGIC_1164.ALL;
ENTITY example IS
END example;
ARCHITECTURE behave OF example IS
    SIGNAL a,b :STD_LOGIC;
BEGIN
    a<='0'
    P1:PROCESS
    BEGIN
        WAIT UNTIL (b='1') for 1 us;
          ASSERT (b='1') REPORT "b timed out at '1'" severity error;
            a<='1' after 10 ns;
        WAIT UNTIL (b='0') for 1 us;
          ASSERT (b='0') REPORT "b timed out at '0'" severity error;
            a<='0' after 10 ns;
    END PEOCESS;
    P2:PROCESS
    BEGIN
      WAIT UNTIL (a='0') for 1 us;
        ASSERT (a='0') REPORT "a timed out at '0'" severity error;
          b<='0' after 10 ns;
      WAIT UNTIL (a='1') for 1 us;
        ASSERT (a='1') REPORT "a timed out at '1'" severity error;
          b<='1' after 10 ns;
    END PROCESS;
END behave;
```

4.3　NULL 语句

VHDL 语言中的 NULL 语句表示一种只占位置的空操作符，不进行任何操作，其功能是使程序流程运行到下一个语句。NULL 语句的语法十分简单，如下所示：

```
NULL;
```

NULL 语句经常用在 CASE 语句中，用来表示 CASE 语句中所剩余的条件选择值下的操作行为，从而满足 CASE 语句对条件选择值全部列举的要求。

下面举例说明 NULL 语句的用法。

例 4.30

```
LIBRARY IEEE;
USE IEEE.STD_LOGIC_1164.ALL;
ENTITY mux4 IS
```

```
    PORT( input: IN STD_LOGIC_VECTOR(3 DOWNTO 0);
        a,b: IN STD_LOGIC;
        y: OUT STD_LOGIC);
    END mux4;
ARCHITECTURE be_mux4 OF mux4 IS
    SIGNAL sel: STD_LOGIC_VECTOR(1 DOWNTO 0);
BEGIN
        sel<=b&a;
PROCESS(input,sel)
BEGIN
    CASE sel IS
      WHEN"00" =>y<=input(0);
      WHEN"01" =>y<=input(1);
      WHEN"10" =>y<=input(2);
      WHEN"11" =>y<=input(3);
      WHEN OTHERS=>NULL;
    END CASE
END PROCESS;
END be_mux4;
```

4.4　RETURN 语句

在 VHDL 语言中，RETURN 语句只能在过程体和函数中使用，具体用来结束当前最内层过程体或是函数的执行，从而返回到主程序。RETURN 语句的语法结构有两种：

RETURN;(只能用在过程体中)
RETURN 表达式;(只能用在函数中)

第一种结构用在过程体中，表示无条件地结束过程体，不含有返回表达式；第二种结构用在函数中，它的表达式用来提供函数的返回值，并且结束函数的执行。

下面来看看具体实例。

例 4.31

```
FUNCTION max (a,b :integer) RETURN integer IS
    VARIABLE temp : integer;
BEGIN
    IF (a<b) THEN
      temp:=b;
    ELSE
      temp:=a;
    END IF
      RETURN (temp);
```

```
END max;
```

该函数的功能就是返回两个整数中的最大值。

一般的综合工具要求函数中只能有一个 RETURN 语句，同时要求它只能用在函数的末尾。目前，也有一些高级综合工具可以支持函数中具有多个 RETURN 语句，但是只有一个 RETURN 语句被执行。

4.5　跳出循环的语句

前面介绍的 LOOP 语句是一种自然跳出的循环语句，即只有完成了离散区间限定次数的操作或条件表达式的返回值为"false"时，LOOP 语句才会跳出循环转而执行其他的语句，但是在某些情况下，我们需要人为地跳出本次或整个循环语句。为此，VHDL 语言提供了两种人为跳出循环语句：一种是跳出本次循环的 NEXT 语句；另一种是跳出整个循环的 EXIT 语句。

4.5.1　NEXT 语句

NEXT 语句是一种能控制循环语句执行的语句，经常用在 LOOP 语句的内部，可以有条件或是无条件地结束循环并开始下一次的循环。当 NEXT 语句被执行时，循环语句中剩余的语句执行操作被终止，语句将跳到由循环标号所指定的新位置继续执行，或回到本层循环语句的入口处重新开始一次新的循环。NEXT 语句的语法如下：

```
NEXT [循环标号] [WHEN 条件表达式];
```

其中，循环标号是可选项，用来标明结束本次循环后下一次循环的起始位置，当 NEXT 语句中没有循环标号时，语句将跳出循环回到本层循环语句的入口处重新开始一次新的循环。WHEN 条件表达式也是可选项，保留字 WHEN 后面的条件表达式用来标明跳出本次循环的条件，当 NEXT 语句中没有 WHEN 条件表达式时，将会无条件跳出本次循环。下面是具体实例。

例 4.32

```
LIBRARY IEEE;
USE IEEE STD_LOGIC_1164.ALL;
ENTITY comparator IS
        PORT(x :IN STD_LOGIC_VECTOR (7 DOWNTO 0);
             y :IN STD_LOGIC_VECTOR (7 DOWNTO 0);
            eq :OUT STD_LOGIC);
END comparator;
ARCHITECTURE behave OF comparator IS
BEGIN
    PROCESS (x,y)
      VARIABLE temp:STD_LOGIC;
```

```
        BEGIN
            temp:='1';
            LOOP1:FOR i IN 0 TO 7 LOOP
                    NEXT WHEN temp:='0';
                    temp:=temp AND (x(i)xnor y(i));
            END LOOP LOOP1;
            eq<=temp;
        END PROCESS;
    END behave;
```

由例 4.32 可以看出，当 x 和 y 有不同的位时，temp:='0'便为真，NEXT 后的语句便不会执行，跳出本次循环，如果 i 值没到 7，会接着执行循环语句，接着遇到 NEXT 语句跳出，直到 i 值为 7，整个循环结束，eq='0'代表 x、y 不同；当 x 和 y 相同时，不会执行 NEXT 语句，整个程序执行完后，eq='1'。下面再看一例。

例 4.33

```
    LIBRARY IEEE;
    USE IEEE STD_LOGIC_1164.ALL;
    ENTITY logic_and IS
        PORT(x :IN STD_LOGIC_VECTOR (7 DOWNTO 0);
             y :IN STD_LOGIC_VECTOR (7 DOWNTO 0);
          mask :IN STD_LOGIC_VECTOR (7 DOWNTO 0);
             q :OUT STD_LOGIC_VECTOR (7 DOWNTO 0));
    END comparator;
    ARCHITECTURE behave OF logic_and IS
    BEGIN
        PROCESS (x,y,mask)
        BEGIN
            LOOP1:FOR i IN 0 TO 7 LOOP
                    IF (mask(i)='1') THEN
                        NEXT;
                    ELSE
                        q(i)<=(x(i)AND y(i);
                    END IF;
                END LOOP LOOP1;
            END PROCESS;
    END behave;
```

此例与例 4.32 近似，读者可自己分析。

4.5.2 EXIT 语句

EXIT 语句也用在 LOOP 语句的内部，可以有条件或是无条件地结束当前此次循环并终止这个 LOOP 语句。因为在 LOOP 语句中，当所有的操作已经做完或是有严重的错误发生时，程序需要跳出整个 LOOP 语句，此操作便可由 EXIT 语句来执行，其语法如下：

> EXIT [循环标号] [WHEN 条件表达式];

其中，循环标号用来标明要终止的 LOOP 语句的标号，保留字 WHEN 后面的条件表达式用来标明终止该 LOOP 语句的条件，它们都是可选项，与 NEXT 语句可选项的用法相同。

例 4.34

```
LIBRARY IEEE;
USE IEEE STD_LOGIC_1164.ALL;
ENTITY cnt IS
      PORT(clk,rst:IN STD_LOGIC;
              cnt :OUT NATURAL);
END cnt ;
ARCHITECTURE behave OF cnt IS
BEGIN
    PROCESS
      variable cnt:natural :=0;
    BEGIN
      LOOP
        LOOP
          WAIT UNTIL clk='1' or rst='1';
            EXIT when rst='1';
          cnt:=cnt+1;
         END LOOP;
        cnt:='0';
        WAIT UNTIL rst='0';
      END LOOP;
    END PROCESS;
END behave;
```

4.6 顺序断言语句(ASSERT 语句)

为了便于侦测设计中的错误，VHDL 语言提供了断言(ASSERT)语句来产生警告信息，该语句只用于设计模拟和调试，在综合时，VHDL 综合工具会自动忽略程序中的断言语句。

断言语句在 VHDL 语言中非常有用，当遇到一些重要的限制条件没得到满足或是发现了不能处理的错误时，就会停止模拟分析过程，并且提供错误条件的有用信息和出错级别。ASSERT 语句的语法如下：

> ASSERT 条件表达式 [REPORT 报告信息] [SEVERITY 错误级别];

断言语句在执行时，首先检查条件表达式的真假(条件表达式必须是布尔表达式)。若为真，则执行下一条语句；若为假，则输出"报告信息"并报告"错误级别"。

报告信息是设计人员提供的文本说明信息，一般为字符串，报告信息是可选项，当默认时，默认的信息是"aeesrt violation"；错误级别为错误的严重程度，前面章节介绍过它分为四个等级：failure、error、warning 和 note，错误级别也由设计人员给出，同样也是一个可选项，当默认时，值为"error"。

断言语句可以分为顺序断言语句和并行断言语句：顺序断言语句只能在进程和子程序中使用；而并行断言语句可在实体说明、结构体和块语句中使用，可以放在任何要观察和调试的点上。这里我们主要介绍顺序断言语句，关于并行断言语句，我们将会在后面的章节中介绍。下面是一个含有顺序断言语句的例子。

例 4.35

```
LIBRARY IEEE;
USE IEEE STD_LOGIC_1164.ALL;
ENTITY RS_flipflop IS
        PORT(r:IN STD_LOGIC;
             s :IN STD_LOGIC;
             q:INOUT STD_LOGIC);
END RS_flipflop ;
ARCHITECTURE behave OF RS_flipflop IS
BEGIN
    PROCESS (r,s)
        VARIABLE:rs:STD_LOGIC_VECTOR(1 DOWNTO 0):="00";
    BEGIN
        ASSERT (r='1' nand s='1') REPORT "The states of s and r are
illegal" SEVERITY error;
            rs:=r&s;
        CASE rs IS
            WHEN "00"=>q<=q;
            WHEN "01"=>q<='1';
            WHEN "10"=>q<='0';
            WHEN OHERS=>null;
        END CASE;
    END PROCESS;
END behave;
```

由于 r 和 s 都为 '1' 时表示一种不定状态，因此在进程中首先定义一条顺序断言语句，若 r 和 s 都为 '1'，则 ASSERT 语句将会输出报告信息和错误等级，同时可能终止模拟过程。

4.7 REPORT 语句

在 VHDL 语言中，REPORT 语句用来提供某种形式的顺序断言语句的短格式，是

VHDL'93 版本新增的一种顺序描述语句。与断言语句相比，PEPORT 语句不需要检测条件表达式，一旦被执行，总要给出信息报告，其语法如下：

```
REPORT 报告信息 [SEVERITY 错误级别];
```

其中，"SEVERITY 错误级别"是可默认的，值为"note"，这点与断言语句不同，要引起注意。采用 REPORT 语句来代替例 4.35 中的顺序断言语句，可得到如下程序。

例 4.36

```
LIBRARY IEEE;
USE IEEE STD_LOGIC_1164.ALL;
ENTITY RS_flipflop IS
    PORT(r :IN STD_LOGIC;
        s :IN STD_LOGIC;
        q :INOUT STD_LOGIC);
END RS_flipflop ;
ARCHITECTURE behave OF RS_flipflop IS
BEGIN
    PROCESS (r,s)
        VARIABLE:rs:STD_LOGIC_VECTOR(1 DOWNTO 0):="00";
    BEGIN
        IF (r='1' and s='1') THEN
            REPORT "The states of s and r are illegal" SEVERITY error;
        END IF;
            rs:=r&s;
        CASE rs is
            WHEN "00"=>q<=q;
            WHEN "01"=>q<='1';
            WHEN "10"=>q<='0';
            WHEN OHERS=>null;
            END CASE;
    END PROCESS;
END behave;
```

4.8   VHDL 语言的描述风格

VHDL 语言的结构体主要是描述整个设计实体的逻辑功能，对于所设计的电路功能行为的描述，可以在结构体中用不同的语句类型和描述方式来表达，对于相同的逻辑行为可以有不同的语句表达方式。在 VHDL 语言结构体中，这种不同的描述方式或者说建模方法通常可归纳为行为描述(Behavioral Descriptions)、RTL(寄存器)描述和结构描述三种类型。其中，RTL 描述方式也称为数据流描述方式。VHDL 语言可以通过这三种描述方法(或称描述风格)从不同的侧面描述结构体的行为方式。在实际应用中，为了能兼顾整个设计的功能实现、资源利用、性能指标等几方面的因素，通常混合使用这三种描述方式。

　　1. 行为描述

　　如果 VHDL 语言的结构体只描述了设计电路所需要实现的功能或者说电路行为，而没有直接指明或涉及实现这些功能和行为的硬件结构(包括硬件特性和连线方式等具体指标或参数)，则称为行为风格的描述或行为描述。行为描述只表示输入与输出间转换的行为，不包含任何电路的结构信息，行为描述主要指顺序语句描述，通常是指含有进程的非结构化的逻辑描述。行为描述的设计模型定义了系统的行为，这种描述方式通常由一个或多个进程构成。每一个进程又包含了一系列顺序语句，这里所谓的硬件结构是指具体硬件电路的连接结构、逻辑门的组成结构、元件或其他各种功能单元的层次结构等。

　　如例 4.37 所示，在比较器结构体的进程语句(PROCESS)中，只要满足 a 等于 b 或 a 不等于 b 两种情况就得到不同的输出结果。所以，行为描述是高层次描述方式，只描述输入与输出之间的逻辑关系，而不涉及具体逻辑电路内部结构等信息。

　　例 4.37　比较器。

```
LIBRARY IEEE;
USE IEEE STD_LOGIC_1164.ALL;
ENTITY comparator IS
PORT (a,b:IN STD_LOGIC_VECTOR(7 DOWNTO 0);   --输入 8 位数 a 和 b
      g:OUT STD_LOGIC);
END ;
ARCHITECTURE behavioral OF comparator
BEGIN
    comp:PROCESS(a,b)  -         --进程标志 comp 是进程顺序执行的开始
      BEGIN
        IF a = b THEN
          g<='1';                --若 a=b,则实体输出 G=1
        ELSE
          g<='0';                --若 a≠b,则实体输出 G=0。输出取决于输入条件
        END IF;
      END PROCESS comp;          --END PROCESS comp 是进程的结束
    END behavioral;
```

　　整个程序只是对所设计的电路系统的功能做了描述，即只描述了输入与输出的关系，而不涉及任何具体电路结构方面的内容。

　　2. 数据流描述

　　数据流描述也是一种常用的描述方式，适用于能用类似于布尔代数表达式表述输入信号与输出信号的传递关系的电路或系统。在程序上，从阅读者的角度上看更直观、更易于理解。这种电路描述方式既可以描述时序电路，又可以描述组合电路。数据流描述方式主

要使用的是并行语句，这些并行语句的执行是同时进行的，其书写的顺序并不代表其执行的顺序。因此，整体上看，数据是从设计的输入端同时流入并从输出端流出。如例 4.38 所示，用数据流描述方式编写结构体程序，可利用异或操作符描述逻辑关系，其程序如下：

例 4.38

```
LIBRARY IEEE;
USE IEEE.STD_LOGIC_1164.ALL;
ENTITY comparator IS
PORT(a,b:IN STD_LOGIC_VECTOR(7 DOWNTO 0);
     g:OUT STD_LOGIC);
END;
ARCHITECTURE behavioral OF comparator IS
SIGNAL gim:STD_LOGIC_VECTOR(7 DOWNTO 0);
BEGIN
    gim<=a XOR b;
    g<=gim(0);
  END behavioral;
```

例 4.39 全减器的数据流描述。

```
LIBRARY IEEE;
USE IEEE.STD_LOGIC_1164.ALL;
USE IEEE.STD_LOGIC_UNSIGNED.ALL
ENTITY f_sub IS
    PORT(x,y,sub_in:IN STD_LOGIC;
         sub_out,diff:OUT STD_LOGIC);
END f_sub ;
ARCHITECTURE rtl OF f_sub IS
BEGIN
    diff<=x XOR y XOR sub_in;
    sub_out<=(NOT x AND y )OR ((x XNOR y) AND sub_in);
END rtl ;
```

3. 结构描述

结构描述也是 VHDL 语言常用的描述方式之一。该描述方法的基本思想是把复杂的电路分成各个功能不同的子模块来描述，把每个子模块通过类似于搭积木的方式组合成复杂的电路或系统，子模块间的连接是通过定义的端口界面来实现的。结构描述方式常用于设计多层次复杂的电路，常用元件例化语句或生成语句来实现。

结构描述程序的主要步骤如下：

1) 绘制电路整体框图

确定设计中所需要的元件(子模块)的类型和数量，并对每类元件采用不同的图形符号表示出来，而且标注出其编号、功能和接口的输入输出特性。最后，利用这些元件之间的逻辑关系组合绘制出整个电路的框图。

2) 元件(实例)说明

用 COMPONENT 语句对每类元件端口的名称、数量及属性进行说明。对元件之间的每条连接线都要用信号(SIGNAL)来定义命名。

3) 元件例化

根据电路整体框图与每个元件之间的拓扑关系，用元件例化语句(PORT MAP)描述端口信号的连接关系。

4) 元件配置

对每类元件的实现功能用 VHDL 语言进行完整的描述。

具体实例见例 4.13。从上述设计过程可见，对于一个复杂的电子系统，可以将其分解为若干个子系统，每个子系统再分解成模块，形成多层次设计。这样，可以使更多的设计者同时进行合作。在多层次设计中，每个层次都可以作为一个元件，再构成一个模块或系统，可以先分别仿真每个元件，然后整体调试。所以说结构化描述不仅是一种设计方法，而且是一种设计思想，也是大型电子系统高层次设计的重要手段。

在以上三种描述风格中，行为描述的抽象程度最高，最能体现 VHDL 语言描述高层次结构和系统的能力。正是 VHDL 语言的行为描述能力，使自顶向下的设计方式成为设计的主流。

习　　题

一、选择题

1. 下列语句中，不属于并行语句的是____。
   A. 进程语句　　　　　　　　　　B. CASE 语句
   C. 元件例化语句　　　　　　　　D. WHEN ELSE 语句
2. 进程中的信号赋值语句，其信号更新是____。
   A. 按顺序完成　　　　　　　　　B. 比变量更快完成
   C. 在进程的最后完成　　　　　　D. 都不对
3. 进程本身是____，但其内部是____。
   A. 并行语句　　　　B. CASE 语句　　　C. 元件例化语句　　D. 顺序语句
4. 不完整的条件语句可以描述____。
   A. 组合电路　　　　　　　　　　B. 时序电路
   C. 组合电路和时序电路　　　　　D. 都不能
5. 顺序语句只能出现在____中，并行语句不放在____中。
   A. 进程　　　　　　B. 时序电路　　　C. 组合电路　　　D. 块语句
6. 下列语句中，不属于顺序语句的是____。
   A. 元件例化语句　　　　　　　　B. WAIT 语句
   C. CASE 语句　　　　　　　　　　D. IF 语句

7. VHDL 语言中变量定义的位置是____。

    A．实体中任何位置　　　　　　　B．实体中特定位置

    C．结构体中任何位置　　　　　　D．结构体中特定位置

8. VHDL 中顺序语句放置位置说法正确的是____。

    A．可以放在进程语句中　　　　　B．可以放在子程序中

    C．不能放在任意位置　　　　　　D．前面的说法都正确

9. 在 VHDL 的 CASE 语句中，条件句中的"=>"不是操作符号，它只相当于____作用。

    A．IF　　　　　　　B．THEN　　　　　　C．AND　　　　　　D．OR

10. 在 VHDL 的 FOR_LOOP 语句中的循环变量是一个临时变量，属于 LOOP 语句的局部量，____事先声明。

    A．必须　　　　　　B．不必　　　　　　C．其类型要　　　　　D．其属性要

11. 在元件例化语句中，用____符号实现名称映射，将例化元件端口声明语句中的信号与 PORT MAP( )中的信号名关联起来。

    A．=　　　　　　　B．:=　　　　　　　C．<=　　　　　　D．=>

12. 以下对于进程 PROCESS 的说法，正确的是____。

    A．进程之间可以通过变量进行通信

    B．进程内部由一组并行语句来描述进程功能

    C．进程语句本身是并行语句

    D．一个进程可以同时描述多个时钟信号的同步时序逻辑

13. 进程中的信号赋值语句，其信号更新是____。

    A．按顺序完成　　　　　　　　　B．比变量更快完成

    C．在进程的最后完成　　　　　　D．以上都不对

14. 进程中的变量赋值语句，其变量更新是____。

    A．立即完成　　　　B．按顺序完成　　　　C．在进程的最后完成　　D．都不对

二、设计题

1. 根据图 4.8 所示的电路原理图，写出相应 VHDL 描述。

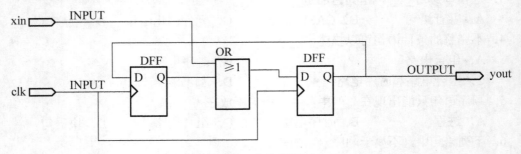

图 4.8　电路原理图

2. 阅读下列 VHDL 程序，画出相应电路图。

```
LIBRARY IEEE;
USE IEEE.STD_LOGIC_1164.ALL;
ENTITY TRIS IS
  PORT (  CONTROL : IN STD_LOGIC;
          INN     : IN STD_LOGIC;
          Q       : INOUT STD_LOGIC;
          Y       : OUT STD_LOGIC );
END TRIS;


ARCHITECTURE ONE OF TRIS IS
BEGIN
 PROCESS (CONTROL, INN, Q)
 BEGIN
     IF (CONTROL = '0') THEN
         Y <= Q;
         Q <= 'Z';
     ELSE
         Q <= INN;
         Y <= 'Z';
     END IF;
 END PROCESS;
   END ONE;
```

3. 仔细阅读下列程序，改正程序中的错误并说明该程序的功能。

```
LIBRARY IEEE
USE IEEE.STD_LOGIC_1164.ALL
USE IEEE.STD_LOGIC_UNSIGNED.ALL;
ENTITY LED7CNT IS
 PORT ( CLR : IN STD_LOGIC;
      CLK : IN STD_LOGIC;
   LED7S : OUT STD_LOGIC_VECTOR(6 DOWNTO 0))
END LED7CNT;
 ARCHITECTURE one OF LEDCNT IS
  SIGNAL TMP : STD_LOGIC_VECTOR(3 DOWNTO 0);
   BEGIN
     CNT:PROCESS(CLR,CLK)
       BEGIN
       IF CLR = '1' THEN
         TMP <= 0;
       ELSE IF CLK'EVENT AND CLK = '1' THEN
         TMP <= TMP + 1;
```

```
      END;
    END PROCESS;
  OUTLED:PROCESS(TMP)
    BEGIN
      CASE TMP IS
          WHEN "0000" => LED7S <= "0111111"
          WHEN "0001" => LED7S <= "0000110"
          WHEN "0010" => LED7S <= "1011011"
          WHEN "0011" => LED7S <= "1001111"
          WHEN "0100" => LED7S <= "1100110"
          WHEN "0101" => LED7S <= "1101101"
          WHEN "0110" => LED7S <= "1111101"
          WHEN "0111" => LED7S <= "0000111"
          WHEN "1000" => LED7S <= "1111111"
          WHEN "1001" => LED7S <= "1101111"
          WHEN OTHERS => LED7S <= (OTHERS => '0');
      END CASE;
      END;
    END one;
```

4. 如图 4.9 所示，利用一位 **D** 触发器，用元件例化语句实现四位移位寄存器，请试着把端口例化部分完成。

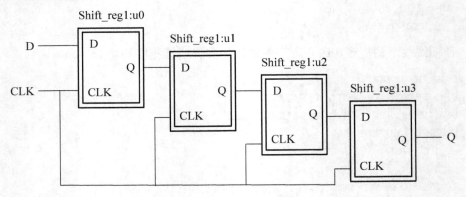

图 4.9　四位移位寄存器

```
LIBRARY IEEE;
USE IEEE.STD_LOGIC_1164.ALL;
ENTITY shift_reg1 IS
 PORT(clk:IN STD_LOGIC;
     D:IN STD_LOGIC;
     Q:OUT STD_LOGIC);
END ENTITY;
ARCHITECTURE one OF shift_reg1 IS
```

```
BEGIN
  PROCESS(clk,D)
  BEGIN
      IF clk'event and clk='1' THEN
          Q<=D;
      END IF;
  END PROCESS;
END one;


LIBRARY IEEE;
USE IEEE.STD_LOGIC_1164.ALL;
ENTITY shift_reg4 IS
   PORT(clk:IN STD_LOGIC;
       D:IN STD_LOGIC;
       Q:OUT STD_LOGIC);
END shift_reg4;
ARCHITECTURE one OF shift_reg4 IS
 COMPONENT shift_reg1
  PORT(clk:IN STD_LOGIC;
      D:IN STD_LOGIC;
      Q:OUT STD_LOGIC);
   END COMPONENT;
   SIGNAL Q0,Q1,Q2:STD_LOGIC;
BEGIN
  u0:shift_reg1 PORT MAP(____,____,____);          -- 元件例化
  u1:shift_reg1 PORT MAP(____,____,____);
  u2:shift_reg1 PORT MAP(____,____,____);
  u3:shift_reg1 PORT MAP(____,____,____);
END one;
```

5. 已知一个简单的波形发生器的数字部分系统框图如图 4.10 所示。

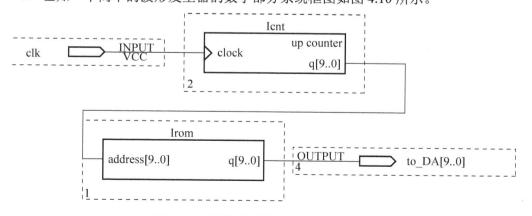

图 4.10　波形发生器的数字部分系统框图

图 4.10 中 lcnt、lrom 都是在 MAX+PlusII 中使用 MegaWizard 调用的 LPM 模块，其 VHDL 描述中 ENTITY 部分分别如下，试用 VHDL 例化语句描述该系统的顶层设计。

```
ENTITY lcnt IS
  PORT(clock: IN STD_LOGIC;
          q: OUT STD_LOGIC_VECTOR (9 DOWNTO 0)
  );
END lcnt;
```

```
ENTITY lrom IS
  PORT(address: IN STD_LOGIC_VECTOR (9 DOWNTO 0);
          q: OUT STD_LOGIC_VECTOR (9 DOWNTO 0)
  );
END lrom;
```

【参考图文】

三、简答题

1. 简述 VHDL 语言与计算机语言的差别。
2. 进程语句是描述结构体时使用最为频繁的语句，简述其特点。

第 5 章
组合逻辑电路设计

【本章知识架构】

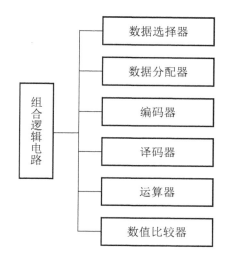

【本章教学目标与要求】

(1) 熟悉简单的组合逻辑电路的VHDL语言设计方法。

(2) 熟悉并掌握各种常用的组合逻辑电路的VHDL语言设计。

(3) 可利用VHDL语言进行简单逻辑设计并可进行仿真、测试。

在数字电路理论中，根据逻辑功能的不同，分为组合逻辑电路和时序逻辑电路两大类。其中，组合逻辑电路是任一时刻电路的输出信号，仅仅与当前时刻的输入信号的取值有关，而与该时刻以前的输入信号取值无关。这种电路跟时序逻辑电路相反，时序逻辑电路的输出结果不仅取决于目前的输入信号，还和之前的输入信号有关系。从电路结构分析，组合电路由各种逻辑门组成，网络中无记忆元件，也无反馈线。常用的组合逻辑电路有编码器、译码器、数据选择器、数据分配器等。本章将详细介绍常用的组合逻辑电路的设计方法。

5.1 简单组合逻辑电路的设计方法

常用的组合逻辑电路的设计方法主要有依据真值表采用的行为描述方式，或者依据逻

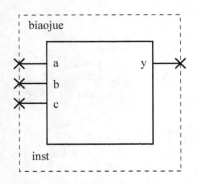

图 5.1　三人裁判表决器的电路符号

辑表达式采用数据流描述方式及结构化描述方式，以具体实例说明。

设计任务：裁判表决器。要求有三个裁判，一个主裁判和两个副裁判。每个裁判有一个按钮，只有当两个或者两个以上裁判按下按钮，并且两个裁判中必须有一个为主裁判时，表示确定通过的指示灯才亮。

任务分析：由要求可知，三人裁判表决器应有三个输入信号，包括一个主裁判(a)，两个副裁判(b、c)，表示成功与否的灯为输出信号(y)，所以其电路符号如图 5.1 所示，根据其逻辑功能要求可得真值表，见表 5-1。

表 5-1　三人裁判表决器的真值表

输　入　信　号			输　出　信　号
a	b	c	y
0	0	0	1
0	0	1	1
0	1	0	1
0	1	1	1
1	0	0	1
1	0	1	0
1	1	0	0
1	1	1	0

任务设计：根据任务分析可编写出 VHDL 语言的实体部分，代码如下：

```
LIBRARY  IEEE;
USE IEEE.STD_LOGIC_1164.ALL;
ENTITY biaojue IS
  PORT(a,b,c:IN STD_LOGIC;        --3 个裁判输入信号
            y:OUT STD_LOGIC);     --结果输出信号
END;
```

结构体部分实现可有以下几种方法：

方法一：依据已知真值表，采用行为的描述方式，利用 CASE 语句判断输入信号的状态得到不同输出，实现设计逻辑功能要求，VHDL 语言代码如下：

```
ARCHITECTURE one OF biaojue IS
  SIGNAL S:STD_LOGIC_VECTOR(2 DOWNTO 0);
   BEGIN
   S<=a&b&c;
    PROCESS(S)
```

```
    BEGIN
      CASE S IS
        WHEN "000"=>y<=1;
        WHEN "001"=>y<=1;
        WHEN "010"=>y<=1;
        WHEN "011"=>y<=1;
        WHEN "100"=>y<=1;
        WHEN "101"=>y<=0;
        WHEN "110"=>y<=0;
        WHEN "111"=>y<=0;
        WHEN OTHERS=>NULL;
      END CASE;
    END PROCESS;
  END;
```

　　方法二：利用真值表可简化得到逻辑表达式 y=ab+ac，采用数据流的描述方式，用 VHDL 语句将其直接描述出来，代码如下：

```
  ARCHITECTURE one OF biaojue IS
    BEGIN
      y<=(a AND b)OR(a AND C);
  END;
```

　　任务结果：三人裁判表决器的功能仿真结果如图 5.2 所示，由波形可知，当裁判表决端口信号有两个或两个以上的有效信号且其中一个为主裁判 a 时，输出信号表示确认成功 (LED 灯 0 电平有效)，结果与表 5-1 相符，实现了三人表决的逻辑功能。

Master Time Bar:			40.0 ns		Pointer:		41.3 ns	Interval:		1.3 ns	Start:		20.0
	Name	Value at 40.0 ns	0 ps		10.0 ns			20.0 ns			30.0 ns		
0	a	A 0											
1	b	A 0											
2	c	A 0											
3	y	A 0											

图 5.2　三人裁判表决器的功能仿真结果

　　将程序加载到开发系统上进行硬件测试。单击 Quartus II 的工具栏【Assignments】→【Device】，弹出对话框如图 5.3 所示，选择本书所使用的对应的主芯片 EP3C25324C8，单击 OK 按钮确定。本任务有三个输入信号，一个输出信号，用三个按钮分别表示主、副裁判的确认输入，用一个 LED 灯表示确定信号的输出。引脚锁定如图 5.4 所示。编译通过后可下载到硬件实验平台上进行验证。

　　任务进阶设计：设计一个 8421BCD 码的四舍五入判决器。

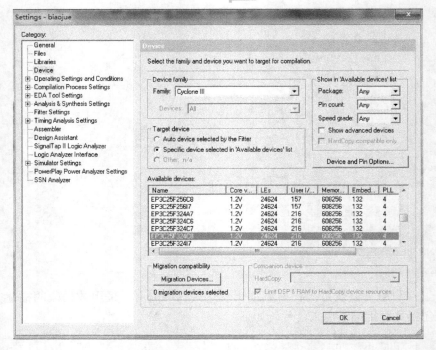

图 5.3　芯片选择对话框

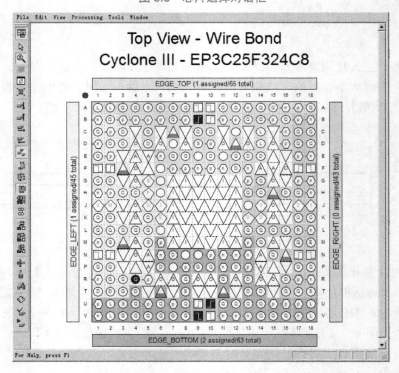

图 5.4　引脚锁定

第一步：根据设计任务进行任务分析，任务要求需判断输入的是 8421BCD 码，可得到设计任务的输入信号有一个四位的 BCD 码输入，输出信号也有一个，得其电路符号如图 5.5 所示。可编写出其相应的 VHDL 实体部分代码。

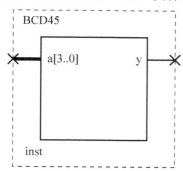

图 5.5 8421BCD 码的四舍五入判决器的电路符号

第二步：由设计要求分析其逻辑功能要求，如果输入大于 5，则输出 1；否则输出 0。选择适合的方式完成设计。

第三步：完成设计输入后，进行相应的功能仿真验证，是否符合 8421BCD 码的四舍五入判决器的逻辑功能。

第四步：下载到开发系统上进行硬件测试。

5.2 数据选择器

在数字系统中，数据选择器是指能够将多路传送来的数据根据需要选出其中任意一路，实现数据选择功能的逻辑电路。其作用相当于多路通道的单刀多掷开关。本节将通过几个设计任务详细介绍数据选择器的设计方法。

设计任务 1：设计一个 8 选 1 数据选择器。

任务分析：8 选 1 数据选择器是对 8 路输入信号(i0、i1、i2、i3、i4、i5、i6、i7)进行选择输出其中一路信号。由此，需要 3 路选择信号(s2、s1、s0)，s2s1s0 为 000、001、010、011、100、101、110、111 时分别选择相应的输入信号作为输出。8 选 1 数据选择器的电路符号如图 5.6 所示，输入信号有 4 个信号源 i0、i1、i2、i3、i4、i5、i6、i7 及 3 路选择信号 s2、s1、s0，输出信号有 y。其真值表见表 5-2。

【参考图文】

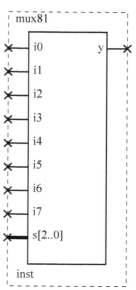

图 5.6 8 选 1 数据选择器的电路符号

表 5-2　8 选 1 数据选择器的真值表

输 入 信 号			输 出 信 号
s2	s1	s0	y
0	0	0	i0
0	0	1	i1
0	1	0	i2
0	1	1	i3
1	0	0	i4
1	0	1	i5
1	1	0	i6
1	1	1	i7

任务设计：由设计任务分析所得，可写出其 VHDL 语言的实体部分，VHDL 代码如下：

```
LIBRARY  IEEE;
USE IEEE.STD_LOGIC_1164.ALL;
ENTITY mux81 IS
  PORT(i0,i1,i2,i3,i4,i5,i6,i7:IN STD_LOGIC;      --8 个输入信号
           s:IN STD_LOGIC_VECTOR(2 DOWNTO O); --3 个选择信号
           y:OUT STD_LOGIC);                      --输出信号
END ;
```

8 选 1 数据选择器逻辑功能通过真值表可得知，其输出信号由 s2s1s0 所决定，可采用行为描述的方法，即可利用 VHDL 选择语句来实现 8 选 1 数据选择器的结构体部分。参考表 5-2，利用条件选择语句编写的 VHDL 代码如下：

```
ARCHITECTURE one OF mux81 IS
  BEGIN
    y  <= i0 WHEN s="000" ELSE
         i1 WHEN s="001" ELSE
         i2 WHEN s="010" ELSE
         i3 WHEN s="011" ELSE
         i4 WHEN s="100" ELSE
         i5 WHEN s="101" ELSE
         i6 WHEN s="110" ELSE
         i7;
  END ARCHITECTURE one;
```

除此还可以利用 IF 或者 CASE 语句来实现，其 CASE 编写的 VHDL 代码如下：

```
ARCHITECTURE one OF mux81 IS
  BEGIN
   PROCESS(S)
```

```
      BEGIN
        CASE S IS
          WHEN "000"=>y<=i0;
          WHEN "001"=>y<=i1;
          WHEN "010"=>y<=i2;
          WHEN "011"=>y<=i3;
          WHEN "100"=>y<=i4;
          WHEN "101"=>y<=i5;
          WHEN "110"=>y<=i6;
          WHEN "111"=>y<=i7;
          WHEN OTHERS=>NULL;
        END CASE;
      END PROCESS;
    END ARCHITECTURE one;
```

任务结果：8 选 1 数据选择器的功能仿真结果如图 5.7 所示，当选择端口信号 s2、s1、s0 不同时，相应选择 8 路输入信号中的一路作为输出信号，结果与真值表 5-2 相符，实现了 8 选 1 的逻辑功能。

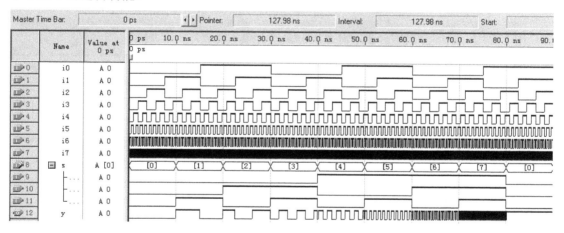

图 5.7　8 选 1 数据选择器的功能仿真结果

任务进阶设计：利用表 5-2 求出 8 选 1 数据选择器的逻辑表达式，用数据流的描述方式将其功能描述出来。

设计任务 2：设计一个 8 选 1 数据选择器，其要求有使能端。

任务分析：8 选 1 数据选择器是对 8 路输入信号(i0～i7)进行选择输出其中一路信号。由此，需要 3 路选择信号(s2～s0)，s2s1s0 为 000～111 时分别选择相应的输入信号作为输出。除此以外，任务要求还需增加一个使能信号 en，当它为有效电平时，选择信号才有效。8 选 1 数据选择器的电路符号如图 5.8 所示，输入信号有 8 个信号源 i0～i7、3 路选择信号 s2～s0 及 1 个使能信号 en，输出信号为 y。其真值表见表 5-3。

<VHDL 数字系统设计与应用

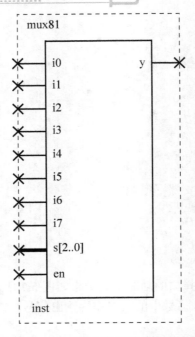

图 5.8 8 选 1 数据选择器的电路符号

表 5-3 8 选 1 数据选择器的真值表

输 入 信 号				输 出 信 号
en	s2	s1	s0	y
0	0	0	0	i0
0	0	0	1	i1
0	0	1	0	i2
0	0	1	1	i3
0	1	0	0	i4
0	1	0	1	i5
0	1	1	0	i6
0	1	1	1	i7
1	×	×	×	0

任务设计：由设计任务分析所得，可写出其 VHDL 语言的实体部分，VHDL 代码如下：

```
LIBRARY  IEEE;
USE IEEE.STD_LOGIC_1164.ALL;
ENTITY mux81 IS
 PORT(i0,i1,i2,i3,i4,i5,i6,i7:IN STD_LOGIC; --8 个输入信号
    s:IN STD_LOGIC_VECTOR(2 DOWNTO 0);      --3 个选择信号
    en:IN STD_LOGIC;                        --1 个使能信号
```

```
        y:OUT STD_LOGIC);                        --1 个输出信号
    END;
```

8 选 1 数据选择器功能部分结构体的实现,同样也可通过其逻辑功能的要求即真值表,利用 VHDL 选择语句来实现,即采用行为描述方法。参考表 5-3,利用 CASE 语句编写的 VHDL 代码如下:

```
ARCHITECTURE one OF mux81 IS
SIGNAL a:STD_LOGIC_VECTOR(3 DOWNTO 0);
BEGIN
a<=en&s;
    PROCESS(a)
     BEGIN
       CASE a IS
        WHEN "0000"=>y<=i0;
        WHEN "0001"=>y<=i1;
        WHEN "0010"=>y<=i2;
        WHEN "0011"=>y<=i3;
        WHEN "0100"=>y<=i4;
        WHEN "0101"=>y<=i5;
        WHEN "0110"=>y<=i6;
        WHEN "0111"=>y<=i7;
        WHEN OTHERS=>y<='0';
       END CASE;
     END PROCESS;
    END;
```

任务结果:8 选 1 数据选择器的功能仿真结果如图 5.9 所示,当选择端口信号 s2~s0 不同时,相应选择 8 路输入信号中的一路作为输出信号。当使能端 en 为高电平时,输出信号为"0",结果与表 5-3 相符,实现了 8 选 1 的逻辑功能。

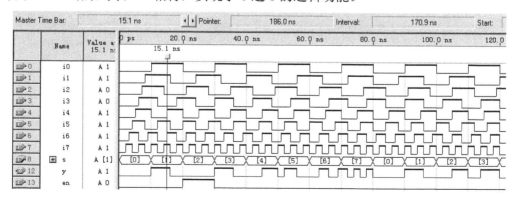

图 5.9　8 选 1 数据选择器功能仿真结果

5.3 数据分配器

数据分配器的逻辑功能和数据选择器刚好相反，它是将一个输入数据信号根据需要分送到多个不同的输出通道上，实现数据分配功能的逻辑电路。其作用相当于多路输出的单刀多掷开关，如图 5.10 所示。图 5.10 为 1 路-n 路数据分配器示意图。本节将通过下面的设计任务来介绍数据分配器的设计方法。

设计任务：设计一个 1 路-4 路数据分配器。

任务分析：1 路-4 路数据分配器应有 1 个数据源即 1 个输入信号，对应有 4 个数据输出端，所以应对应有 2 位的地址码来选择数据输出通道。由此 1 路-4 路数据分配器的电路符号如图 5.11 所示，输入信号有数据源 a 及地址码 add1、add0；4 个数据输出端 y0、y1、y2、y3。真值表见表 5-4。

【参考图文】

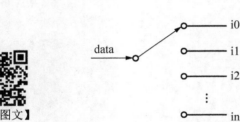

图 5.10 1 路-n 路数据分配器示意图

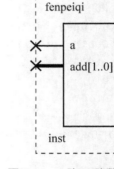

图 5.11 1 路-4 路数据分配器的电路符号

表 5-4 1 路-4 路数据分配器的真值表

地 址 码		输 出 信 号			
add0	add1	y0	y1	y2	y3
0	0	a	0	0	0
0	1	0	a	0	0
1	0	0	0	a	0
1	1	0	0	0	a

任务设计：由任务分析，可编写出 1 路-4 路数据分配器的 VHDL 语言的实体部分，其代码如下：

```
LIBRARY  IEEE;
USE IEEE.STD_LOGIC_1164.ALL;
ENTITY fenpeiqi IS
  PORT(a:IN STD_LOGIC;                        --1 个信号源
       add:IN STD_LOGIC_VECTOR(1 DOWNTO 0);--2 位地址码
```

```
          y0,y1,y2,y3:OUT STD_LOGIC);            --4 个输出信号
    END;
```

依据表 5-4 可知，输出由两位地址码 add[1..0]决定，所以可利用 CASE 语句来编写 1
路-4 路数据分配器的结构体部分，其 VHDL 代码如下：

```
ARCHITECTURE one OF fenpeiqi IS
  BEGIN
   PROCESS(a,add)
    BEGIN
    y0<='0';
    y1<='0';
    y2<='0';
    y3<='0';
       CASE add IS
       WHEN "00"=>y0<=a;
       WHEN "01"=>y1<=a;
       WHEN "10"=>y2<=a;
       WHEN "11"=>y3<=a;
       WHEN OTHERS=>null;
      END CASE;
    END PROCESS;
  END;
```

任务结果：1 路-4 路数据分配器的功能仿真结果如图 5.12 所示，当选择地址端口信号
add1、add0 不同时，输入信号 a 相应地从 4 路输出通道中选择一路作为输出，结果与表 5-4
相符，实现了 1 对 4 路的数据分配器逻辑功能。

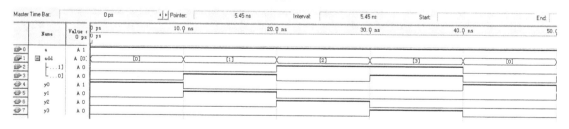

图 5.12　1 路-4 路数据分配器的功能仿真结果

5.4　编　码　器

编码是将一种形式的信息表示转换为另一种特定的形式表现的过程，在计算机、通信
等领域广泛应用。在数字系统中，编码是将信号(如比特流)或数据转换成某种特定的代码
如 8421 码、格雷码等形式表示。具有编码功能的逻辑电路被称为编码器。编码器可以将

2^N 个独立信息用 N 位二进制码来表示。本节将通过下面的设计任务来详细介绍编码器的设计方法。

设计任务 1：设计一个 8-3 编码器。

任务分析：8-3 编码器应有 8 个输入信号(i7～i0)，对应有 3 位二进制编码输出(a2～a0)，其电路符号如图 5.13 所示。每种输入情况对应一种编码输出，见表 5-5。

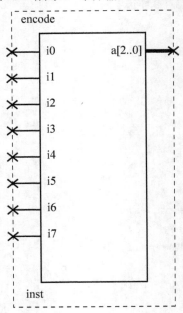

图 5.13　8-3 编码器电路符号

表 5-5　8-3 编码器真值表

输 入 信 号								输 出 信 号		
i7	i6	i5	i4	i3	i2	i1	i0	a2	a1	a0
0	0	0	0	0	0	0	1	0	0	0
0	0	0	0	0	0	1	0	0	0	1
0	0	0	0	0	1	0	0	0	1	0
0	0	0	0	1	0	0	0	0	1	1
0	0	0	1	0	0	0	0	0	0	0
0	0	1	0	0	0	0	0	1	0	1
0	1	0	0	0	0	0	0	1	1	0
1	0	0	0	0	0	0	0	1	1	1

任务设计：由任务分析写出 8-3 编码器的 VHDL 语言的实体部分，其代码如下：

```
LIBRARY  IEEE;
USE IEEE.STD_LOGIC_1164.ALL;
ENTITY encode IS
  PORT(i0,i1,i2,i3,i4,i5,i6,i7:IN BIT;    --8 个输入信号
```

```
        a:OUT BIT_VECTOR(2DOWNTO 0));          --3位二进制编码输出
END;
```

8-3 编码器逻辑功能通过表 5-5 可知,不同的信号有效时对应唯一相应的编码输出,可采用行为的描述方法,利用 VHDL 选择语句来实现 4 选 1 数据选择器的结构体部分。参考表 5-5,利用 CASE 语句编写的 VHDL 代码如下:

```
ARCHITECTURE one OF encode IS
SIGNAL i :BIT_VECTOR(7 DOWNTO 0);
  BEGIN
  i<=i7&i6&i5&i4&i3&i2&i1&i0;
  PROCESS(i)
   BEGIN
    CASE i IS
        WHEN "00000001"=>a<="000";
        WHEN "00000010"=>a<="001";
        WHEN "00000100"=>a<="010";
        WHEN "00001000"=>a<="011";
        WHEN "00010000"=>a<="100";
        WHEN "00100000"=>a<="101";
        WHEN "01000000"=>a<="110";
        WHEN "10000000"=>a<="111";
        WHEN OTHERS=>a<="000";
      END CASE;
    END PROCESS;
END ARCHITECTURE one;
```

任务结果:8-3 编码器的功能仿真结果如图 5.14 所示,当 8 个输入信号某时刻只有一个有效信号时,对应输出 3 位相应的二进制编码,如图 5.14 所示,当只有 i1 有效时,输出编码 "001",当 i5 和 i6 同时有效时,输出编码 "000",结果与表 5-5 相符,实现了 8-3 编码器编码逻辑功能。

由仿真结果可以看出,该编码器有一个缺点,即同一时刻只能允许一个输入信号为有效电平,当出现两个或者两个以上的输入信号同时有效时,输出编码均为 "000",会发生混淆。为此,对该编码器进行改进,引入了优先级,如果有两个或者两个以上的输入信号同时有效,则由有效的输入信号的优先级高低决定输出编码,编码器只对优先级别最高的那个有效的输入信号进行编码输出,避免了编码混乱。

设计任务 2:设计一个 8-3 优先编码器。

任务分析:8-3 优先编码器和设计任务 1 一样应有 8 个输入信号(i7~i0),对应有 3 位二进制编码输出(a2~a0),其电路符号也如图 5.13 所示。每种输入情况对应一种编码输出,但有优先级别之分,最高为 i7,最低为 i0,见表 5-5。

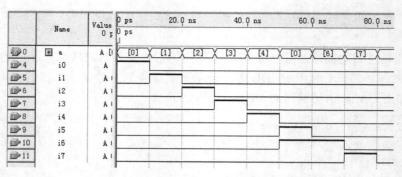

图 5.14　8-3 编码器的功能仿真结果

表 5-6　8-3 优先编码器真值表

输　入　信　号								输　出　信　号		
i7	i6	i5	i4	i3	i2	i1	i0	a2	a1	a0
1	×	×	×	×	×	×	×	1	1	1
0	1	×	×	×	×	×	×	1	1	0
0	0	1	×	×	×	×	×	1	0	1
0	0	0	1	×	×	×	×	1	0	0
0	0	0	0	1	×	×	×	0	1	1
0	0	0	0	0	1	×	×	0	1	0
0	0	0	0	0	0	1	×	0	0	1
0	0	0	0	0	0	0	1	0	0	0

任务设计：由任务分析所得，写出 8-3 优先编码器的 VHDL 语言的实体部分，其代码如下：

```
LIBRARY  IEEE;
USE IEEE.STD_LOGIC_1164.ALL;
ENTITY encode IS
  PORT(i0,i1,i2,i3,i4,i5,i6,i7:IN BIT;      --8 个输入信号
      a:OUT BIT_VECTOR(2 DOWNTO 0));        --3 位二进制编码输出
END;
```

8-3 优先编码器逻辑功能通过真值表可得知，信号有效且优先级别比它高的信号无效时，不管其他信号是否有效，都对应输出相应的编码。同样可采用行为的描述方式，但是必须注意选择可体现该编码器的优先级别的语句，其条件选择 VHDL 代码如下所示，也可试用其他语句如 IF 语句来编写。

```
ARCHITECTURE one OF encode IS
  BEGIN
    a  <= "111" WHEN i7='1'ELSE
          "110" WHEN i6='1'ELSE
          "101" WHEN i5='1'ELSE
```

```
           "100" WHEN i4='1'ELSE
           "011" WHEN i3='1'ELSE
           "010" WHEN i2='1'ELSE
           "001" WHEN i1='1'ELSE
           "000" WHEN i0='1'ELSE
           "000";
     END ARCHITECTURE one;
```

任务结果：8-3 优先编码器的功能仿真结果如图 5.15 所示，优先编码器和普通编码器相比，当 8 个输入信号某时刻出现两个或者两个以上的输入信号有效时，对应输出优先级别高的有效信号 3 位相应的二进制编码，如图 5.15 所示，当只有 i1 有效时，输出编码"001"，当 i5 和 i6 同时有效时，则输出优先级别高的 i6 的编码"110"，结果与表 5-6 相符，实现了 8-3 优先编码器编码逻辑功能。

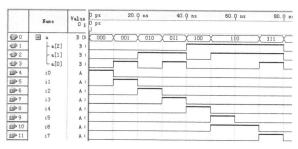

图 5.15　8-3 优先编码器的功能仿真结果

任务进阶设计：在 8-3 优先编码器的基础上，加上一个使能的功能，当使能端有效时才可进行编码。除此输出端增加优先标志端，即当有两个或者两个以上的输入信号有效时，该端口输出有效电平表示有优先级使用。

第一步：根据任务设计要求分析，输入信号应有 8 个输入信息及一个使能端口，输出端应有 3 个编码输出及 1 个优先标志端，其电路符号如图 5.16 所示，相应可写出该编码器的 VHDL 语言的实体部分代码。

第二步：根据逻辑功能要求，编写出相应的结构体部分的 VHDL 代码。与设计任务 1 相比，在注意区别 8 个输入信号的优先级别的同时需判别是否有低于该信号优先级别的其他信号有效，如果有，则优先标志端输出有效电平。

第三步：完成设计输入后，对该项目进行编译、综合、适配，进行相应的功能仿真验证，检验是否符合设计要求的逻辑功能。

第四步：下载到开发系统上进行硬件测试。

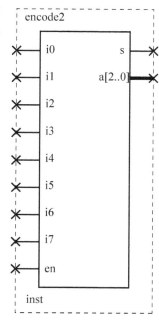

图 5.16　电路符号

5.5 译 码 器

译码是指可以将编码器输出得到的具有特定含义的代码进行识别并转换为原有信号或者其他另一种形式的代码。具有译码逻辑功能的电路称为译码器。通常，译码器分为两

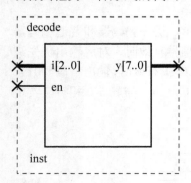

图 5.17　3-8 译码器的电路符号

种：一种是将代码转换为与之一一对应的信号，如果有 n 位二进制码输入，则可译码转换成 $2n$ 个与之对应的信号，即编码的逆过程，如数字通信系统中编码译码、计算机中存储单元地址的译码等；另一种是根据具体情况的特殊要求，将代码转换为另一种形式的代码表示。本节将通过下面的设计任务来介绍常规译码器的设计方法。

设计任务：设计 3-8 译码器。

任务分析：3-8 译码器是对 3 位二进制码输入信号(i[2..0])进行译码输出信号(y[7..0])，加上一个使能端(en)。3-8 译码器的电路符号如图 5.17 所示。其真值表见表 5-7。

表 5-7　3-8 译码器真值表

输 入 信 号				输 出 信 号							
en	i2	i1	i0	y7	y6	y5	y4	y3	y2	y1	y0
0	×	×	×	0	0	0	0	0	0	0	0
1	0	0	0	0	0	0	0	0	0	0	1
1	0	0	1	0	0	0	0	0	0	1	0
1	0	1	0	0	0	0	0	0	1	0	0
1	0	1	1	0	0	0	0	1	0	0	0
1	1	0	0	0	0	0	1	0	0	0	0
1	1	0	1	0	0	1	0	0	0	0	0
1	1	1	0	0	1	0	0	0	0	0	0
1	1	1	1	0	0	0	0	0	0	0	0

任务设计：由任务分析所得，可写出 3-8 译码器 VHDL 语言的实体部分，其代码如下：

```
LIBRARY  IEEE;
USE IEEE.STD_LOGIC_1164.ALL;
ENTITY decode IS
  PORT(i:IN STD_LOGIC_VECTOR(2 DOWNTO 0);      --3 位二进制码输入信号
      en:IN STD_LOGIC;                         --使能端
      y:OUT STD_LOGIC_VECTOR(7 DOWNTO 0));     --对应的 8 个译码输出信号
END;
```

3-8 译码器逻辑功能通过表 5-7 可得知，当使能端有效时，3 位二进制码都有相对应的译码输出。采用数据流的描述方法，利用 IF 语句判断使能端是否有效，然后参考表 5-7，或者利用 CASE 语句判断 i 的不同情况和 y 的各种输出，编写译码过程相应的 VHDL 代码如下：

```
ARCHITECTURE one OF decode IS
  BEGIN
    PROCESS(en,i)
    BEGIN
      IF en='1' THEN y<="00000000";
        ELSE
          CASE i IS
            WHEN "000"=>y<="00000001";
            WHEN "001"=>y<="00000010";
            WHEN "010"=>y<="00000100";
            WHEN "011"=>y<="00001000";
            WHEN "100"=>y<="00010000";
            WHEN "101"=>y<="00100000";
            WHEN "110"=>y<="01000000";
            WHEN "111"=>y<="10000000";
            WHEN OTHERS=>NULL;
          END CASE;
      END IF;
    END PROCESS;
END ARCHITECTURE one;
```

任务结果：3-8 译码器的功能仿真结果如图 5.18 所示，当使能端为高电平时，译码无效，输出 "00000000"；当使能端为低电平时，译码输出且与输入信号一一对应，结果与表 5-7 相符，实现了 3-8 译码器的逻辑功能。

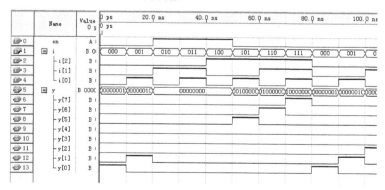

图 5.18　3-8 译码器的功能仿真结果

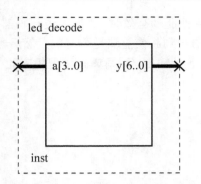

图 5.19　静态七段数码管显示译码的电路符号

任务进阶设计：设计静态七段数码管的驱动显示，要求可显示十六进制数。

第一步：根据任务设计要求分析，需将 4 位 BCD 码(a[3..0])转换成 7 位码(y[6..0])，该 7 位码(y[6..0])对应七段数码管的 g～a 段，以供七段数码管显示出所需十六进制数据，即译码的另一种形式，其译码对应关系见表 5-8。对应静态数码管驱动显示的电路符号如图 5.19 所示，输入信号 a[3..0]，输出信号 y[6..0]。由此可编写出相应的 VHDL 语言的实体部分代码。

表 5-8　静态七段数码管显示译码真值表

【参考图文】

输 入 信 号				输 出 信 号						
a3	a2	a1	a0	y6	y5	y4	y3	y2	y1	y0
0	0	0	0	1	0	0	0	0	0	0
0	0	0	1	1	1	1	1	0	0	1
0	0	1	0	0	1	0	0	1	0	0
0	0	1	1	0	1	1	0	0	0	0
0	1	0	0	0	0	1	1	0	0	1
0	1	0	1	0	0	1	0	0	1	0
0	1	1	0	0	0	0	0	0	1	0
0	1	1	1	1	0	0	1	1	0	0
1	0	0	0	0	0	0	0	0	0	0
1	0	0	1	0	0	1	0	0	0	0
1	0	1	0	0	0	0	0	0	0	0
1	0	1	1	0	0	0	0	0	0	0
1	1	0	0	0	0	0	0	1	1	0
1	1	0	1	0	0	0	1	0	0	1
1	1	1	0	0	0	0	0	1	1	0
1	1	1	1	0	0	0	1	1	1	0

第二步：假设数码管为七段共阳数码管，根据逻辑功能要求即表 5-8，编写出相应的结构体部分的 VHDL 代码。

第三步：完成设计输入后，对该项目进行编译、综合、适配，进行相应的功能仿真验证，检验是否符合静态七段数码管显示译码的逻辑功能。

第四步：下载到开发系统上进行硬件测试。

5.6 运 算 器

运算器的基本操作是对数进行各种运算操作，包括加、减、乘、除四则运算及与、或、非、异或等逻辑操作。本节将详细介绍其中的加法器和减法器的设计方法。

1. 加法器

加法器是组合逻辑电路中较为常用的一种，具有加法计算的逻辑功能，包含半加器、全加器。半加器比较简单，能对二进制数进行相加求和且可得到其进位的逻辑电路被称为半加器。而全加器不但能对二进制数进行相加，而且在相加的同时考虑低位来的进位，求得和及进位的逻辑电路。下面以几个设计任务来介绍加法器的设计。

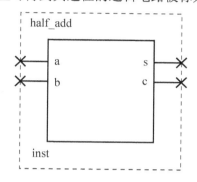

图 5.20　1 位二进制半加器的电路符号

设计任务 1：设计 1 位二进制半加器。

任务分析：1 位二进制半加器即相加的两个数均为 1 位的二进制数，并且相加时只考虑两个加数，相加得到 1 位的和及 1 位的进位。1 位二进制半加器的电路符号如图 5.20 所示，输入信号为加数(a)和被加数(b)，输出信号为和(s)和进位(c)。其四个信号的逻辑关系见表 5-9。

表 5-9　1 位二进制半加器真值表

输 入 信 号		输 出 信 号	
a	b	s	c
0	0	0	0
0	1	1	0
1	0	1	0
1	1	0	1

任务设计：根据任务分析可写出 1 位二进制半加器的 VHDL 实体部分，其代码如下：

```
LIBRARY  IEEE;
USE IEEE.STD_LOGIC_1164.ALL;
USE IEEE.STD_LOGIC_UNSIGNED.ALL;
ENTITY half_add IS
  PORT(a,b:IN STD_LOGIC;          --两个加数输入信号
      s,c:OUT STD_LOGIC);        --和、进位
END;
```

通过表 5-9 可得知 1 位二进制半加器的逻辑关系，可以通过两种方法将其功能描述出来。一种方法是利用真值表得到最简逻辑输出表达式 $s = a \oplus b$，$c = ab$，采用数据流的描述方式，用 VHDL 语言将其描述出来，其代码如下：

```
ARCHITECTURE one OF half_add  IS
 BEGIN
   s<=a XOR b;
   c<=a AND b;
 END;
```

另一种方法是用 VHDL 语言直接将其加法 a+b 等于 c 并置 s 的逻辑功能描述出来，其代码如下：

```
ARCHITECTURE one OF half_add IS
 SIGNAL TEMP:STD_LOGIC_VECTOR(1 DOWNTO 0);
   BEGIN
   TEMP<=('0'&a)+('0'&b);
   s<=TEMP(0);
   c<=TEMP(1);
 END;
```

任务结果：1 位二进制半加器的功能仿真结果如图 5.21 所示，当两个加数 a、b 取值不同时，执行 a+b 操作，输出相应的和 s 和进位 c，结果与表 5-9 相符，实现了 1 位二进制半加器的逻辑功能。

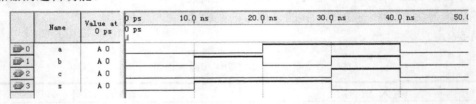

图 5.21　1 位二进制半加器的功能仿真结果

设计任务 2：设计 1 位全加器。

任务分析：1 位二进制全加器即相加的两个数均为 1 位的二进制数，而且相加时不仅仅考虑两个加数还需加上低位的进位信号，相加得到 1 位的和及 1 位的进位。1 位二进制全加器的电路符号如图 5.22 所示，输入信号为加数(a)、被加数(b)及低位进位(ci)，输出信号为和(s)和进位(c)。其五个信号的逻辑关系见表 5-10。

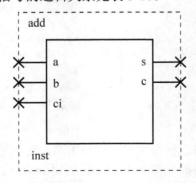

图 5.22　1 位二进制全加器的电路符号

表 5-10　1 位二进制全加器真值表

输 入 信 号			输 出 信 号	
a	b	ci	s	c
0	0	0	0	0
0	0	1	1	0
0	1	0	1	0
0	1	1	0	1
1	0	0	1	0
1	0	1	0	1
1	1	0	0	1
1	1	1	1	1

　　任务设计：根据任务分析可写出 1 位二进制全加器的 VHDL 实体部分，其代码如下：

```
LIBRARY  IEEE;
USE IEEE.STD_LOGIC_1164.ALL;
USE IEEE.STD_LOGIC_UNSIGNED.ALL;
ENTITY add IS
    PORT(a,b,ci:IN STD_LOGIC; --两个加数、低位进位
        s,c:OUT STD_LOGIC);  --和、进位
END;
```

　　利用 VHDL 语言将全加器 a+b+ci 等于 c 并置 s 的加法操作描述出来，其代码如下：

```
ARCHITECTURE one OF add IS
SIGNAL TEMP:STD_LOGIC_VECTOR(1 DOWNTO 0);
  BEGIN
  TEMP<=('0'&a)+('0'&b)+ci;
  s<=TEMP(0);
  c<=TEMP(1);
END;
```

　　任务结果：1 位二进制全加器的功能仿真结果如图 5.23 所示，当两个加数 a、b 以及低位进位 ci 的取值不同时，执行 a+b+ci 操作，输出相应的和 s 和进位 c，结果与表 5-10 相符，实现了 1 位二进制全加器的逻辑功能。

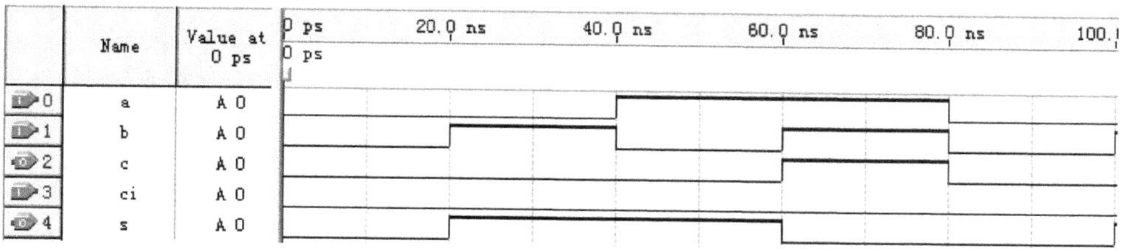

图 5.23　1 位二进制全加器的功能仿真结果

1 位二进制全加器还可以利用两个 1 位半加器来设计实现，如图 5.24 所示，可采用结构描述方式编写程序。

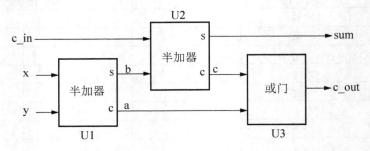

图 5.24   1 位全加器顶层结构图

半加器设计：

```
LIBRARY IEEE;
USE IEEE.STD_LOGIC_1164.ALL;
ENTITY half_adder IS
  PORT (in1, in2: IN STD_LOGIC;
        sum, carry: OUT STD_LOGIC);
END half_adder;
ARCHITECTURE behavioral OF half_adder IS
BEGIN
PROCESS (in1, in2)
BEGIN
    sum <= in1 XOR in2;
    carry <= in1 AND in2;
END PROCESS;
END behavioral;
```

或门设计：

```
LIBRARY IEEE;
USE IEEE.STD_LOGIC_1164.ALL;
ENTITY or_gate IS
  PORT (in1, in2: IN STD_LOGIC;
        out1: OUT STD_LOGIC);
END or_gate;
ARCHITECTURE structural OF or_gate IS
BEGIN
    out1 <= in1 OR in2 AFTER tpd;
END structural;
```

全加器设计：

```
LIBRARY IEEE;
USE IEEE.STD_LOGIC_1164.ALL;
ENTITY full_adder IS
  PORT (x, y, c_in: IN STD_LOGIC;
        sum, c_out: OUT STD_LOGIC);
END full_adder;
ARCHITECTURE structural OF full_adder IS
  COMPONENT half_adder
    PORT (in1, in2: IN STD_LOGIC;
        sum, carry: OUT STD_LOGIC);
  END COMPONENT;
  COMPONENT or_gate
    PORT (in1, in2: IN STD_LOGIC;
        out1: OUT STD_LOGIC);
  END COMPONENT;
COMPONENT half_adder
    PORT (in1, in2: IN STD_LOGIC;
        sum, carry: OUT STD_LOGIC);
  END COMPONENT;
COMPONENT or_gate
    PORT (in1, in2: IN STD_LOGIC;
        out1: OUT STD_LOGIC);
  END COMPONENT;
SIGNAL a, b, c:STD_LOGIC;
BEGIN
  u1: half_adder PORT MAP (x, y, b, a);
  u2: half_adder PORT MAP (c_in, b, sum, c);
  u3: or_gate PORT MAP (c, a, c_out);
END structural;
```

结构描述方式实现 1 位二进制全加器的功能仿真结果如图 5.25 所示，同样也能达到 1
位二进制全加器的功能要求。

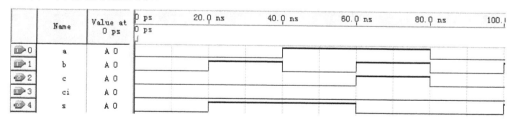

图 5.25 结构描述方式实现 1 位二进制全加器的功能仿真结果

任务设计 3：设计 4 位二进制全加器。

任务分析：4 位二进制全加器的两个加数为 4 位二进制数，相应考虑低位进位相加得到的和也为 4 位二进制数，所以 4 位二进制全加器的电路符号如图 5.26 所示，输入信号两个加数 a[3..0]、b[3..0] 及低位进位 ci，输出信号和 s[3..0]、进位 c。

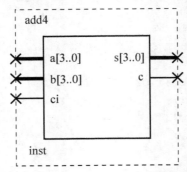

图 5.26　4 位二进制全加器的电路符号

任务设计：由任务分析可编写出相应的 VHDL 语言的实体部分代码，其代码如下：

```
LIBRARY  IEEE;
USE IEEE.STD_LOGIC_1164.ALL;
USE IEEE.STD_LOGIC_UNSIGNED.ALL;
ENTITY add4 IS
    PORT(a,b:IN STD_LOGIC_VECTOR(3 DOWNTO 0);--4 位二进制加数
         ci:IN STD_LOGIC;                     --低位进位
         s:OUT STD_LOGIC_VECTOR(3 DOWNTO 0);  --4 位二进制和数
         c:OUT STD_LOGIC);                     --进位
END;
```

4 位二进制全加器的设计方法和 1 位的全加器设计方法相类似，只是加数与和数的位数变为 4 位，在利用 VHDL 语言描述其 a+b+ci 等于 c 并置 s 的加法操作时，需注意位数的统一，其结构体代码如下：

```
ARCHITECTURE one OF add4 IS
SIGNAL TEMP:STD_LOGIC_VECTOR(4 DOWNTO 0);
  BEGIN
  TEMP<=('0'&a)+('0'&b)+ci;
  s<=TEMP(3 DOWNTO 0);
  c<=TEMP(4);
END;
```

任务结果：4 位二进制全加器的功能仿真结果如图 5.27 所示，当两个加数 a、b 及低位进位 ci 的取值不同，执行 a+b+ci 操作，输出相应和 s 和进位 c，实现了 4 位二进制全加器的逻辑功能。

加法器除了可以实现两个二进制数相加的功能以外，还可以用来实现代码转换电路、十进制数相加等。

图 5.27　4 位二进制全加器的功能仿真结果

任务进阶设计：设计 8421BCD 码转换为余 3 码电路。

第一步：根据任务设计要求分析，将 8421BCD 码转换为余 3 码，该电路的输入信号有 a[3..0]，代表 8421BCD 码；输出信号有 y[3..0]，代表余 3 码，电路符号如图 5.28 所示。由此可编写出相应的 VHDL 语言的实体部分代码。

第二步：根据逻辑功能要求，将 8421BCD 码转换为余 3 码，只需要在 8421BCD 码的基础上加上 3(0011)即可得到余 3 码。由此可知，该转换电路实质是实现 BCD 码加常数"0011"的操作，编写出相应的结构体部分的 VHDL 代码。

第三步：完成设计输入后，对该项目进行编译、综合、适配，进行相应的功能仿真验证，检验是否符合 8421BCD 码转换为余 3 码电路的逻辑功能。

第四步：下载到开发系统上进行硬件测试。

2. 减法器

减法器包括半减器和全减器，其设计方法和加法器相类似。半减器是指能对二进制数进行相减求差且可得到其借位的逻辑电路。而全减器不但能对二进制数进行相减操作，而且同时考虑低位来的借位，可进行求差及借位的逻辑电路。以下通过几个设计任务来介绍减法器的设计。

设计任务 4：设计 1 位二进制半减器。

任务分析：1 位二进制半减器即减数和被减数均为 1 位的二进制数，两数相减得到 1 位的差及 1 位的借位。所以，可得 1 位二进制半减器的电路符号如图 5.29 所示，输入信号为减数(a)和被减数(b)，输出信号为差(d)和借位(c)。其四个信号的逻辑关系见表 5-11。

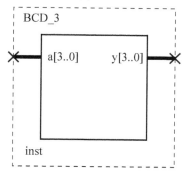

图 5.28　8421BCD 码转换为余 3 码电路符号

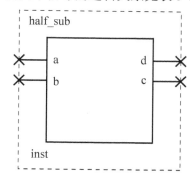

图 5.29　1 位二进制半减器的电路符号

表 5-11　1 位二进制半减器真值表

输 入 信 号		输 出 信 号	
a	b	d	c
0	0	0	0
0	1	1	1
1	0	1	0
1	1	0	0

任务设计：根据任务分析可写出 1 位二进制半减器的 VHDL 实体部分，其代码如下：

```
LIBRARY  IEEE;
USE IEEE.STD_LOGIC_1164.ALL;
USE IEEE.STD_LOGIC_UNSIGNED.ALL;
ENTITY half_sub IS
   PORT(a,b:IN STD_LOGIC;          --减数和被减数两个输入信号
        d,c:OUT STD_LOGIC);        --差和借位
END;
```

减法器设计方法和加法器相似，同样可以通过两种方式将其功能描述出来。一种方法是利用真值表得到最简逻辑输出表达式 $d = a \oplus b$ ，$c = \overline{a}b$ ，用 VHDL 语言将其描述出来，其代码如下：

```
ARCHITECTURE one OF half_sub IS
 BEGIN
 d<=a XOR b;
 c<=not a AND b;
END;
```

另一种方法是用 VHDL 语言直接将其减法 a-b 等于 c 并置 d 的逻辑功能描述出来，其代码如下：

```
ARCHITECTURE one OF half_sub IS
 SIGNAL TEMP:STD_LOGIC_VECTOR(1 DOWNTO 0);
  BEGIN
 TEMP<=('0'&a)-('0'&b);
 d<=TEMP(0);
 c<=TEMP(1);
END;
```

任务结果：1 位二进制半减器的功能仿真结果如图 5.30 所示，当减数 a、被减数 b 取值不同时，执行 a-b 操作，输出相应差值 d 和借位 c，结果与表 5-11 相符，实现了 1 位二进制半减器的逻辑功能。

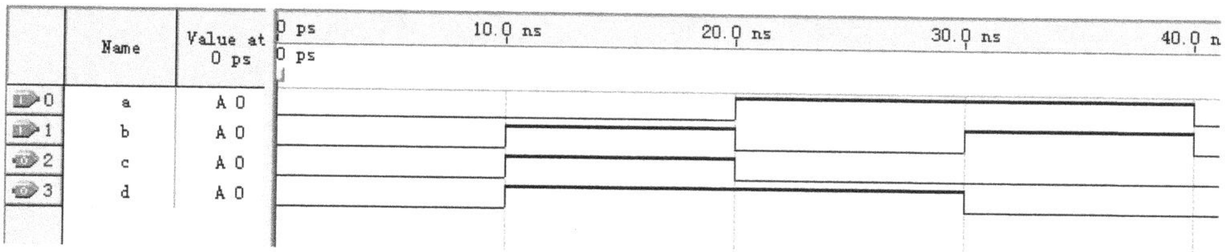

	Name	Value at 0 ps							

图 5.30　1 位二进制半减器的功能仿真结果

设计任务 5：设计 1 位二进制全减器。

任务分析：1 位二进制全减器减数与被减数为 1 位二进制数，相应结合低位的借位相减之差也为 1 位二进制数，所以 1 位二进制全减器的电路符号如图 5.31 所示，输入信号减数 a、被减数 b 及低位借位 c_i，输出信号差 d、借位 c，其逻辑关系见表 5-12。

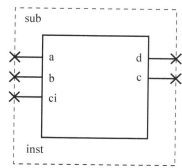

图 5.31　1 位二进制全减器的电路符号

表 5-12　1 位二进制全减器真值表

输　入　信　号			输　出　信　号	
a	b	ci	s	c
0	0	0	0	0
0	0	1	1	1
0	1	0	1	1
0	1	1	1	0
1	0	0	1	0
1	0	1	0	0
1	1	0	0	0
1	1	1	1	1

任务设计：由任务分析可编写出相应的 VHDL 语言的实体部分代码，其代码如下：

```
LIBRARY IEEE;
USE IEEE.STD_LOGIC_1164.ALL;
USE IEEE.STD_LOGIC_UNSIGNED.ALL;
ENTITY sub IS
  PORT(a,b:IN STD_LOGIC;  --1 位二进制减数、被减数
```

```
        ci:IN STD_LOGIC;      --低位借位
        d:OUT STD_LOGIC;      --1 位二进制差值
        c:OUT STD_LOGIC);  --借位
    END;
```

1 位二进制全减器的设计方法和 1 位二进制全加器的设计方法相类似，可采用行为描述方法，利用 VHDL 语言将其 a－b－ci 等于 c 并置 s 的减法操作描述出来，注意位数需统一，其结构体部分的代码如下：

```
ARCHITECTURE one OF add4 IS
SIGNAL TEMP:STD_LOGIC_VECTOR(1DOWNTO 0);
  BEGIN
  TEMP<=('0'&a)-('0'&b)-ci;
  d<=TEMP(0);
  c<=TEMP(1);
END;
```

任务结果：1 位二进制全加器的功能仿真结果如图 5.32 所示，当减数 a、被减数 b 及低位借位 ci 的取值不同时，执行 a－b－ci 操作，输出相应差 s 和借位 c，结果与表 5-12 相符，实现了 1 位二进制全减器的逻辑功能。

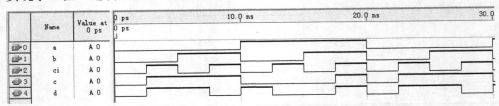

图 5.32　1 位二进制全减器的功能仿真结果

任务进阶设计 1：设计 4 位二进制全减器。

第一步：根据任务要求分析，4 位二进制全减器的两个减数与被减数均为 4 位二进制数，相应考虑低位借位相减得到的差也为 4 位二进制数，所以 4 位二进制全加器的电路符号如图 5.33 所示，输入信号减数 a[3..0]、被减数 b[3..0]及低位借位 ci，输出信号差 d[3..0]、借位 c；由此可编写出相应的 VHDL 语言的实体部分代码。

第二步：4 位二进制全减器的设计方法与 1 位二进制全减器的设计方法相似，只是位数的变化，参考 1 位二进制全减器的设计方法，根据逻辑功能要求，编写出相应的结构体部分的 VHDL 代码。

第三步：完成设计输入后，对该项目进行编译、综合、适配，进行相应的功能仿真验证，检验是否符合 4 位二进制全减器的逻辑功能。

第四步：下载到开发系统上进行硬件测试。

任务进阶设计 2：设计 4 位运算器，要求可实现全加、全减、半加、半减算术功能操作。

第一步：根据任务要求分析，4 位运算器相应有两个 4 位输入信号作为加数(减数)和被加数(被减数)，要满足可实现全加、全减、半加、半减 4 种算术功能需有一个 2 位的功能选择信号，以及全加(减)时的低位进位(借位)信号。4 位运算器的电路符号如图 5.34 所示，输入信号有加数(减数)a[3..0]、被加数(被减数)b[3..0]、功能选择信号 s[1..0]及低位进位(借位)ci，输出信号和(差)y[3..0]、进位(借位)c；由此可编写出相应的 VHDL 语言的实体部分代码。

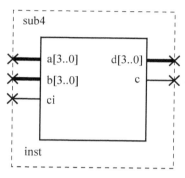

图 5.33　4 位二进制全减器的电路符号

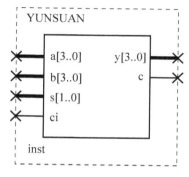

图 5.34　4 位运算器的电路符号

第二步：根据逻辑功能要求，编写出相应的结构体部分的 VHDL 代码。

第三步：完成设计输入后，对该项目进行编译、综合、适配，进行相应的功能仿真验证，检验是否符合 4 位运算器的逻辑功能。

第四步：下载到开发系统上进行硬件测试。

5.7　数值比较器

数值比较器是判断两个数 A、B 的大小的逻辑电路，A、B 的大小比较结果有 A 大于 B、A 小于 B、A 等于 B 三种情况。本节通过下面的设计任务说明数值比较器的设计方法。

设计任务：设计一个 4 位数值比较器。

任务分析：由设计任务可知，需比较两个数 A、B 均为 4 位，比较情况有三种。4 位数值比较器电路符号如图 5.35 所示，输入信号有数据 A 输入端 a[3..0]和数据 B 输入端 b[3..0]，输出信号有比较结果 y1(A 大于 B)、y2(A 小于 B)和 y3(A 等于 B)，其逻辑关系见表 5-13。

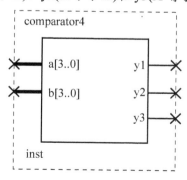

图 5.35　4 位数值比较器电路符号

表 5-13　4 位数值比较器真值表

A、B	y1	y2	y3
A>B	1	0	0
A<B	0	1	0
A=B	0	0	1

任务设计：由任务分析，可编写出 4 位数值比较器的 VHDL 语言的实体部分，其代码如下：

```
LIBRARY IEEE;
USE IEEE.STD_LOGIC_1164.ALL;
ENTITY compara4 IS
    PORT(a:IN STD_LOGIC_VECTOR(3 DOWNTO 0);      --比较数值 A
         b:INSTD_LOGIC_VECTOR(3 DOWNTO 0);       --比较数值 B
    y1,y2,y3:OUT STD_LOGIC);                      --3 个比较结果输出信号
END;
```

4 位数值比较器逻辑功能通过表 5-13 可知，不同的比较结果对应唯一相应的输出，可采用行为描述方法，利用 VHDL 选择语句来实现 4 位数值比较器的结构体部分。参考表 5-13，利用 IF-ELSEIF 语句编写的 VHDL 代码如下：

```
ARCHITECTURE one OF comparator4 IS
  BEGIN
  PROCESS(a,b)
   BEGIN
    IF a>b THEN         --A>B
      y1<='1';
      y2<='0';
      y3<='0';
     ELSEIF a<b THEN    --A<B
      y1<='0';
      y2<='1';
      y3<='0';
     ELSEIF a=b THEN    --A=B
      y1<='0';
      y2<='0';
      y3<='1';
    END IF;
   END PROCESS;
  END;
```

在程序中，利用 IF 语句首先判断 A>B，如是则 y1 赋值有效电平 '1'，y2、y3 赋值 '0'；再用 ELSEIF 判断 A<B，如是则 y2 赋值有效电平 '1'，y1、y3 赋值 '0'；最后用 ELSEIF

判断 A=B，如是则 y3 赋值有效电平 '1'，y1、y2 赋值 '0'。

任务结果：4 位数值比较器的功能仿真结果如图 5.36 所示，两个数 A、B 大小不同，输出相应的比较结果，其结果与表 5-13 相符，实现了 4 位数值比较器的逻辑功能。

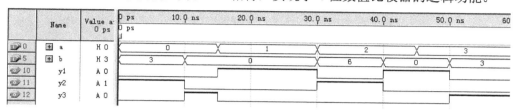

图 5.36　4 位数值比较器的功能仿真结果

4 位数值比较器利用 IF 语句还可以写成下面的形式：

```
LIBRARY IEEE;
USE IEEE.STD_LOGIC_1164.ALL;
USE IEEE.STD_LOGIC_UNSIGNED.ALL;
ENTITY COMP IS
   PORT(A,B:IN STD_LOGIC_VECTOR(3 DOWNTO 0); --A,B为4位标准逻辑矢量
       big,equal,small:OUT STD_LOGIC);        --定义大于、等于、小于输出端口
    END;
ARCHITECTURE LOGIC OF COMP IS
  BEGIN
  PROCESS(A,B)
   BEGIN
  IF(A(3)='1' AND B(3)='0') THEN big <='1'; equal <='0'; small <='0';
--①
   -- A(3)='1'且B(3)='0''时,则A大于B
  ELSEIF(A(3)='0' AND B(3)='1') THEN big <='0'; equal <='0'; small <='1';
--②
   --同理,则A小于B
  ELSEIF(A(2)='0' AND B(2)='1') THEN big <='0'; equal <='0'; small <='1';
-- ③
   -- 当A(3)= B(3)时,A(2)小于B(2),则A小于B
  ELSEIF(A(2)='1' AND B(2)='0') THEN big <='1'; equal <='0'; small <='0';
-- ④
   --当A(3)= B(3)时,A(2)大于B(2),则A大于B
  ELSEIF(A(1)='0' AND B(1)='1') THEN big <='0'; equal <='0'; small <='1';
-- ⑤
   --当A(3)= B(3),A(2)= B(2)时,A(2)小于B(2),则A小于B
  ELSEIF(A(1)='1' AND B(1)='0') THEN big <='1'; equal <='0'; small <='0';
-- ⑥
   --当A(3)= B(3),A(2)= B(2)时,A(2)大于B(2),则A大于B
```

```
        ELSEIF(A(0)='0' AND B(0)='1') THEN big <='0'; equal <='0'; small <='1';
-- ⑦
    --当A(3)= B(3),A(2)= B(2),A(1)= B(1)时,A(0)小于B(0),则A小于B
        ELSEIF(A(0)='1' AND B(0)='0') THEN big <='1'; equal <='0'; small <='0';
-- ⑧
    --当A(3)= B(3),A(2)= B(2),A(1)= B(1)时,A(0)大于B(0),则A大于B
        ELSE  big <='0'; equal <='1'; small <='0';        -- ⑨
    --当A(3)= B(3),A(2)= B(2),A(1)= B(1),A(0)= B(0)时,则A等于B
        END IF;
        END PROCESS;
        END;
```

在上述四位数值比较器的程序中，条件①～条件⑨的排列次序不同对结果会产生不同的影响。例如，把语句③和语句④的次序对调对结果没有影响，但是如果把语句③和语句⑥对调，就可能发生如果 A(= "101x")大于 B(= "110x")的判断结果，其中 x 表示 0 或 1 的任意值。因为数字比较大小都是从高位开始逐渐比较到低位，所以程序里面是暗含有优先级的。次序不同可能会造成不同的逻辑结果。因此，在使用时要特别小心。

任务进阶设计：试用 CASE 语句描述该比较器的功能。

习　题

1. 设计一个数据选择器 MUX，其系统模块图和功能表如图 5.37 所示。试采用下面三种方式中的两种来描述该数据选择器 MUX 的结构体。
①用 if 语句；②用 case 语句；③用 when else 语句。

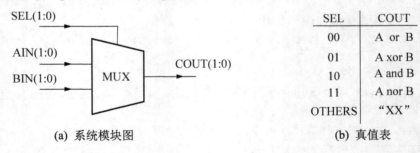

SEL	COUT
00	A or B
01	A xor B
10	A and B
11	A nor B
OTHERS	"XX"

(a) 系统模块图　　　　(b) 真值表

图 5.37　数据选择器 MUX

2. 设计一个 8 位三态控制门电路，设计要求：当控制信号为"1"时，输出 8 位数据；当控制信号为"0"时，输出呈高阻态。注意，IEEE 库里对 STD_LOGIC 数据类型中的高阻态预定义为大小写的"Z"。

3. 在题 2 的基础上实现一个 8 位 4 通道三态总线控制器。

4. 设计一个 4-16 译码器，设计要求：

(1) 可实现输入 4-16 译码器功能。

(2) 有两个控制按钮，只有当两个控制按钮同为高电平时，译码器才工作。

5．设计一个 7 人表决器，设计要求：

(1) 统计赞成票数，赞成票数超过 4 人，表示通过，信号灯亮；否则，信号灯灭。

(2) 可用 LED 数码管显示赞成票数及反对票数。

6．血型配对指示器设计，设计要求：

(1) 利用两组开关分别表示供血者和受血者的 A、B、AB、O 四种血型。

(2) 供血者和受血者的血型若是匹配，则亮绿灯；若不匹配，则亮红灯。

7．设计 8 位奇偶检测电路，设计要求：可验证输入的一组 8 位数中"1"个数为奇数或偶数，如为奇数，则输出为"1"；反之，则输出"0"。

【参考图文】

第**6**章

时序逻辑电路设计

【本章知识架构】

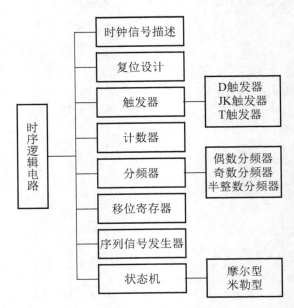

【本章教学目标与要求】

(1) 熟悉时钟信号、同步及异步复位的VHDL语言设计方法。

(2) 熟悉并掌握各种常用的时序逻辑电路的VHDL语言设计方法。

(3) 掌握摩尔型和米勒型状态机的一般性的设计方法。

在数字电路中，时序逻辑电路的输出结果不仅取决于当前的输入信号，还和之前的输入信号有关系。典型的时序逻辑电路主要有触发器、计数器、分频器、寄存器、存储器、序列信号发生器、序列信号检测器等。本章将详细介绍时序逻辑电路的设计方法。

6.1 时钟信号描述

与组合逻辑电路不同，时序电路的输出与当前以及前面的状态有关系，具有记忆功能，如图 6.1 所示，时序电路由组合逻辑电路和存储元件组成。存储元件记录电路的状态，组合逻辑电路根据输入信号及存储元件的状态确定时序电路的输出和存储元件的下一个状态。由此看出，时序电路是由输入信号和存储状态共同决定的。在时序电路中，是以时钟信号作为驱动信号的，也就是说，时序电路在时钟信号的有效边沿到来时，状态才会发生改变，其他任意时刻不管输入信号如何变化都不会改变输出信号。本节将详细介绍如何利用 VHDL 语言描述时钟信号 CLOCK。

图 6.1　时序逻辑电路框图

时钟信号 CLOCK 的边沿有上升沿和下降沿，描述方法有几种，总的来讲可分为以下两种方法：

方法一，采用时钟作为敏感信号的描述方式。只有当时钟有效时，进程才触发，即时序电路才发生变化。而该方法的实现是利用属性语句将时钟信号 CLOCK 的有效沿描述出来。常用的属性语句有'EVENT。

信号属性函数'EVENT 是对在当前的一个极小的时间段 Δt 内发生的事件的情况进行检测。如发生事件，则返回 TRUE；否则返回 FALSE。在时序电路中，时钟是采用边沿来触发的，而边沿是瞬间发生的事件，可利用信号属性函数'EVENT 来描述边沿。当时钟信号上升沿有效时，即电平由'0'变为'1'，如图 6.2 所示，VHDL 语言可描述为 CLOCK'EVENT AND CLOCK = '1'；当时钟信号下降沿有效时，即电平由'1'变为'0'，如图 6.2 所示，VHDL 语言可描述为 CLOCK'EVENT AND CLOCK = '0'，利用 IF 语句便可监测上升沿的产生。当时钟信号上升沿有效时，利用信号属性函数'EVENT 描述时钟信号，其部分代码如下：

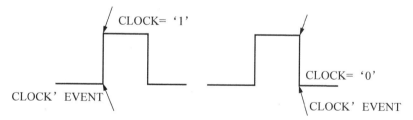

图 6.2　信号属性函数'EVENT 边沿检测

```
PROCESS(CLOCK)
 BEGIN
  IF CLOCK'EVENT AND CLOCK = '1'THEN
    ⋮
  END IF;
 END PROCESS;
```

当时钟信号下降沿有效时，利用信号属性函数'EVENT 描述时钟信号，其部分代码如下：

```
PROCESS(CLOCK)
 BEGIN
  IF CLOCK'EVENT AND CLOCK = '0'THEN
   ⋮
  END IF;
 END PROCESS;
```

信号属性函数'EVENT 还可借助'LAST_VALUE 描述时钟有效沿。'LAST_VALUE 是描述信号变化前最后时刻的值。如果时钟信号是上升沿有效，那么当上升沿触发时，变化前瞬间时钟电平应为"0"，所以 VHDL 代码如下：

```
PROCESS(CLOCK)
 BEGIN
  IF CLOCK'EVENT AND CLOCK'LAST_VALUE = '0' THEN
   ⋮
  END IF;
 END PROCESS;
```

如果时钟信号是下降沿有效，那么当下降沿触发时，变化前瞬间时钟电平应为"1"，所以 VHDL 代码如下：

```
PROCESS(CLOCK)
 BEGIN
  IF CLOCK'EVENT AND CLOCK'LAST_VALUE = '1' THEN
   ⋮
  END IF;
 END PROCESS;
```

除了利用属性语句'EVENT 描述时钟信号以外，还可利用 RISING_EDGE(CLOCK)描述上升沿，FALLING_EDGE(CLK)描述下降沿。例如，当时钟信号上升沿有效时，利用 RISING_EDGE(CLOCK)描述时钟信号，其部分代码如下：

```
PROCESS(CLOCK)
 BEGIN
  IF RISING_EDGE(CLOCK)THEN
   ⋮
  END IF;
 END PROCESS;
```

信号属性函数描述时钟信号是 VHDL 程序中最典型的行为描述语句，对时钟信号的触发要求做了明确而详细的描述，对时钟信号特定的行为方式所能产生的最终结果做了准确的定位，这充分展现了 VHDL 语言与其他语言相比的特殊之处。

方法二，时钟不作为敏感信号的描述方式。例如，利用 WAIT 语句将时钟的有效沿描述出来，当需要监测时钟上升沿有效时，即时钟信号当前值为"0"，电路需等到时钟变为"1"时更新状态；否则保持不变。所以，WAIT 语句描述上升沿的部分代码如下：

```
PROCESS
 BEGIN
  WAIT UNTIL CLOCK='1';
    ⋮
 END PROCESS;
```

当需要监测时钟下降沿有效时，即时钟信号当前值为"1"，电路需等到时钟变为"0"时更新状态；否则保持不变。所以，WAIT 语句描述下降沿的部分代码如下：

```
PROCESS
 BEGIN
  WAIT UNTIL CLOCK='0';
    ⋮
 END PROCESS;
```

在设置时钟信号时，需注意以下几点：

(1) 时钟信号设置时其数据类型必须是 STD_LOGIC 标准逻辑型。

(2) 当时钟信号作为进程的敏感信号时，在敏感信号表中只能有一个时钟信号，不可多个时钟信号同时出现，其他信号可以和时钟信号同放在敏感信号表中。

(3) 在 VHDL 语言中，不管是在同一个进程里还是不同的进程中，都不允许对同一信号的两个边沿进行处理，如例 6.1 和例 6.2 的程序都是错误的。

例 6.1 同一进程监测一个时钟的上升/下降沿。

```
PROCESS(CLOCK)
 BEGIN
  IF CLOCK'EVENT AND CLOCK = '1'THEN
   处理程序
  ELSIF CLOCK'EVENT AND CLOCK = '0'THEN
   其他处理程序
  END IF;
 END PROCESS;
```

例 6.2 两个进程分别监测一个时钟的上升/下降沿。

```
PROCESS(CLOCK)
 BEGIN
  IF CLOCK'EVENT AND CLOCK = '1'THEN
   处理程序
  END IF;
 END PROCESS;
 PROCESS(CLOCK)
 BEGIN
```

```
    IF CLOCK'EVENT AND CLOCK = '0'THEN
        其他处理程序
    END IF;
    END PROCESS
```

在实际电路中，也存在双边沿器件，如双边沿控制的存储器。当采用 VHDL 描述双边时，通常利用时钟信号的上升沿将数据写入，再利用时钟信号的下降沿将数据读出，但实际仍然是单边沿操作。

(4) 当采用 WAIT 语句描述时钟信号边沿时，由于是进程的同步点，要么放于进程最前面，要么放于进程最后面。

6.2   时序电路的复位设计

时序电路的初始状态可由复位信号触发设置，根据复位信号与时钟触发关系，可分为同步复位和异步复位。同步复位是指当同步复位信号有效并且时钟有效沿发生时，时序电路进行复位操作；若同步复位信号有效但时钟有效沿未发生，则复位操作不会发生。当采用 VHDL 语言描述同步复位时，先监测时钟信号是否有有效沿触发，再利用 IF 语句来判断是否有有效复位信号。时钟信号在敏感信号表内，以时钟信号上升沿、复位高电平有效为例，其编码部分代码如下：

```
    PROCESS(CLOCK)
      BEGIN
        IF CLOCK'EVENT AND CLOCK='1' THEN
          IF RET='1' THEN
           COUNT<=RESET_VALUE;          --同步复位
          ELSE
            其他处理语句;
          END IF;
        END IF;
```

时钟信号不在敏感信号表内，以时钟信号上升沿、复位高电平有效为例，其编码部分代码如下：

```
    PROCESS
      BEGIN
       WAIT UNTIL clock='1';
        IF RET='1' THEN
          COUNT<=RESET_VALUE;              --同步复位
         ELSE
            其他处理语句;
         END IF;
    END PROCESS;
```

异步复位是指不管时钟信号有效沿是否触发,当异步复位信号有效时,时序电路进行复位操作。与描述同步复位信号不同,当采用 VHDL 语言描述异步复位信号时,需将异步复位信号和时钟信号同时放在敏感信号表内,先利用 IF 语句来判断是否有有效复位信号,再监测时钟信号是否有有效沿触发。时钟信号在敏感信号表内,以时钟信号上升沿、复位高电平有效为例,其编码部分代码如下:

```
PROCESS(RET,CLOCK)
  BEGIN
    IF RET='1' THEN
      COUNT<=RESET_VALUE;                --异步复位
    ELSEIF CLOCK'EVENT AND CLOCK='1' THEN
      其他处理语句;                       --异步复位无效时执行的操作
    ELSE
      其他处理语句;
  END IF;
```

总结:在 VHDL 语言中,当表述时序电路时,异步控制信号的描述都放在时钟沿监测描述语句的外部(上面),同步控制信号的描述都放在时钟沿监测描述语句的内部(下面)。

6.3 触 发 器

在 6.1 节介绍了时序逻辑电路是由组合逻辑电路及存储单元构成的,并且在每个存储单元电路上引入一个时钟脉冲 CLOCK 作为控制信号,只有当 CLOCK 到来时电路才被触发而进行相应操作。在数字电路里,将能够存储一位二进制数的,并且输出状态不仅和当前输入信号有关,还和之前的输出状态有关系的基本单元电路称为触发器。触发器是构成时序逻辑电路的基本单元,可用于数据暂存、延时、计数、分频、波形产生等电路的设计。触发器按功能分,有 RS 触发器、D 触发器、JK 触发器和 T 触发器;按触发方式分,有基本触发器、同步触发器、主从触发器和边沿触发器。本节将对几种常见触发器设计进行详细介绍。

6.3.1 D 触发器

【参考图文】

基本 D 触发器是时序逻辑电路里一种最常用也是最基本的触发器,其输出等于输入,但必须在时钟有效沿触发时才产生,所有它在时间上有一定的延时作用,也称为 D(Delay)触发器。其他触发器及其他时序逻辑电路都可通过基本 D 触发器和其他组合逻辑门组合而成。下面通过几个设计任务详细介绍 D 触发器的设计。

设计任务 1:设计一个基本 D 触发器,上升沿有效。

任务分析:基本 D 触发器的电路符号如图 6.3 所示,输入信号有时钟信号 CLK 和信号输入端 D;输出信号有现态 Q 和次态 Qn。各信号的逻辑关系见表 6-1。

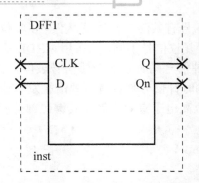

图 6.3 基本 D 触发器电路符号

表 6-1 基本 D 触发器的真值表

输 入 信 号		输 出 信 号	
CLK	D	Q	Qn
1	×	不变	不变
0	×	不变	不变
↑	1	1	1
↑	0	0	0

任务设计：根据任务分析可写出基本 D 触发器的 VHDL 实体部分，其代码如下：

```
LIBRARY IEEE;
USE IEEE.STD_LOGIC_1164.ALL;
ENTITY DFF1 IS
  PORT(CLK: IN STD_LOGIC;           --时钟信号
     D: IN STD_LOGIC;               --信号输入
     Q,Qn: OUT STD_LOGIC);
END DFF1;
```

通过表 6-1 可知基本 D 触发器的逻辑关系，在时钟信号 CLK 有效沿触发时，Q=D，Qn=$\overline{D}$。采用 VHDL 语句编写其结构体部分的代码如下：

```
ARCHITECTURE a OF DFF1 IS
  SIGNAL  Q1  : STD_LOGIC;
  BEGIN
  PROCESS (CLK)
   BEGIN
     IF CLK'EVENT AND CLK = '1' THEN
       Q1 <= D;
     END IF;
     Q <= Q1;
     Qn<= NOT Q1;
```

```
    END PROCESS;
    END a;
```

还可以利用 WAIT ON 语句来描述：

```
ARCHITECTURE b OF DFF1 IS
BEGIN
    PROCESS
      BEGIN
        IF CLK'EVENT AND CLK = '1' THEN;
            Q1 <= D;
          END IF;
            WAIT ON CLK;
      END PROCESS;
END b;
```

使用 WAIT ON 语句描述时，进程 "PROCESS" 中 CLK 不在敏感信号表内，由此可见，WAIT ON 和敏感信号表的作用是一样的。

任务结果：基本 D 触发器的功能仿真结果如图 6.4 所示，由波形可知，当时钟为上升沿，输出端 Q 输出输入端 D 值，输出端 Qn 输出输入端 D 值的非，其余时间两个输出端均保持不变，仿真结果与表 6-1 相符，实现了基本 D 触发器的逻辑功能。

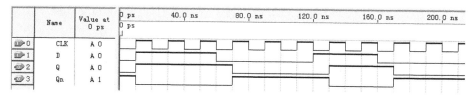

图 6.4　基本 D 触发器的功能仿真结果

设计任务 2：设计一个同步复位 D 触发器，上升沿有效，复位高电平有效。

任务分析：同步复位 D 触发器和基本 D 触发器相似，多了一个同步复位功能，其电路符号如图 6.5 所示，输入信号有时钟信号 CLK、信号输入端 D 和复位端 ret；输出信号有现态 Q 和次态 Qn。各信号的逻辑关系见表 6-2。

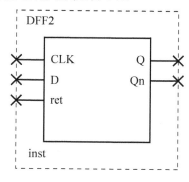

图 6.5　同步复位 D 触发器的电路符号

表 6-2 同步复位 D 触发器真值表

输 入 信 号			输 出 信 号	
CLK	D	ret	Q	Qn
↑	1	0	1	1
↑	0	0	0	0
0	×	×	不变	不变
1	×	×	不变	不变
↑	×	1	0	1

任务设计：根据任务分析可写出 D 触发器的 **VHDL** 实体部分，其代码如下：

```
LIBRARY IEEE;
USE IEEE.STD_LOGIC_1164.ALL;
ENTITY DFF2 IS
  PORT (CLK: IN STD_LOGIC;          --时钟信号
        D: IN STD_LOGIC;            --信号输入
       ret: IN STD_LOGIC;           --复位端
     Q,Qn: OUT STD_LOGIC);
END DFF2;
```

通过表 6-2 可知同步复位 D 触发器的逻辑关系，在时钟信号 CLK 有效沿触发，若复位 ret 为 "1" 时，Q= "0"；否则 Q=D，Qn=$\overline{D}$。采用 **VHDL** 语句编写其结构体部分的代码如下：

```
ARCHITECTURE a OF DFF1 IS
  SIGNAL  Q1  : STD_LOGIC;
  BEGIN
  PROCESS (CLK)
   BEGIN
      IF CLK'EVENT AND CLK = '1' THEN
        IF ret='1' THEN
       Q1<='0';
      ELSE Q1 <= D;
    END IF;
     Q <= Q1;
     Qn<= NOT Q1;
  END PROCESS;
 END a;
```

任务结果：同步复位 D 触发器的功能仿真结果如图 6.6 所示，由波形可知，复位端 ret 为高电平且只有在时钟为上升沿时有效，输出端 Q 输出 "0"。当时钟为有效沿时，输出端 Q 输出输入端 D 值，输出端 Qn 输出输入端 D 值的非，其余时间两个输出端均保持不变，仿真结果与表 6-2 相符，实现了同步复位 D 触发器的逻辑功能。

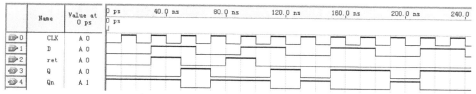

图 6.6　同步复位 D 触发器的功能仿真结果

任务进阶设计：设计一个具有异步复位、异步置位的 D 触发器，上升沿有效，复位/置位高电平有效。

第一步：根据任务要求分析，该 D 触发器具有复位和置位功能。所以，D 触发器的电路符号如图 6.7 所示，输入信号有时钟信号 CLK、信号输入端 D、复位端 ret 和置位端 set；输出信号有现态 Q 和次态 Qn。由此可编写出相应的 VHDL 语言的实体部分代码。

第二步：该 D 触发器的真值表见表 6-3，对逻辑功能进行分析，由于是异步复位/置位，即不管时钟信号如何，只要复位信号有效，D 触发器状态立刻清零。同样，不管时钟信号如何，只要置位信号有效，D 触发器状态立刻置 "1"。由此可利用 IF 语句先判断复位/置位是否有效，再监测时钟信号，编写出相应的 VHDL 语言的结构体部分代码。

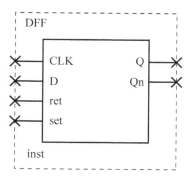

图 6.7　D 触发器的电路符号

表 6-3　异步复位/置位 D 触发器真值表

输 入 信 号				输 出 信 号	
CLK	D	ret	set	Q	Qn
×	×	0	1	1	0
×	×	1	0	0	1
↑	1	0	0	1	1
↑	0	0	0	0	0
0	×	0	0	不变	不变
1	×	0	0	不变	不变

第三步：完成设计输入后，对该项目进行编译、综合、适配，进行相应的功能仿真验证，检验是否符合异步复位/置位 D 触发器的逻辑功能。

第四步：下载到开发系统上进行硬件测试。

6.3.2　JK 触发器

JK 触发器是触发器中功能较全的一种，并且具有较强的通用性。通过下面的设计任务详细介绍 JK 触发器的设计。

设计任务 3：设计一个 JK 触发器，上升沿有效，异步复位/置位，高电平有效。

任务分析：异步复位/置位 JK 触发器的电路符号如图 6.8 所示，输入信号有时钟信号

CLK，信号输入端 J、K，复位端 ret 和置位端 set；输出信号有现态 Q 和次态 Qn。各信号的逻辑关系见表 6-4。

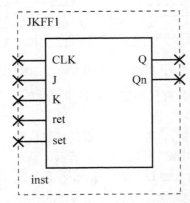

图 6.8　异步复位/置位 JK 触发器的电路符号

表 6-4　异步复位/置位 JK 触发器真值表

输 入 信 号					输 出 信 号	
CLK	J	K	ret	set	Q	Qn
×	×	×	0	1	1	0
×	×	×	1	0	0	1
↑	0	0	0	0	不变	不变
↑	0	1	0	0	0	1
↑	1	0	0	0	1	0
↑	1	1	0	0	翻转	翻转
0	×	×	0	0	不变	不变
1	×	×	0	0	不变	不变

任务设计：根据任务分析可写出 JK 触发器的 VHDL 实体部分，其代码如下：

```
LIBRARY IEEE;
USE IEEE.STD_LOGIC_1164.ALL;
ENTITY JKFF1 IS
  PORT (CLK: IN STD_LOGIC;      --时钟信号
     J,K: IN STD_LOGIC;         --信号输入
       ret: IN STD_LOGIC;       --复位端
       ret: IN STD_LOGIC;       --置位端
     Q,Qn: BUFFER STD_LOGIC);
END JKFF1;
```

通过表 6-4 可知异步复位/置位 JK 触发器的逻辑关系，由于是异步，不管时钟是什么状态，复位/置位有效，输出端就强制清零/置 1，然后当时钟为上升沿时，根据输入端 J、K 不同，Q 和 Qn 有不同输出，利用 IF 和 CASE 语句编写其结构体部分，VHDL 语句的代码如下：

```
ARCHITECTURE a OF JKFF1 IS
  SIGNAL Q1, Q2 : STD_LOGIC;
  BEGIN
  PROCESS (CLK, ret, set)
    VARIABLE TEMP : STD_LOGIC_VECTOR(1 DOWNTO 0);
   BEGIN
        TEMP := J&K;
      IF ret='1' and set='0' THEN         --复位有效
        Q1<='0';Q2<='1';                  --JK 触发器复位
       ELSEIF ret='0' and set='1' THEN  --置位有效
        Q1<='1';Q2<='0';                  --JK 触发器置位
       ELSEIF CLK'EVENT AND CLK = '1' THEN
        CASE TEMP IS
        WHEN "00" => Q1<= Q;Q2<= Qn;
        WHEN "01" => Q1 <= '0'; Q2<= '1';
        WHEN "10" => Q1 <= '1'; Q2 <= '0';
        WHEN "11" =>Q 1<= not Q;Q 2<=not Qn;
        WHEN OTHERS => NULL;
        END CASE;
      END IF;
      Q <= Q1;
      Qn<= Q2;
  END PROCESS;
END a;
```

任务结果：异步复位/置位 JK 触发器的功能仿真结果如图 6.9 所示，由波形可知，当复位端 ret 为高电平时，输出端 Q 输出"0"；当置位端 set 为高电平时，输出端 Q 输出"1"。当时钟为有效沿时，输出端 Q、Qn 根据 J、K 值不同有相应的输出，其余时间两个输出端均保持不变，仿真结果与表 6-4 相符，实现了异步复位/置位 JK 触发器的逻辑功能。

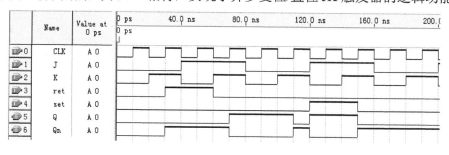

图 6.9　异步复位/置位 JK 触发器的功能仿真结果

任务进阶设计：设计同步复位/置位 JK 触发器。

第一步：根据任务要求分析，该 JK 触发器电路符号应和上一任务的一致，输入信号有时钟信号 CLK，信号输入端 J、K、复位端 ret 和置位端 set；输出信号有现态 Q 和次态

Qn。由此可编写出相应的 VHDL 语言的实体部分代码。

第二步：对逻辑功能进行分析，同步复位/置位 JK 触发器，即必须在时钟有效沿的情况下，复位信号有效，JK 触发器状态才清零；同样，在时钟有效沿的情况下置位信号有效，JK 触发器状态立刻置 "1"。由此可利用 IF 语句判断复位/置位是否有效，再监测时钟信号，编写出相应的 VHDL 语言的结构体部分代码。

第三步：完成设计输入后，对该项目进行编译、综合、适配，进行相应的功能仿真验证，检验是否符合同步复位/置位 JK 触发器的逻辑功能。

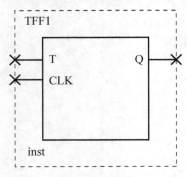

图 6.10 T 触发器的电路符号

第四步：下载到开发系统上进行硬件测试。

6.3.3 T 触发器

T 触发器可以由 JK 触发器构成，将 JK 触发器的两个输入端并为一个输入端就可得到一个 T 触发器。通过下面的设计任务，详细介绍 T 触发器的设计。

设计任务 4：设计一个 T 触发器。

任务分析：T 触发器的电路符号如图 6.10 所示，输入信号有时钟信号 CLK 和信号端 T，输出信号有现态 Q。各信号的逻辑关系见表 6-5。

表 6-5 T 触发器真值表

输 入 信 号		输 出 信 号
CLK	T	Q
↑	0	不变
↑	1	翻转
0	×	不变
1	×	不变

任务设计：根据任务分析可写出 T 触发器的 VHDL 实体部分，其代码如下：

```
LIBRARY IEEE;
USE IEEE.STD_LOGIC_1164.ALL;
ENTITY TFF1 IS
  PORT (CLK: IN STD_LOGIC;              --时钟信号
    T: IN STD_LOGIC;                    --信号输入
    Q: BUFFER STD_LOGIC);
END TFF1;
```

通过表 6-5 可知 T 触发器的逻辑关系，当时钟为上升沿时，根据输入端 T 不同，Q 输出状态保持不变或者翻转，利用 IF 编写其结构体部分，VHDL 语句的代码如下：

```
ARCHITECTURE a OF TFF1 IS
  BEGIN
  PROCESS (CLK)
```

```
            IF CLK'EVENT AND CLK = '1' THEN
                IF T='1' THEN
                 Q <=NOT Q;
                 ELSE Q <= Q;
                 END IF;
          END IF;
       END PROCESS;
     END a;
```

任务结果：T 触发器的功能仿真结果如图 6.11 所示，由波形可知，在时钟有效沿，当 T='1' 时，输出端 Q 状态翻转；当 T='0' 时，输出端 Q 状态保持不变，其余时间两个输出端均保持不变，仿真结果与表 6-5 相符，实现了 T 触发器的逻辑功能。

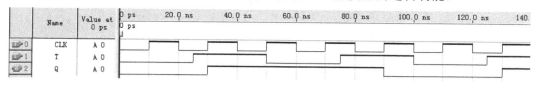

图 6.11　T 触发器的功能仿真结果

6.4　计　数　器

计数器是在数字系统中应用最广的一种时序逻辑电路，其逻辑功能是用于记录时钟脉冲个数，除此外还可以用于分频、定时、产生节拍脉冲和脉冲序列及进行数字运算等。计数器有几种分类方式，不同的分类方式有不同的类型。按时钟的性质，即计数器的触发器的时钟是否同步，可分为同步计数器和异步计数器，本节将重点介绍同步计数器的设计方法；按照计数器的计数方式，可分二进制计数器和非二进制计数器(如十进制计数器)；按照计数器的计数方向，可分为加法计数器、减法计数器和可逆计数器。

计数器的模是指计数器计数的最大范围，如模 N 计数器的计数范围为 $0\sim N-1$。实现任意模计数器方法，在之前的数电课程中，采用的是反馈复位和反馈预置的设计方法。而在 VHDL 语言里，常采用 IF-ELSE 语句实现。如需实现模 N 计数器，可以采用 IF-ELSE 语句编写 VHDL 程序，其部分代码如下：

```
PROCESS(CLK)
  BEGIN
    IF CLK'EVENT AND CLK='1' THEN
      IF q<N-1 THEN q<=q+1;
       ELSE q<=0;
       END IF;
    END IF;
  END PROCESS;
```

程序当中用 IF 语句判断时钟的上升沿，如有再判断计数 q 是否小于 $N-1$，若小于，则计数；否则归零。此程序需注意以下两点：

(1) q 可以是端口信号，也可是内部定义信号。当为端口信号时，有表达式 q<=q+1，说明 q 具有可读写功能，显然它的端口模式应为 BUFFER。而若是内部定义信号，则没有方向约束。

(2) q 可以是 INTEGER 整数型，表达式 q<=q+1 左右两边都可满足且符合整数类型及加法操作的条件；q 也可以是 STD_LOGIC_VERCTOR 标准逻辑，此时 q 和 1 不是一个数据类型，在 VHDL 语言中，不同数据类型原则上不允许进行加法操作，因此，需要调用运算重载函数，即需要声明 STD_LOGIC_UNSIGNED 程序包。下面将通过几个设计任务详细介绍常用类型的计数器设计。

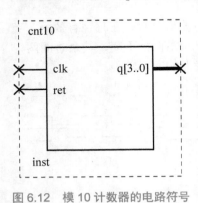

图 6.12　模 10 计数器的电路符号

1．加法计数器

设计任务 1：设计一个模 10 计数器，要求具有同步复位的功能。

任务分析：模 10 计数器在时钟信号 clk 有效沿，若复位信号有效，则计数置零；否则，触发计数加 1，计数范围 0～9，可综合成 4 根信号线表示。由此得模 10 计数器的电路符号如图 6.12 所示，输入信号有时钟信号 clk，复位信号 ret；输出信号为 q[3..0]。信号之间的逻辑关系见表 6-6。

表 6-6　模 10 计数器的真值表

输　入　信　号		输　入　信　号
clk	ret	q[3..0]
×	×	保持不变
↑	1	0
↑	0	计数+1

任务设计：根据任务分析可写出模 10 计数器的 VHDL 实体部分，其代码如下所示：

```
LIBRARY IEEE;
USE IEEE.STD_LOGIC_1164.ALL;
USE IEEE.STD_LOGIC_UNSIGNED.ALL;
ENTITY cnt10 IS
  PORT(clk:IN STD_LOGIC;                         --时钟信号
       ret:IN STD_LOGIC;                         --复位信号
       q:OUT STD_LOGIC_VECTOR(3 DOWNTO 0));  --计数输出
END CNT10;
```

通过表 6-6 可知模 10 计数器逻辑关系，采用 VHDL 语言 IF-ELSE 语句将其描述出来，需注意在计数之前还需判断复位是否有效，并且需满足同步复位功能。采用 VHDL 编写其结构体部分的代码如下所示，用 IF 语句先监测时钟上升沿，再嵌套 IF 语句判断复位是否有效，高电平将计数清零，否则再判断计数是否小于 9，是正常计数，否则清零。

```
ARCHITECTURE one OF cnt10 IS
 SIGNAL c:STD_LOGIC_VECTOR(3 DOWNTO 0);
 BEGIN
 PROCESS(clk)
  BEGIN
    IF clk'event and clk='1' THEN
      IF ret='1' THEN c<="0000";          --同步复位，当复位高电平时，计数复位
        ELSEIF c<"1001" THEN c<=c+"0001"; --计数小于 9 时，继续累加
          ELSE c<="0000";                 --否则清零
      END IF;
    END IF;
 END PROCESS;
 q<=c;
END one;
```

任务结果：模 10 计数器的功能仿真结果如图 6.13 所示，由波形可知，当复位信号 ret 为有效电平 '1' 且时钟为上升沿时，计数输出 q[3..0]输出 0。当时钟为上升沿且复位信号 ret 为无效电平 '0' 时，计数输出 q[3..0]+1，计数为 0～9，结果与表 6-6 相符，实现了模 10 计数器的逻辑功能。

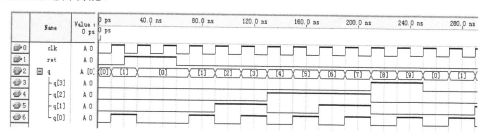

图 6.13　模 10 计数器的功能仿真结果

任务进阶设计：设计一个 4 位二进制计数器，要求具有异步复位、同步置数功能。

第一步：根据任务设计要求分析，4 位二进制计数器输出 4 位二进制数据，其计数为 "0000" ～ "1111"，有异步复位端和同步置数端。因为是 4 位计数，同步置数端需 4 位二进制输入数据，所以该电路的输入信号有时钟信号 clk、复位信号 ret 和同步置数 s、置数数据 set[3..0]，输出信号有计数输出 y[3..0]，电路符号如图 6.14 所示。由此可编写出相应的 VHDL 语言的实体部分代码。

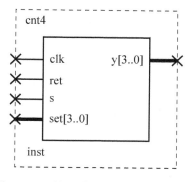

图 6.14　4 位二进制计数器的电路符号

VHDL 数字系统设计与应用

第二步：4 位二进制计数器逻辑关系见表 6-7，和任务设计 1 的设计方法相似，只是模的不同，需注意的是异步复位且若时钟有效沿置位信号有效时，应先判断复位是否有效，如有效信号恢复初始态，若没有再监测时钟信号是否有效沿触发，还需判断复位是否有效方可计数，而且若置位有效计数，则需由置数端 set[3..0]的数据开始计数。编写出相应的结构体部分的 VHDL 代码。

表 6-7　4 位二进制计数器真值表

输 入 信 号				输 出 信 号
clk	ret	s	set[3..0]	y[3..0]
×	1	×	×	0000
×	0	×	×	不变
↑	0	1	×	set[3..0]
↑	0	0	×	计数+1

第三步：完成设计输入后，对该项目进行编译、综合、适配，进行相应的功能仿真验证，检验是否符合 4 位二进制计数器的逻辑功能。

第四步：下载到开发系统上进行硬件测试。

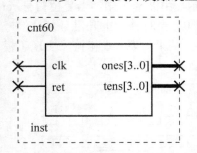

图 6.15　六十进制计数器的电路符号

设计任务 2：设计一个六十进制计数器，要求同步复位，并且个位和十位需可分开输出。

任务分析：六十进制计数器在时钟信号 clk 有效沿时，若复位信号有效则计数置零，否则触发计数加 1，计数为 0～59。由于任务要求个位和十位分开，分别可综合成两根 4 位信号线表示。由此得六十进制计数器的电路符号如图 6.15 所示，输入信号有时钟 clk，复位信号 ret；输出信号有 ones[3..0]表示个位，tens[3..0]表示十位。

任务设计：根据任务分析可写出六十进制计数器的 VHDL 实体部分，其代码如下：

```
LIBRARY IEEE;
USE IEEE.STD_LOGIC_1164.ALL;
USE IEEE.STD_LOGIC_UNSIGNED.ALL;
ENTITY cnt60 IS
  PORT(clk:IN STD_LOGIC;                            --时钟信号
       ret:IN STD_LOGIC;                            --复位信号
       ones:OUT STD_LOGIC_VECTOR(3 DOWNTO 0);       --个位输出信号
       tens:OUT STD_LOGIC_VECTOR(3 DOWNTO 0));      --十位输出信号
END;
```

六十进制计数器逻辑关系，同样可采用 VHDL 语言 IF-ELSE 语句将其描述出来，需注意在监测有效时钟沿触发时，还需判断复位是否有效方可计数，满足同步复位功能。由于个位和十位分开，要同时注意个位和十位的判断计数范围，利用 VHDL 语言编写其结构部分的代码如下：

```
ARCHITECTURE one OF cnt60 IS
SIGNAL c_ones,c_tens:STD_LOGIC_VECTOR(3 DOWNTO 0);
BEGIN
PROCESS(clk)
 BEGIN
 IF clk'event and clk='1' THEN
     IF ret='1' THEN              --复位信号高电平时，个位十位清零
       c_ones<="0000";
       c_tens<="0000";
       ELSEIF c_tens=5 and c_ones=9 THEN
         c_ones<="0000";
         c_tens<="0000";          --当十位为5同时个位为9时，个位十位清零
         ELSEIF c_ones=9 THEN     --否则当个位为9时，个位清零，十位加1
           c_ones<="0000";
           c_tens<=c_tens+1;
           ELSE c_ones<=c_ones+1; --其余个位累加
     END IF;
  END IF;
 END PROCESS;
 ones<=c_ones;
 tens<=c_tens;
 END;
```

任务结果：六十进制计数器的功能仿真结果如图 6.16 所示，由波形可知，当复位信号 ret 为有效电平'1'且时钟为上升沿时，计数输出个位 ones[3..0]、十位 tens[3..0]均输出 "0000"，为同步复位。当时钟为上升沿且复位信号 ret 为无效电平'0'时，观察波形可知计数为 0～59，实现了六十进制计数器的逻辑功能。

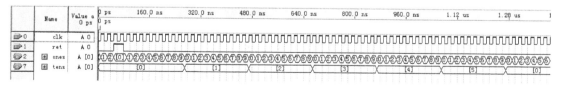

图 6.16 六十进制计数器的功能仿真结果

进阶设计任务：在任务设计 2 的基础上思考如何设计实现二十三进制计数器，并且个位和十位需可分开输出显示。

2. 减法计数器

设计任务 3：设计一个六十进制的减法计数器，要求同步复位，个位、十位分开输出。
任务分析：六十进制的减法计数器的输入输出根据任务要求应和任务设计 1 一致，所

以其输入信号有时钟 clk，复位信号 ret；输出信号有 ones[3..0]表示个位，tens[3..0]表示十位。

任务设计：由此可编写出相应的 VHDL 语言的实体部分代码，其代码如下：

```
LIBRARY IEEE;
USE IEEE.STD_LOGIC_1164.ALL;
USE IEEE.STD_LOGIC_UNSIGNED.ALL;
ENTITY cnt60-jian IS
  PORT(clk:IN STD_LOGIC;                              --时钟信号
       ret:IN STD_LOGIC;                              --复位信号
       ones:OUT STD_LOGIC_VECTOR(3 DOWNTO 0);         --个位输出信号
       tens:OUT STD_LOGIC_VECTOR(3 DOWNTO 0));        --十位输出信号
END;
```

减法计数器的设计方法和加法计数器的相似，同样可利用 IF 语句，只不过判断的值不同，并且由加法操作变为减法操作。根据任务要求，可用 IF 语句监测时钟有效沿，再嵌套 IF 语句判断复位是否有效，如有效则计数清零，否则再判断计数条件。先判断个位十位是否均为 0，如是计数赋值为 59；否则再判断个位是否为 0，若是个位赋值为 9，十位减 1；其余情况个位正常计数减 1，十位保持不变。编写相应的结构体部分代码如下：

```
ARCHITECTURE one OF cnt60-jian IS
SIGNAL c_ones,c_tens:STD_LOGIC_VECTOR(3 DOWNTO 0);
BEGIN
PROCESS(clk)
 BEGIN
 IF clk'event and clk='1' THEN
    IF ret='1' THEN              --复位信号高电平时，个位十位清零
      c_ones<="0000";
      c_tens<="0000";
    ELSEIF c_tens=0 and c_ones=0 THEN
       c_ones<="1001";
       c_tens<="0101";           --当十位个位同时为 0 时，个位赋值 9，十位赋值 5
      ELSEIF c_ones=0 THEN       --否则当个位为 0 时，个位赋值 9，十位减 1
        c_ones<="1001";
        c_tens<=c_tens-1;
      ELSE c_ones<=c_ones-1;     --其余个位减 1
    END IF;
 END IF;
END PROCESS;
ones<=c_ones;
tens<=c_tens;
END;
```

任务结果：六十进制减法计数器的功能仿真结果如图 6.17 所示，由波形可知，当时钟为上升沿且复位信号 ret 为有效电平'1'时，计数输出个位 ones[3..0]、十位 tens[3..0]均输出"0000"，为同步复位。当时钟为上升沿且复位信号 ret 为无效电平'0'时，观察波形可知计数由 59 循环减至 0，实现了六十进制减法计数器的逻辑功能。

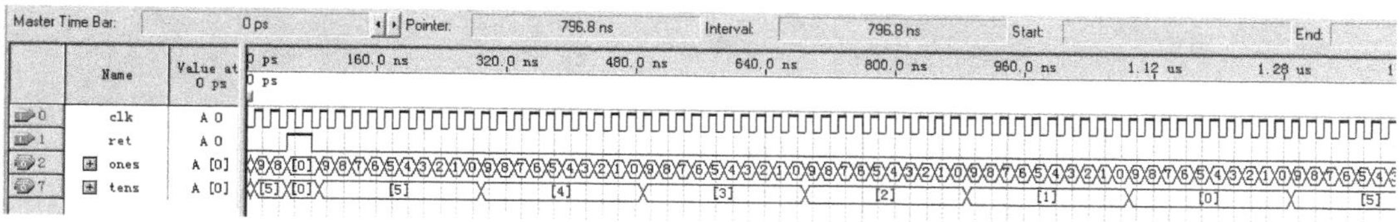

图 6.17　六十进制减法计数器的功能仿真结果

3. 可逆计数器

　　设计任务 4：设计一个可逆计数器，要求计数为 0～15，具有异步复位端、使能端，可同步置数，可实现加 1 加法计数器以及减 1 减法计数器操作。

　　任务分析：根据任务要求，可逆计数器的计数为 0～15，计数输出应有 4 位数据。该计数器具有复位、使能、置数功能，相应有复位端、使能端、置数端及欲置数数据。由于这是可逆计数器，即可加也可减，需有一个功能选择键控制加、减操作。因此，该可逆计数器的电路符号如图 6.18 所示，输入信号有时钟信号 clk、复位信号 ret、使能端 en、控制端 c、置数端 s 和置数数据 se[3..0]，输出信号有计数输出 y[3..0]。各信号的关系见表 6-8。

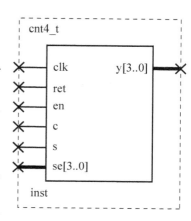

图 6.18　可逆计数器的电路符号

表 6-8　可逆计数器真值表

输　入　信　号						输　出　信　号
clk	en	c	ret	s	se[3..0]	y[3..0]
×	×	×	1	×	×	清零
↑	×	×	0	1	×	se[3..0]
↑	1	0	0	0	×	+1
↑	1	1	0	0	×	−1
×	0	×	0	0	×	保持不变

　　任务设计：根据任务分析，由电路符号可编写出该计数器的 VHDL 语言的实体部分，其代码如下：

```
LIBRARY IEEE;
USE IEEE.STD_LOGIC_1164.ALL;
USE IEEE.STD_LOGIC_UNSIGNED.ALL;
```

```
ENTITY cnt4_t IS
  PORT(clk:IN STD_LOGIC;                              --时钟信号
        ret:IN STD_LOGIC;                             --复位信号
         s:IN STD_LOGIC;                              --置位信号
         c:IN STD_LOGIC;                              --控制端
        en:IN STD_LOGIC;                              --使能端
        se:IN STD_LOGICVECTOR(3 DOWNTO 0);            --置位数据
         y:OUT STD_LOGIC_VECTOR(3 DOWNTO 0));         --计数输出信号
  END;
```

由表 6-8 可知，功能实现的设计方法可把用 IF 或者 CASE 语句判断控制信号 c 将前面的加法计数器和减法计数器结合。编写相应的结构体部分代码如下：

```
ARCHITECTURE one OF cnt4_t IS
SIGNAL q:STD_LOGIC_VECTOR(3 DOWNTO 0);
BEGIN
PROCESS(clk,ret)
 BEGIN
 IF ret='1' THEN q<="0000";  --异步复位，当复位信号高电平时，计数清零
  ELSEIF clk'event and clk='1' THEN
    IF s='1' THEN q<=se;       --同步置位，当置位信号高电平时，计数赋值为置数数据
     ELSEIF en='1' THEN        --使能端高电平有效
      CASE c IS
        WHEN '0'=>IF q="1111" THEN q<="0000";ELSE q<=q+1;END IF;--加计数
        WHEN '1'=>IF q="0000" THEN q<="1111";ELSE q<=q-1;END IF;--减计数
        WHEN OTHERS=>NULL;
      END CASE;
      END IF;
 END IF;
END PROCESS;
 y<=q;
END;
```

任务结果：可逆计数器的功能仿真结果如图 6.19 所示，由波形可知，当复位信号 ret 为有效电平 '1' 时，无论时钟信号是什么，计数输出 y[3..0]均清零，为异步复位。当时钟为上升沿且复位信号 ret 为无效电平 '0' 时，使能端 en 为高电平时，此时当控制信号 c 为 '0' 时，做加法计数，当控制信号 c 为 '1' 时，做减法计数，计数为 0～15；并且当置数端 s 为高电平时，计数从置数数据 se[3..0]开始计数，波形显示结果与表 6-8 相符，实现了可逆计数器任务的逻辑功能要求。

图 6.19　可逆计数器的功能仿真结果

任务进阶设计：设计一个可变模计数器，模值可设置为 10～50，步进计数可设置为 1～10，具有同步复位、置位、使能功能，加、减可逆，并且计数结果可在数码管上显示。

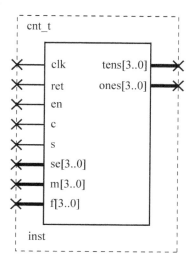

第一步：根据任务要求分析，该计数器模值可设置为 10～50，模值置数数据端对应有 5 位数据输入。计数步进可设置为 1～10，对应有步进设置数据端 4 位。根据设计要求，该计数器还需具有复位端、使能端、置位端及置位数据。计数结果可在数码管上显示，即个位、十位需分开输出，因此，计数器输出应有两条 4 位数据线，分别代表个位、十位。其电路符号如图 6.20 所示，输入信号有时钟信号 clk、复位信号 ret、使能端 en、计数方式控制端 c、置数端 s 及置数数据 se[3..0]、计数模设置 m[3..0]、计数步进设置 f[3..0]，输出信号有个位信号 ones[3..0]、十位 tens[3..0]。因为需要在数码管上显示，所以可把创建相应模块设计为顶层电路，如图 6.21 所示。

图 6.20　电路符号

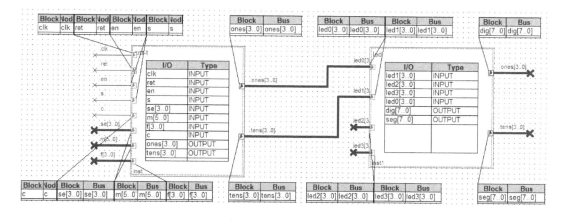

图 6.21　顶层电路设计

第二步：建好模块，顶层电路搭建好，编写相应的 VHDL 程序。

第三步：完成设计输入后，对该项目进行编译、综合、适配，进行相应的功能仿真验证，检验是否符合该计数器逻辑功能的要求。

第四步：下载到开发系统上进行硬件测试。

6.5 分 频 器

在数字电路设计中，分频器的应用也非常广泛，其功能是对电路中较高频率的信号进行分频，以得到频率较低的信号作为时钟信号、选通信号等其他具体用途。分频器的具体实现从本质上讲是可以通过加法计数器来实现的。图 6.22 所示为 10 进制计数器的仿真波形，观察波形，可发现计数输出 q[0](即模 2 计数)输出波形频率是时钟信号的 1/2，计数输出 q[1](即模 4 计数)输出波形频率是时钟信号的 1/4，计数输出 q(模 10 计数)输出波形频率是时钟信号的 1/10。由此可得计数时计数模是由所需的分频系数决定的，分频系数 N 计算公式如式(6-1)所示，等于分频前信号频率与分频后信号频率之比，但需注意此时输出的不是计数结果。本节将对几种常见类型的分频器设计进行介绍。

【参考图文】

$$N = \frac{f_{in}}{f_{out}} \tag{6-1}$$

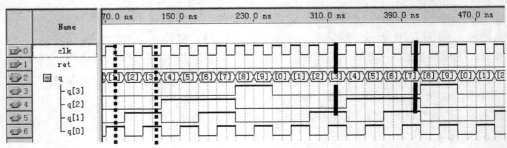

图 6.22　10 进制计数器计数波形

1. 偶数分频器

偶数分频器表示的是分频系数 N 为偶数，即 $N = 2n$ ($n = 1$, 2, $\cdots$)。若 N 为偶数且为 2 的整数次幂即 $N = 2^m$，其实功能实现较为简单。由上面的分析，可将计数器的相应位 $q(m-1)$ 赋值给输出，即可得到相应 N 分频的输出信号。

图 6.23　8 分频器电路符号

设计任务 1：设计一个 8 分频器。

任务分析：8 分频器的功能要求是对输入的时钟信号进行分频，输出的信号应是时钟信号频率的 1/8。因此，对应的电路符号如图 6.23 所示，输入信号有时钟信号 clk，输出信号有 8 分频信号 clk8。

任务设计：根据任务分析，由电路符号可编写出该计数器的 VHDL 语言的实体部分，其代码如下：

```
LIBRARY  IEEE;
USE IEEE.STD_LOGIC_1164.ALL;
USE IEEE.STD_LOGIC_UNSIGNED.ALL;
ENTITY fenpin8 IS
  PORT(clk:IN STD_LOGIC;           --时钟信号
      clk8:OUT STD_LOGIC);         --分频信号
END;
```

由于需要 8 分频，根据前面介绍的设计原理，实际需要设计一个模 8 计数器，$8=2^3$，可设置一个计数信号 q[2..0]做八进制加法计数循环，分频信号就是计数信号的最高位即 q(2)。由此编写 VHDL 语言结构体部分代码如下：

```
ARCHITECTURE one OF fenpin8_ IS
SIGNAL q:STD_LOGIC_VECTOR(2 DOWNTO 0);
BEGIN
PROCESS(clk)
 BEGIN
 IF clk'EVENT AND clk='1' THEN
   q<=q+1;
 END IF;
END PROCESS;
clk8<=q(2);
END one;
```

任务结果：8 分频器的功能仿真结果如图 6.24 所示，观察波形可知，clk8 的时钟频率是时钟信号 clk 频率的 1/8，实现了 8 分频器的逻辑功能要求。

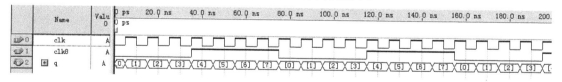

图 6.24　8 分频器的功能仿真结果

任务进阶设计：设计一个可输出 2 分频、4 分频、8 分频、16 分频信号的分频器。

第一步：根据任务设计要求分析，该分频器需输出 4 种分频信号，因此，其电路符号如图 6.25 所示，输入信号有时钟信号 clk，输出信号有 2 分频信号 clk2、4 分频信号 clk4、8 分频信号 clk8、16 分频信号 clk16。由此编写出相应的 VHDL 语言的实体部分程序代码。

第二步：由于分频器所需实现的分频信号的分频系数均为 2 的整数次幂，最高的为 16，则可通过一个 4 位二进制计数器来实现，不同的位数对应不同的分频信号。编写相应的 VHDL 语言的结构体部分代码。

第三步：完成设计输入后，对该项目进行编译、综合、适配，进行相应的功能仿真验证，检验是否符合该计数器逻辑功能的要求。

第四步：下载到开发系统上进行硬件测试。

对于分频系数是偶数，但不是 2 的整数次幂的分频器，其实现仍然是通过计数器，但要对输出分频信号进行占空比的设置控制。下面通过一个设计任务说明该类分频器的设计。

设计任务 2：设计一个 12 分频器。

任务分析：12 分频器的功能要求是对输入的时钟信号进行分频，输出的信号应是时钟信号频率的 1/12。因此，对应的电路符号如图 6.26 所示，输入信号有时钟信号 clk，输出信号有 12 分频信号 clk12。

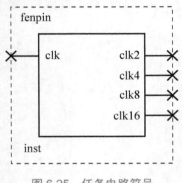

图 6.25　任务电路符号

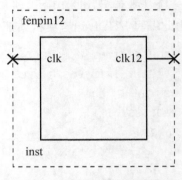

图 6.26　12 分频器的电路符号

任务设计：根据任务分析，由电路符号可编写出该计数器的 VHDL 语言的实体部分，其代码如下：

```
LIBRARY IEEE;
USE IEEE.STD_LOGIC_1164.ALL;
USE IEEE.STD_LOGIC_UNSIGNED.ALL;
ENTITY fenpin12 IS
  PORT(clk:IN STD_LOGIC;          --时钟信号
      clk12:OUT STD_LOGIC);       --分频信号
END;
```

12 分频器需要设计一个模 12 计数器，可设置一个计数信号 q[3..0]做十二进制加法计数循环。VHDL 语言结构体部分代码如下：

```
ARCHITECTURE one OF fenpin12 IS
SIGNAL TOUT: INTEGER RANGE 0 TO 11;     --十二进制计数
SIGNAL TEMP_CLK: STD_LOGIC;
BEGIN
X1:PROCESS (CLK)
  BEGIN
     IF CLK'EVENT AND CLK = '1' THEN
        IF TOUT = 11 THEN
```

```
                    TOUT  <=  0;
                ELSE TOUT  <=  TOUT+1;
                END IF;
            END IF;
        END PROCESS;
    X2:PROCESS(TOUT)
    BEGIN
    IF TOUT<6 THEN
        TEMP_CLK <= '0';              --当计数小于 6 时，分频信号赋值'0'
    ELSE TEMP_CLK <= '1';             --否则分频信号赋值'1'
    END IF;
    clk12 <= TEMP_CLK;
    END PROCESS;
END;
```

在该程序里有两个进程，一个进程 X1 通过 IF 语句判断时钟有效沿及 q 满足条件时实现十二进制加法计数循环，实际是将 12 分频信号的周期时间计算出来；另一个进程 X2 则是负责占空比的控制，在该程序中判断计数值，当计数小于 6 时，输出低电平；否则输出高电平，占空比为 1：1，通过调整判断条件值达到控制分频信号占空比的目的。

任务结果：12 分频器的功能仿真结果如图 6.27 所示，观察波形可知，clk12 的时钟频率是时钟信号 clk 频率的 1/12，占空比为 1：1，实现了 12 分频器的逻辑功能要求。

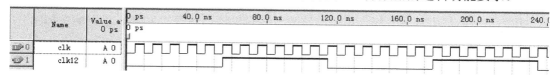

图 6.27　12 分频器的功能仿真结果

总结：偶数分频器的一般设计方法，若要求实现占空比为 1：1 的 N 倍偶数分频，那么可以通过由待分频的时钟触发计数器计数，当计数器从 0 计数到 $N/2$ 时，输出时钟进行翻转，以此循环下去；若要求实现占空比为 1：m 的 N 倍偶数的分频，那么可以通过由待分频的时钟触发计数器计数，当计数器从 0 计数到 m 时，输出时钟进行翻转，并给计数器一个复位信号，使得下一个时钟从零开始计数，以此循环下去。

任务进阶设计：设计一个 24 分频信号的分频器，要求占空比为 1：6。

第一步：根据任务设计要求分析，输入信号有时钟信号 clk，输出信号有 24 分频信号 clk24。由此编写出相应的 VHDL 语言的实体部分程序代码。

第二步：编写相应的 VHDL 语言的结构体部分代码。

第三步：完成设计输入后，对该项目进行编译、综合、适配，进行相应的功能仿真验证，检验是否符合该计数器逻辑功能的要求。

第四步：下载到开发系统上进行硬件测试。

2. 奇数分频器

　　奇数分频器表示的是分频系数 N 为奇数，即 $N = 2n + 1 (n = 1, 2, \cdots)$ 。奇数分频器的设计方法与偶数分频器的设计方法相比要复杂。若占空比不是 1:1 的要求，则和偶数分频器的设计相同，通过同分频系数的模值计数器计数分频信号周期，在判断计数值控制占空比输出所需分频信号。若要求占空比是 1:1，就难以用相同的设计方法来实现。通过下面的设计任务介绍该类型分频器的设计。

　　设计任务 3：设计一个 9 分频器。

　　任务分析：9 分频器输出的信号应是时钟信号频率的 1/9。因此，对应的电路符号如图 6.28 所示，输入信号有时钟信号 clk，输出信号有 9 分频信号 clk9。

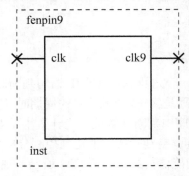

图 6.28　9 分频器的电路符号

　　任务设计：根据任务分析，由电路符号可编写出该计数器的 VHDL 语言的实体部分，其代码如下：

```
LIBRARY IEEE;
USE IEEE.STD_LOGIC_1164.ALL;
USE IEEE.STD_LOGIC_UNSIGNED.ALL;
ENTITY fenpin9 IS
  PORT(clk:IN STD_LOGIC;              --时钟信号
       clk9:OUT STD_LOGIC);           --分频信号
END;
```

　　9 分频器的实现需要设计一个模 9 计数器。由此编写 VHDL 语言结构体部分代码如下：

```
ARCHITECTURE one OF fenpin9 IS
SIGNAL TOUT: INTEGER RANGE 0 TO 8;   --九进制计数
SIGNAL TEMP_CLK: STD_LOGIC;
BEGIN
X1:PROCESS (CLK)
  BEGIN
     IF CLK'EVENT AND CLK = '1' THEN
         IF TOUT =8 THEN
             TOUT <= 0;
```

```
            ELSE TOUT <= TOUT+1;
            END IF;
        END IF;
    END PROCESS;
  X2:PROCESS(TOUT)
    BEGIN
    IF TOUT<8 THEN
        TEMP_CLK <= '1';               --当计数小于 8 时,分频信号赋值'1'
    ELSE TEMP_CLK <= '0';              --否则分频信号赋值'0'
    END IF;
    clk9 <= TEMP_CLK;
    END PROCESS;
  END;
```

任务结果：9 分频器的功能仿真结果如图 6.29 所示，观察波形可知，clk9 的时钟频率是时钟信号 clk 频率的 1/9，占空比为 8∶1，实现了 9 分频器的逻辑功能要求。

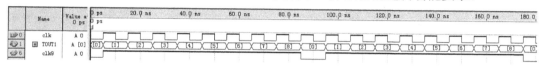

图 6.29　9 分频器的功能仿真结果

设计任务 4：设计一个 9 分频器，要求占空比为 1∶1。

任务设计：该任务的实体部分应和设计任务 3 一样，输入信号有时钟信号，输出信号 9 分频信号。不过在功能实现上，两个分频器的设计方法不同。该分频器要求输出的分频信号的占空比为 1∶1，即高电平和低电平在周期内均占 50%，由图 6.30 可以观察到，若是按时钟上升沿触发计数，9 分频信号周期的 1/2 是 4.5 个时钟信号 clk 周期，包含的不是整数个时钟信号 clk 的周期，无法用原有设计方法判断实现，程序只能判断 4 个整周期。但是，4.5 个时钟信号 clk 周期结束点正好是下降沿，因此，可以结合下降沿触发计数将 0.5 个时钟周期计算出来，共同实现所需的 4.5 个周期。具体程序代码如下：

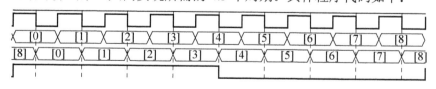

图 6.30　上升沿计数和下降沿计数波形

```
LIBRARY IEEE;
USE IEEE.STD_LOGIC_1164.ALL;
USE IEEE.STD_LOGIC_UNSIGNED.ALL;
ENTITY fenpin9 IS
  PORT(clk:IN STD_LOGIC;              --时钟信号
      clk9:OUT STD_LOGIC);          --分频信号
```

```
END;
ARCHITECTURE one OF fenpin9 IS
SIGNAL TOUT1: INTEGER RANGE 0 TO 8;
SIGNAL TOUT2: INTEGER RANGE 0 TO 8;
BEGIN
--上升沿触发的九进制计数器
X1:PROCESS (CLK)
  BEGIN
  IF CLK'EVENT AND CLK = '1' THEN
    IF TOUT1 = 8 THEN
      TOUT1 <= 0;
    ELSE TOUT1 <= TOUT1+1;
    END IF;
    END IF;
  END PROCESS;
--下降沿触发的九进制计数器
X2:PROCESS (CLK)
  BEGIN
  IF CLK'EVENT AND CLK = '0' THEN
    IF TOUT2 = 8 THEN
     TOUT2 <= 0;
    ELSE TOUT2 <= TOUT2+1;
    END IF;
   END IF;
  END PROCESS;
  clk9 <= '1' WHEN TOUT1<4 OR TOUT2<4 ELSE
          '0';
  END one;
```

在程序中共有两个进程。第一个进程实现了上升沿触发的九进制计数，第二个进程实现了下降沿触发的九进制计数，在最后判断计数当上升沿计数小于 4 时或者下降沿计数小于 4 时分频信号赋值为'1'，否则赋值为'0'。

任务结果：9 分频器的功能仿真结果如图 6.31 所示，观察波形可知，clk9 的时钟频率是时钟信号 clk 频率的 1/9，并且占空比为 1：1，实现了 9 分频器的逻辑功能要求。

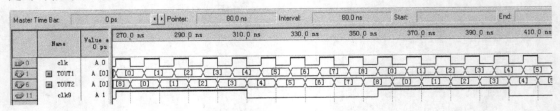

图 6.31　占空比 1：1 的 9 分频器的功能仿真结果

总结：一般来讲，要实现占空比要求 1∶1 的奇数 N 计数器，首先进行上升沿触发的模 N 计数，然后进行下降沿触发的模 N 计数，判断上升沿触发的计数小于$(N-1)/2$ 时，或者下降沿触发的计数小于$(N-1)/2$ 时，分频信号赋值为某个电平；否则分频信号翻转。实际是将两个占空比非 1∶1 的奇数 N 分频器进行或运算，从而得到一个占空比为 1∶1 的奇数 N 分频器。

任务进阶设计：设计一个分频器，分频系数 N 可调，其值为 5～100，占空比要求为 1∶$(N-1)$。

第一步：根据任务设计要求分析，输入信号应有时钟信号 clk，分频系数置数端 set 及相依置数数据输入端 s[6..0]，输出有分频信号 clkn，由此编写出相应的 VHDL 语言的实体部分程序代码。

第二步：由于占空比要求为 1∶$(N-1)$，因此，可借用一般设计方法，先将信号周期 N 计数出来，然后通过 IF 语句判断计数大小输出相应的高低电平。由此编写相应的 VHDL 语言的结构体部分代码。

第三步：完成设计输入后，对该项目进行编译、综合、适配，进行相应的功能仿真验证，检验是否符合该计数器逻辑功能的要求。

第四步：下载到开发系统上进行硬件测试。

3.　半整数分频器

通常整数分频器已可以满足数字电路设计大部分的要求，但在一些特殊的情况下，某些电路需要分频系数非整数的分频器来完成设计。对于半整数分频器，其分频系数为 $N=n+0.5(n=1，2，\cdots)$，此时分频信号周期是时钟信号周期的$(n+0.5)$倍，仍需通过计数器将周期计数出来，但由于非整数个时钟周期，因此，要对计数器的计数进行相应的处理。一般的处理方法如图 6.32 所示，首先计数器的模值为 $n+1$，比分频信号的周期少了半个周期。这半个周期通过一个由异或门和一个 2 分频电路组成的扣除脉冲电路进行消除，从而得到半整数分频器。

接下来，将通过设计一个通用的半整数分频器来详细介绍该类型分频器的设计方法。

设计任务 5：设计一个通用半整数分频器。

任务分析：对应的电路符号如图 6.33 所示，输入信号有时钟信号 clk，输出信号有半整数分频信号 clk_div。

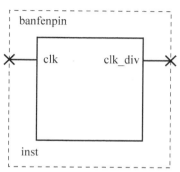

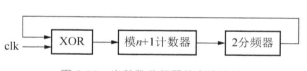

图 6.32　半整数分频器的电路设计　　　　图 6.33　半整数分频器的电路符号

任务设计：由图 6.32 可知，分频器仍通过计数器计数得到，需注意，此时计数器的时钟脉冲信号不再是时钟信号 clk，而是 2 分频器的分频信号与时钟信号 clk 的异或结果。计数器输出的分频信号同时还作为 2 分频器的输入，作为 2 分频的时钟脉冲信号。编写相应的 VHDL 程序，其代码如下：

```
LIBRARY IEEE;
USE IEEE.STD_LOGIC_1164.ALL;
USE IEEE.STD_LOGIC_UNSIGNED.ALL;
ENTITY banfenpin IS
    GENERIC(n:INTEGER:=2);        --n为分频系数整数部分，改变 n 值可得到所需分频系数
  PORT(clk:IN STD_LOGIC;          --时钟信号
        clk_div:OUT STD_LOGIC);              --分频信号
END;
ARCHITECTURE one OF banfenpin IS
    SIGNAL TOUT1 : INTEGER :=0;              --计数器计数
    SIGNAL TEMP_CLK1: STD_LOGIC;             --计数器的时钟脉冲信号
    SIGNAL TEMP_CLK2: STD_LOGIC;             --2分频信号
    SIGNAL TEMP_CLK3: STD_LOGIC;             --2分频的时钟脉冲信号
    BEGIN
    TEMP_CLK1<=clk XOR TEMP_CLK2;
--计数器
X1:PROCESS (TEMP_CLK1)
      BEGIN
        IF TEMP_CLK1'EVENT AND TEMP_CLK1= '1' THEN
       IF TOUT1 = n THEN
          TOUT1 <= 0;
          TEMP_CLK3<='1';
           clk_div<='1';
        ELSE
          TOUT1 <= TOUT1+1;
          TEMP_CLK3<='0';
           clk_div<='0';
        END IF;
      END IF;
    END PROCESS;
--2分频
X2:PROCESS (TEMP_CLK3)
      BEGIN
    IF TEMP_CLK3'EVENT AND TEMP_CLK3 = '1' THEN
      TEMP_CLK2<=not TEMP_CLK2;
    END IF;
  END PROCESS;
```

```
END one;
```

在程序中，共有两个进程。第一个进程 X1 实现了上升沿触发的 $n+1$ 进制计数，其时钟脉冲是 TEMP_CLK1 信号，n 为分频系数的整数部分，此时 n 赋值为 2，即该电路设计输出为 2.5 分频信号。当计数到 n 时，输出信号赋值 "1"；否则输出信号赋值 "0"。在第二个进程 X2 实现了 2 分频器，其时钟脉冲为进程 X1 的输出信号；2 分频信号和时钟信号异或后赋值给进程 X1 的时钟脉冲 TEMP_CLK1 信号，以保证计数器计数到 n 时是半个周期。

任务结果：半整数分频器的功能仿真结果如图 6.34 所示，观察波形可知，clk_div 的时钟周期是时钟信号 clk 周期的 2.5 倍，实现了半整数分频器的逻辑功能要求。

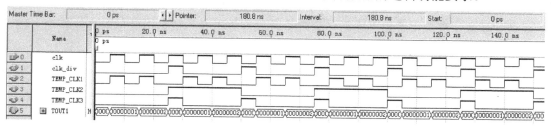

图 6.34　半整数分频器的功能仿真结果

任务进阶设计：在设计任务 5 的基础上，设计一个占空比可控的半整数分频器。

6.6　移位寄存器

寄存器用于存储一组二进制数据，广泛用于数字系统中。而移位寄存器不仅具有存储功能，还具有移位的功能，具体是寄存器中的二进制数据按照时钟信号的控制依次左移或者右移。因此，移位寄存器不但可以用来寄存代码，还可用来实现数据的串并转换、数值的运算及数据处理等。移位寄存器按照不同的分类方式有不同的类型。例如，按移位的方向分，有左移寄存器、右移寄存器和双向移位寄存器；按输入输出的方式分，有串入串出寄存器、串入并出寄存器、并入串出寄存器、并入并出寄存器。本节将通过几个设计任务介绍常用寄存器的设计方法。

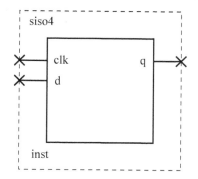

图 6.35　4 位串入串出左移位寄存器
电路符号

1. 串入串出寄存器

设计任务 1：设计一个 4 位串入串出左移位寄存器。

任务分析：串入串出移位寄存器是指数据源由输入端在时钟有效沿时逐位输入，并逐位移动输出。4 位串入串出移位寄存器每个时钟有效沿时输入 1 位数据，向左移动 1 位，输出 1 位数据。由此该寄存器的电路符号如图 6.35 所示，输入信号有时钟信号 clk、数据输入 d，输出信号有数据输出 q。

任务设计：根据任务分析，由电路符号可编写出该计数器的 VHDL 语言的实体部分，其代码如下：

```
LIBRARY IEEE;
USE IEEE.STD_LOGIC_1164.ALL;
ENTITY siso4 IS
  PORT(clk:IN STD_LOGIC;          --时钟信号
       d:IN STD_LOGIC;            --数据输入信号
       q:OUT STD_LOGIC);          --数据输出信号
END;
```

在功能实现上，由于 4 位寄存器，需设置一个 4 位的数据信号用于寄存器存储移位。根据任务要求，移位寄存器是左移，即每个时钟有效沿时，数据由低位向高位移动 1 位。由此编写 VHDL 语言的结构体部分，其代码如下：

```
ARCHITECTURE one OF siso4 IS
SIGNAL TEMP:STD_LOGIC_VECTOR(3 DOWNTO 0);    --4 位寄存器
  BEGIN
  PROCESS(clk)
   BEGIN
    IF clk'EVENT AND clk='1' THEN
      TEMP<=TEMP(2 DOWNTO 0)&d;              --左移
    END IF;
  END PROCESS;
  q<=TEMP(3);
END;
```

在程序中，通过 TEMP 信号的低 3 位 TEMP(2 DOWNTO 0)和输入信号 d 并置，TEMP 的最高位 TEMP(3)赋值给 q 作为数据输出，从而实现左移输出。

任务结果：4 位串入串出左移位寄存器的功能仿真结果如图 6.36 所示，观察波形可知，输出信号 q 数据的输出比输入信号 d 延时了 4 个时钟周期，实现了 4 位串入串出左移位寄存器的逻辑功能。

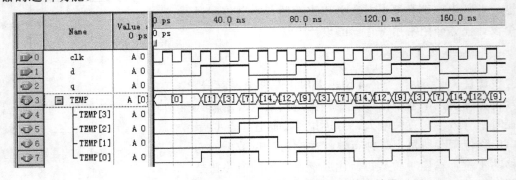

图 6.36　4 位串入串出左移位寄存器的功能仿真结果

任务进阶设计：设计一个 8 位串入串出双向移位寄存器。

第一步：根据任务要求分析，8 位串入串出移位寄存器每个时钟有效沿时输入 1 位数据，向左、右移动 1 位，输出 1 位数据。因此，电路符号在设计任务 1 的基础上还需一个移动方向的控制信号，如图 6.37 所示，输入信号有时钟信号 clk、数据输入 d 和移动方向控制信号 left_right，输出信号有数据输出 q。编写相应的 VHDL 语言的实体部分代码。

第二步：8 位串入串出移位寄存器的设计方法和 4 位串入串出左移位寄存器的设计方法相似，只不过寄存位数变为 8 位，移动方向除了可由低位向高位移动，还可由高位向低位移动。编写相应的结构体部分代码。

第三步：完成设计输入后，对该项目进行编译、综合、适配，进行相应的功能仿真验证，检验是否符合该寄存器逻辑功能的要求。

第四步：下载到开发系统上进行硬件测试。

2. 串入并出寄存器

设计任务 2：设计一个 4 位串入并出左移位寄存器。

任务分析：串入并出移位寄存器是指数据源由输入端在时钟有效沿时逐位输入，并逐位移动输出，但数据的输出是并行的。4 位串入并出左移位寄存器每个时钟有效沿时输入 1 位数据，向左移动 1 位，输出 4 位数据。由此该寄存器的电路符号如图 6.38 所示，输入信号有时钟信号 clk、数据输入 d，输出信号有数据输出 q[3..0]。

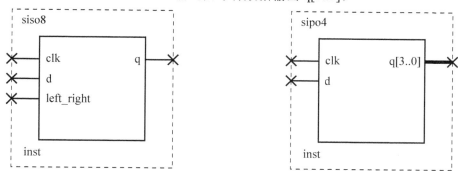

图 6.37　8 位串入串出双向移位寄存器　　　　图 6.38　4 位串入并出左移位寄存器的电路符号

任务设计：根据任务分析，由电路符号可编写出该计数器的 VHDL 语言的实体部分，其代码如下：

```
LIBRARY IEEE;
USE IEEE.STD_LOGIC_1164.ALL;
ENTITY sipo4 IS
 PORT(clk:IN STD_LOGIC;                      --时钟信号
     d:IN STD_LOGIC;                         --数据输入信号
     q:OUT STD_LOGIC_VECTOR(3 DOWNTO 0));    --数据输出信号，并行 4 位
END;
```

在功能实现上，串入并出与串入串出的设计方法相似，只不过输出数据是 4 位。由此

编写 VHDL 语言的结构体部分，其代码如下：

```
ARCHITECTURE one OF sipo4 IS
SIGNAL TEMP:STD_LOGIC_VECTOR(3 DOWNTO 0);    --4 位寄存器
  BEGIN
  PROCESS(clk)
   BEGIN
    IF clk'EVENT AND clk='1' THEN
      TEMP<=TEMP(2 DOWNTO 0)&d;                --左移
    END IF;
  END PROCESS;
  q<=TEMP;
END;
```

任务结果：4 位串入并出左移位寄存器的功能仿真结果如图 6.39 所示，观察波形可知，当 d 输入 4 位数据以后，q 输出为其前 4 位数据，并且数据位为向左移动，实现了 4 位串入并出左移位寄存器的逻辑功能。串入并出移位寄存器具有串并转换的功能。

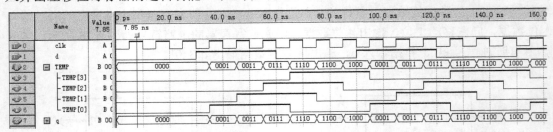

图 6.39　4 位串入并出左移位寄存器的功能仿真结果

3. 并入串出寄存器

设计任务 3： 设计一个 4 位并入串出左移位寄存器，具有异步清零功能。

任务分析： 并入串出移位寄存器输入输出方式正好和串入并出移位寄存器的相反，该移位寄存器是指数据源由输入端在时钟有效沿时并行输入，逐位移动输出。4 位并入串出左移位寄存器每个时钟有效沿时同时输入 4 位数据，向左移动 1 位，输出 1 位数据。根据要求，还需具有清零控制信号。由此该寄存器的电路符号如图 6.40 所示，输入信号有时钟信号 clk、数据输入 d 和清零端 clr，输出信号有数据输出 q。

任务设计： 根据任务分析，由电路符号可编写出该计数器的 VHDL 语言的实体部分。其代码如下：

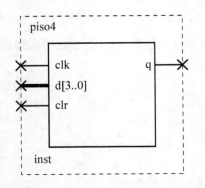

图 6.40　4 位并入串出左移位寄存器的电路符号

```
LIBRARY IEEE;
USE IEEE.STD_LOGIC_1164.ALL;
ENTITY piso4 IS
  PORT(clk:IN STD_LOGIC;                          --时钟信号
        d:IN STD_LOGIC_VECTOR(3 DOWNTO 0);        --数据输入信号，并行 4 位
        clr:IN STD_LOGIC;                          --清零控制信号
        q:OUT STD_LOGIC);                          --数据输出信号
END;
```

在功能实现上，并入串出与前面的设计方法不同，需留有相应的时间周期给并入的数据进行移位操作，即 4 位移位寄存器需 4 个时钟周期进行数据移动，全部数据移动并输出后再重新输入 4 位数据，因此，可借助四进制计数器将移动所需周期计数出来。由此编写 VHDL 语言的结构体部分，其代码如下：

```
ARCHITECTURE one OF piso4 IS
SIGNAL TEMP:STD_LOGIC_VECTOR(3 DOWNTO 0);        --4 位寄存器
SIGNAL cout:STD_LOGIC_VECTOR(1 DOWNTO 0);        --四进制计数器
  BEGIN
    q<=TEMP(3);                                    --串行输出
                                                   --四进制计数器
  X1:PROCESS(clk)
   BEGIN
    IF clk'EVENT AND clk='1' THEN
      cout<=cout+1;
    END IF;
  END PROCESS;

                                                   --数据控制
  X2:PROCESS(clk,clr)
   BEGIN
    IF clr='1' THEN                                --复位高电平时，清零
     TEMP<="0000";
     ELSEIF clk'EVENT AND clk='1' THEN
       IF cout>"00" THEN                           --计数小于 0 时，寄存器数据左移
       TEMP(3 DOWNTO 1)<=d(2 DOWNTO 0);
       ELSEIF cout="00" THEN TEMP<=d;              --计数等于 0 时，寄存器数据重载
     END IF;
    END IF;
    END IF;
  END PROCESS;
  END;
```

在程序中共有两个进程。第一个进程实现了上升沿触发的四进制计数；第二个进程实现数据的控制，由于任务要求左移，数据应由低位向高位移动，输出 q 应为寄存器数据

TEMP 的最高位。当复位信号 clr 为高电平时,寄存器数据清零。在时钟有效沿触发时,判断计数是否小于 0,是则寄存器数据向左移动 1 位,即 TEMP 数据低 3 位依次移动到高 3 位;否则说明寄存器数据最低位已移动到最高位,数据需重新加载。

  任务结果:4 位并入串出左移位寄存器的功能仿真结果如图 6.41 所示,观察波形可知,计数 cout 计数 00 时,d 并行输入 4 位数据,此后每个时钟数据左移 1 位。如图 6.41 所示,输入 d "1001",计数状态 00 时,加载数据,q 输出 0;计数状态 01 时,移动 1 位,q 输出 1,实现了 4 位并入串出左移位寄存器的逻辑功能。并入串出移位寄存器具有并串转换的功能。

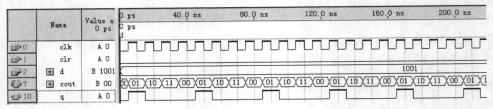

图 6.41 4 位并入串出左移位寄存器的功能仿真结果

  任务进阶设计 1:设计一个 4 位并入并出左移位寄存器,具有清零功能。

  该任务和设计任务 3 的设计实现相似,只不过数据输出方式有所改变,有 4 位数据并行输出。在端口设计上以及数据输出赋值上稍作调整即可。

  任务进阶设计 2:设计一个 8 位移位寄存器,功能要求可实现串入串出、并入串出,以及并入串出的输入输出方式,而且具有清零功能,可左、右移位。

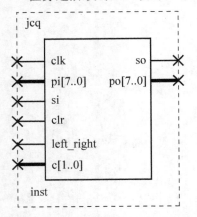

  第一步:根据任务要求分析,该电路应具有清零端控制清零,输入方式可支持串入、并入两种,输出方式有串出、并出两种,而且有方向控制端控制移动方向。其电路符号如图 6.42 所示,由此编写相应的 VHDL 语言的实体部分代码。

  第二步:根据逻辑功能,编写相应结构体部分代码。

  第三步:完成设计输入后,对该项目进行编译、综合、适配,进行相应的功能仿真验证,检验是否符合该寄存器逻辑功能的要求。

图 6.42 8 位移位寄存器的电路符号

  第四步:下载到开发系统上进行硬件测试。

6.7 序列信号发生器

  在数字系统传输和测试中,常需要一组特定的串行数据信号,通常称为序列信号。序列信号发生器是指在时钟脉冲的作用下,能够循环产生一组或者多组序列信号的时序逻辑电路。本节将通过一个设计任务介绍序列信号发生器的设计方法。

设计任务：设计一个序列发生器，要求可循环产生一组"00100101"的序列信号，具有清零功能。

任务分析：根据任务要求，该电路在时钟有效沿下可依次输出"00100101"信号，由此输入信号有时钟信号 clk 和清零端 clr，输出信号有数据输出 q，电路符号如图 6.43 所示。

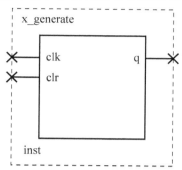

图 6.43　序列信号发生器的电路符号

任务设计：根据任务分析，由电路符号可编写出该序列发生器的 VHDL 语言的实体部分，其代码如下：

```
LIBRARY IEEE;
USE IEEE.STD_LOGIC_1164.ALL;
USE IEEE.STD_LOGIC_UNSIGNED.ALL;
ENTITY x_generate IS
  PORT(clk:IN STD_LOGIC;        --时钟信号
       clr:IN STD_LOGIC;        --清零控制信号
       q:OUT STD_LOGIC);        --序列信号输出端
END;
```

序列信号发生器的设计方法有很多种，可利用 D 触发器设计，也可以利用计数器设计，还可以利用移位寄存器设计，下面介绍两种常用的设计方法。

方法一：利用移位寄存器设计实现。

根据要求每个时钟脉冲下，依次输出"00100101"，可通过循环移位寄存器实现。首先将需产生的信号"00100101"8 位数据预存在寄存器中；然后每个时钟有效沿时，寄存器数据由低到高移动移位，最高位作为序列信号输出，因是循环最高位也回到最低位。如此循环，会循环产生所要求的序列信号。编写相应的该序列发生器的 VHDL 语言的结构体部分，其代码如下：

```
ARCHITECTURE one OF x_generate IS
SIGNAL TEMP:STD_LOGIC_VECTOR(7 DOWNTO 0);
  BEGIN
PROCESS(clk,clr)
  BEGIN
    IF clr='1' THEN            --清零信号高电平时，输出 0，且寄存器中恢复原值
```

```
        q<='0';
        TEMP<="00100101";
    ELSIF clk'EVENT AND clk='1' THEN
        q<=TEMP(7);                  --循环输出序列
        TEMP<=TEMP(6 DOWNTO 0)&TEMP(7);
    END IF;
END PROCESS;
END;
```

任务结果：序列信号发生器的功能仿真结果如图 6.44 所示，观察波形可知，当复位信号 clr 为高电平时，输出为 0，寄存器数据恢复初值"00100101"；在每个时钟上升沿时，寄存器循环左移一位，最高位作为序列信号输出，8 个时钟周期输出所需的一组完整序列，周而复始循环输出，从而实现该任务序列信号发生器的逻辑功能要求。

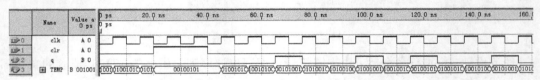

图 6.44　"00100101"序列信号发生器的功能仿真结果

方法二：利用计数器设计实现。

计数器设计方法与移位寄存器设计方法相比，可产生多组序列信号。计数器设计序列发生器主要由计数器和组合逻辑电路两个部分组成。计数器用于计算序列的长度，计算出来一组完整序列的所需周期。组合逻辑电路根据序列信号要求设置计数器每一个计数状态的输出，可由译码器或者数据选择器来实现。编写相应的该类型序列发生器的 VHDL 语言的结构体部分，其代码如下：

```
ARCHITECTURE two OF x_generate IS
SIGNAL COUNT:STD_LOGIC_VECTOR(2 DOWNTO 0);--用于 8 进制计数器计数
BEGIN
PROCESS(clk,clr)
  BEGIN
    IF clr='1' THEN          --清零信号高电平时，输出 0，计数器停止计数且恢复初值
     q<='0';
     COUNT<="000";
    ELSEIF clk'EVENT AND clk='1' THEN
        COUNT<=COUNT+1;
    END IF;
    CASE COUNT IS
     WHEN "000"=>q<='0';
     WHEN "001"=>q<='0';
     WHEN "010"=>q<='1';
     WHEN "011"=>q<='0';
```

```
            WHEN "100"=>q<='0';
            WHEN "101"=>q<='1';
            WHEN "110"=>q<='0';
            WHEN "111"=>q<='1';
        END CASE;
    END PROCESS;
    END;
```

在进程中，"00100101"序列信号发生器根据序列长度，设计一个八进制计数器。当清零信号为低电平，时钟信号上升沿触发时，计数器加一，结合 CASE 语句判断每个计数值输出所需相应序列信号。

任务结果：序列信号发生器的功能仿真结果如图 6.45 所示，观察波形可知，当复位信号 clr 为高电平时，输出为 0，寄存器数据恢复初值"00100101"，计数器恢复初始值且停止计数；在每个时钟上升沿时，计数加一，每一计数状态对应一个序列信号，8 个时钟周期输出所需的一组完整序列，周而复始循环输出，从而实现该任务序列信号发生器的逻辑功能要求。

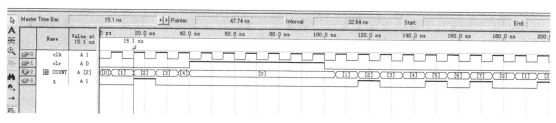

图 6.45 "00100101"序列信号发生器计数器设计方法的功能仿真结果

任务进阶设计：设计一序列信号发生器，可同时产生三组信号，分别为"110100""011000"和"001011"。

第一步：根据任务设计要求分析，应有 3 个序列信号，电路符号如图 6.46 所示，由此编写出相应的 VHDL 语言的实体部分程序代码。

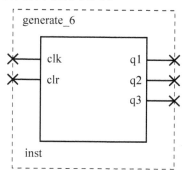

图 6.46 电路符号

第二步：由于序列信号的长度均为 6，可设计一个六进制计数器将序列周期计算出来，结合数据分配器产生三组所需序列信号。由此编写相应的 VHDL 语言的结构体部分代码。

第三步：完成设计输入后，对该项目进行编译、综合、适配，进行相应的功能仿真验证，检验是否符合该序列信号发生器逻辑功能的要求。

第四步：下载到开发系统上进行硬件测试。

6.8 状 态 机

【参考图文】

有限状态机是数字系统设计中重要的组成部分，广义上讲，时序电路都可通过状态机来实现。因此，对于数字系统设计工程师而言，只要是时序电路设计，状态机的设计是最基本的设计思想以及实现方法。本节将详细介绍状态机的设计方法。

6.8.1 状态机的基本概念

状态机是对具有逻辑顺序或者时序规律事件的一种描述方法。对于时序电路设计而言，如利用状态机设计实现和用其他方法设计实现相比，状态机设计可能是比较优的选择。状态机是纯硬件数字系统中的顺序控制电路，其运行方式上类似于控制灵活和方便的 CPU，从可靠性的角度考虑，由于 CPU 本身的结构特点与执行软件指令的工作方式决定了 CPU 不能获得圆满的容错保障，这已是不争的事实。而状态机系统不同，首先由于它由纯硬件电路构成，不存在 CPU 运行软件过程中许多固有的缺陷；其次是由于状态机设计中能使用各种完整的容错技术；最后是状态机从非法状态跳出进入正常状态的耗时十分短暂，通常只有 2、3 个时钟周期，约几十个纳秒，不足于对系统运行构成损坏，而 CPU 则是通过复位方式从非法运行方式中恢复过来，耗时达几十毫秒，这对于高速高可靠系统显然是无法容忍的。而就运行速度而言，状态机的状态变换周期只有一个时钟周期，而在每一个状态中，状态机可以完成许多并行的运算和控制操作，所以，一个完整的控制程序，即使用多个并行状态机构成，其状态数也是十分有限的。一般由状态机构成的硬件系统比 CPU 所能完成同样功能的软件系统的工作速度要高出 3～5 个数量级。因此，在运行速度和工作可靠性方面，状态机都优于 CPU。

状态机的描述方式有状态图、状态表及流程图三种。状态机的分类方法有多种，常用的按照状态机信号输出是否与输入有关，分为摩尔型(moore)和米勒型(mealy)。摩尔型如图 6.47(a)所示，是指状态机信号输出仅与当前状态有关。米勒型如图 6.47(b)所示，是指状态机信号输出不仅和当前状态有关，还和输入信号有关系。

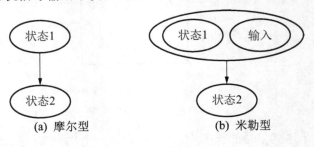

图 6.47 状态机的分类

6.8.2 状态机的一般结构

状态机的 VHDL 语言设计实现一般最常用的结构有几个总要部分，包括状态说明部分、主控时序进程和主控组合进程等。

1. 状态说明部分

状态说明部分主要的作用是定义所需状态。在此借助 TYPE 语句定义新的数据类型，在前面的语法章节已介绍过，状态的数据类型应属于枚举型，其元素一般都用所设状态机的状态名定义。状态说明部分通常放在结构体部分，在 ARCHITECTURE 和 BEGIN 之间。

例 6.3

```
ARCHITECTURE …… IS
    TYPE states IS (s0, s1, s2, s3);
    SIGNAL current_state, next_state: states;
BEGIN
    ……
```

在例程中，利用 TYPE 定义了一个新的数据类型 states，该数据类型具有 4 个元素，分别为 s0、s1、s2 和 s3，代表了 4 种状态。然后定义了两个信号 current_state 和 next_state，数据类型为 states，current_state 表示当前状态，next_state 表示下一个状态，它们可能的状态有 s0、s1、s2 和 s3。由此将状态机的 4 个状态符号化。

2. 主控时序进程

主控时序进程的主要功能是在时钟有效沿下控制状态的切换。状态机是由时钟脉冲信号触发状态的切换和信号的输出，称为同步时序状态机。若状态机的状态切换和信号的输出不随时间脉冲控制，则称为异步时序状态机。通常特别是可综合的状态机设计都是使用同步时序状态机实现的。延续例 6.3 编写其主控时序进程如下：

例 6.4

```
reg: PROCESS (clk)
    BEGIN
            IF clk'EVENT AND clk='1' THEN
              current_state<= next_state;
            END IF;
    END PROCESS;
```

在主控时序进程里，在有效的边沿触发时，当前状态切换到下一个状态。主控时序进程只负责状态机械切换，不关心每个状态的具体工作。

3. 主控组合进程

主控组合进程的主要功能是利用 CASE 语句判断当前状态 current_state，完成相应信号输出，同时得到下一状态 next_state。若是米勒型，判断当前状态 current_state 后，可利用 IF 语句根据输入信号确定输出信号及下一状态 next_state。

【参考图文】

状态机设计的一般步骤：
(1) 根据设计任务要求，确定所需状态。
(2) 由任务要求，确定状态机类型，画出状态图或状态表又或者状态流程图。
(3) 利用硬件描述语言将其描述实现。
通过具体任务介绍状态机的设计方法。
设计任务 1：设计一个四进制计数器。
任务分析：四进制计数器电路符号如图 6.48 所示，clk 为时钟输入信号，Q 为计数输出，每一个时钟有效沿触发 Q 加 1，以每一个累加结果为一个状态，0~3 循环累加，共有 4 个状态，分别为 s1 代表累加结果为 0；s2 代表累加结果为 1；s3 代表累加结果为 2；s4 代表累加结果为 3。
输出信号仅和当前状态有关，为摩尔型状态机，当每个时钟有效沿触发时，状态有 s1—s2—s3—s4—s1 顺序切换，依次输出计数结果 0~3，每 4 个时钟周期完成一次循环，从而实现四进制计数器，画出其状态图，如图 6.49 所示。由图 6.49 编写出相应的 VHDL 程序。

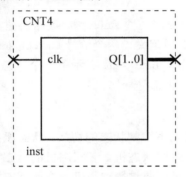
图 6.48　4 计数器电路符号图

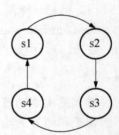
图 6.49　四进制计数器状态图

```
LIBRARAY IEEE;
USE IEEE.STD_LOGIC_1164.ALL;
ENTITY CNT4 IS
  PORT (clk :IN BIT;
       Q :OUT STD_LOGIC_VECTOR(1 DOWNTO 0));
END CNT4;

ARCHITECTURE bhv OF CNT4  IS
  TYPE state IS (s1,s2,s3,s4);            --定义 4 个状态
   SIGNAL  current_state, next_state :state;--定义两个信号作为当前
                                            状态和下一个状态
BEGIN
 reg: PROCESS(clk)                       --主控时序进程
     BEGIN
             IF clk'EVENT AND clk='1' THEN
```

```
                      current_state<= next_state;
                  END IF;
         END PROCESS;


      com: PROCESS(current_state)                      --主控组合进程
           BEGIN
               CASE current_state IS                   --当前状态判断
                  WHENs1=>q<="00";next_state<=s2;   --计数结果为0
                  WHEN s2=>q<="01";next_state<=s3; --计数结果为1
                  WHEN s3=>q<="10";next_state<=s4; --计数结果为2
                  WHEN s4=>q<="11";next_state<=s1; --计数结果为3
               END CASE;
           END PROCESS;
      END ARCHITECTURE bhv;
```

任务结果：四进制计数器的仿真结果如图 6.50 所示，从波形看，实现了 0~3 的计数功能。

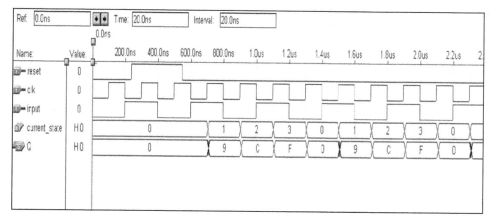

图 6.50　四进制计数器的仿真结果

任务进阶设计：设计一个 4 路彩灯控制电路，设计要求 4 路彩灯从左到右依次亮，然后从左到右依次灭，依次循环。

第一步：4 路彩灯控制电路符号如图 6.51 所示，clk 为时钟信号，输出信号 led4[3..0]控制 4 路彩灯的亮灭。根据任务要求分析，可确定划分状态 8 个，若 4 路彩灯是共阳，状态分别为：s0 代表"1111"全灭状态；s1 代表"0111"左边第一个灯亮的状态；s2 代表"0011"左边两个灯亮的状态；s3 代表"0001"左边三个灯亮的状态；s4 代表"0000"四个灯全亮的状态；s5 代表"1000"左边第一个灯灭的状态；s6 代表"1100"左边两个灯灭的状态；s7 代表"1110"左边三个灯灭的状态。

第二步：由上面的分析，可确定该电路为摩尔型状态机，当每个时钟有效沿触发时，状态由 s0—s1—s2—s3—s4—s5—s6—s7—s0 顺序切换，按照设计要求 4 灯从左到右依次亮灭，每 8 个时钟周期完成一次循环，画出状态图，按照状态图编写出相应的 VHDL 语言。

第三步：完成设计输入后，对该项目进行编译、综合、适配，进行相应的功能仿真验证，检验是否符合 4 路彩灯控制电路的逻辑功能要求。

第四步：下载到开发系统上进行硬件测试。

设计任务 2：设计一个 111 序列信号检测电路，要求可检测出串行输入信号连续出现 3 个 "1"，此时检测电路输出信号 "1"，否则为 "0"。

任务分析：111 序列信号检测电路符号如图 6.52 所示，clk 为时钟信号输入，x 为串行输入信号，y 为检测结果输出信号。根据任务要求，可确定划分状态 4 个，分别为：s0 代表检测出收到信号 "0" 的状态，输出信号 "0"；s1 代表检测出收到第一个信号 "1" 的状态，输出信号 "0"；s2 代表检测出收到第二个信号 "1" 的状态，输出信号 "0"；s3 代表检测出收到第三个信号 "1" 的状态，输出信号 "1"。

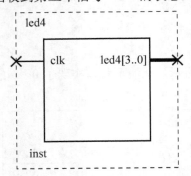

图 6.51　4 路彩灯控制电路符号

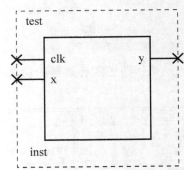

图 6.52　111 序列信号检测电路符号

由上面的分析，该电路应为米勒型状态机。每个时钟有效沿触发时，状态根据输入信号进行切换。例如，初始状态 s0，若输入为 "0"，则保持 s0 状态，若输入为 "1"，则切换到 s1 状态，y 输出 "0"；s1 状态时，若输入为 "0"，则切换到 s0 状态，若输入为 "1"，则切换到 s2 状态，y 输出 "0"；s2 状态时，若输入为 "0"，则切换到 s0 状态，y 输出 "0"，若输入为 "1"，则切换到 s3 状态且 y 输出 "1"；依此类推，画出其状态图，如图 6.53 所示。由状态图编写 VHDL 语言程序。

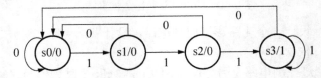

图 6.53　连续检测三个 1 序列信号检测状态图

```
ENTITY test IS
  PORT (  clk,x: IN STD_LOGIC;
          y: OUT STD_LOGIC);
END test;


ARCHITECTURE bhv OF test  IS
```

```
        TYPE state IS (s0,s1,s2,s3);                --定义 4 个状态
        SIGNAL current_state, next_state :state;    --定义两个信号作为当
                                                      前状态和下一个状态


    BEGIN
      reg:PROCESS(clk)                              --主控时序进程
            BEGIN
              IF clk'EVENT AND clk='1' THEN
               current_state<= next_state;
              END IF;
            END PROCESS;


      com:PROCESS(x,current_state)                  --主控组合进程
    BEGIN
        CASE current_state IS                       --当前状态判断
          WHEN s0=>
              IF x ='0' THEN next_state<=s0; y<='0'; --收到信号"0"
                ELSE next_state<=s1; y<='0';         --收到第一个信号"1"
              END IF;
          WHEN s1=>
              IF x ='0' THEN next_state<=s0;y<='0'   --收到信号"0"
              ELSE next_state<=s2;y<='0';            --收到"11"信号
              END IF;
          WHEN s2=>
              IF x ='1' THEN  next_state<=s3;y<='1'; --收到信号"111"
              ELSE next_state<=s2; y<='0';           --收到信号"0"
              END IF;
          WHEN s3=>
              IF x ='0' THEN next_state<=s0;y<='0';  --收到信号"0"
                ELSE next_state<=s3; y<='1';         --收到信号"111"
              END IF;
        END CASE;
      END PROCESS;
    END bhv;
```

x 为串行输入信号，current_state 为当前状态，next_state 为下一状态。在主控组合进程里，用 CASE 语句判断 current_state 状态，不同的状态通过 IF 语句判断 x 值来决定 next_state 状态值及 y 输出。

任务结果：111 序列检测电路仿真结果如图 6.54 所示，从波形来看，当检测到串行输入数据有连续 3 个"1"信号时，输出信号"1"；否则输出信号"0"。

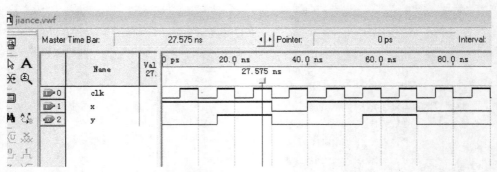

图 6.54   111 序列检测电路仿真结果

任务进阶设计：设计一个序列检测电路，要求可检测出串行输入数据是否为二进制数"1110010"。

第一步：根据任务设计要求分析，该任务和设计任务 2 的设计实现相似，"1110010"序列检测电路的电路符号与图 6.52 相同，可确定状态划分 8 个：s0 代表收到信号"1"的状态，s1 代表收到信号"11"的状态，s2 代表收到信号"111"的状态，s3 代表收到信号"1110"的状态，s4 代表收到信号"11100"的状态，s5 代表收到信号"111001"的状态，s6 代表收到信号"1110010"的状态，s7 代表没有收到有效数据的状态。

第二步：由上面的分析，该电路应为米勒型状态机，对其进行分析并画出状态图，由状态图编写相应的 VHDL 程序。

第三步：完成设计输入后，对该项目进行编译、综合、适配，进行相应的功能仿真，验证是否符合"1110010"序列检测电路的逻辑功能要求。

第四步：下载到开发系统上进行硬件测试。

设计任务 3：设计交通灯控制电路。根据交通规则，即"红灯停，绿灯行，黄灯提醒"，交通灯的设计要求为初始态是两个路口的红灯全亮。之后，东西路口的绿灯亮，南北路口的红灯亮，东西方向开始通行，同时从 15s 开始倒计时。当倒计时到 3s 时，东西路口绿灯灭，黄灯开始亮。倒计时到 0s 后，东西路口红灯亮，同时南北路口的绿灯亮，南北方向开始通行，同样从 15s 开始倒计时，再切换到东西路口方向，以后周而复始地重复上述过程。

任务分析：交通控制电路符号如图 6.55 所示，clk 为时钟信号，rst 为恢复初始状态控制信号，12 个输出信号 y，如图 6.56 所示，十字路口交通南北、东西两车道应设有红绿灯 12 个，其中 y[2..0]、y[8..6]分别为南北方向的红灯、黄灯、绿灯，y[5..3]、y[11..9]分别为东西方向的红灯、黄灯、绿灯。b1[6..0]为显示倒计时时间的个位，b2[6..0]为显示倒计时时间的十位。

根据任务设计要求分析，南北道路和东西道路的通行时间条件，可确定状态划分为 9 个(归纳成表见表 6-9)：

s0 代表初始状态，南北、东西道路红灯亮。

s1 代表东西通行，南北禁行。东西道路绿灯亮，北南道路红灯亮，持续时间 12s。

s2 代表东西停行，南北禁行。东西道路黄灯亮，南北道路红灯亮，持续时间 1s。

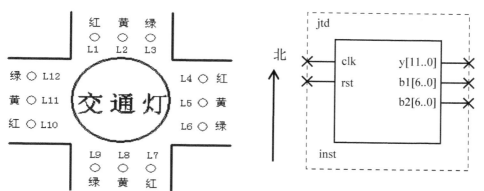

图 6.55　十字路口交通示意图

【参考图文】

【参考视频】

图 6.56　交通灯电路符号

s3 代表东西停行，南北禁行。东西道路黄灯灭，南北道路红灯亮，持续时间 1s。
s4 代表东西停行，南北禁行。东西道路黄灯亮，南北道路红灯亮，持续时间 1s。
s5 代表东西禁行，南北通行。东西道路红灯亮，南北道路绿灯亮，持续时间 12s。
s6 代表东西禁行，南北停行。南北道路黄灯亮，东西道路红灯亮，持续时间 1s。
s7 代表东西禁行，南北停行。南北道路黄灯灭，东西道路红灯亮，持续时间 1s。
s8 代表东西禁行，南北停行。南北道路黄灯亮，东西道路红灯亮，持续时间 1s。

表 6-9　交通灯控制电路状态表

状　态	东 西 道 路	南 北 道 路	时　间
s0	红灯亮	红灯亮	—
s1	绿灯亮	红灯亮	12s
s2	黄灯亮	红灯亮	1s
s3	黄灯灭	红灯亮	1s
s4	黄灯亮	红灯亮	1s
s5	红灯亮	绿灯亮	12s
s6	红灯亮	黄灯亮	1s
s7	红灯亮	黄灯灭	1s
s8	红灯亮	黄灯亮	1s

相应的 VDHL 程序如下：

```
LIBRARY IEEE;
USE IEEE.STD_LOGIC_1164.ALL;
ENTITY jtd IS
PORT(clk,rst:IN STD_LOGIC;
  y:OUT STD_LOGIC_VECTOR(11 DOWNTO 0);        --东西、南北红绿灯
  b1:OUT STD_LOGIC_VECTOR(6 DOWNTO 0);        --显示倒计时间的个位
  b2:OUT STD_LOGIC_VECTOR(6 DOWNTO 0));       --显示倒计时间的十位
    END jtd;
```

```
ARCHITECTURE one OF jtd IS
TYPE states IS(s0,s1,s2,s3,s4,s5,s6,s7,s8);  --定义9个状态
SIGNAL stx:states;
SIGNAL x:INTEGER RANGE 0 TO 15;                   --倒计时计数
BEGIN


m1:PROCESS(clk,rst)
BEGIN
IF clk'EVENT AND clk='1'THEN
  IF rst='1'THEN stx<=s0;x<=15;              --高电平时，恢复初始状态
ELSE CASE stx IS                             --状态切换及倒计时
        WHEN s0=>stx<=s1;
        WHEN s1=>IF x=4 THEN stx<=s2;x<=x-1;
        ELSE x<=x-1;
     END IF;
        WHEN s2=>stx<=s3;x<=x-1;
        WHEN s3=>stx<=s4;x<=x-1;
        WHEN s4=>stx<=s5;x<=15;
        WHEN s5=>IF X=4 THEN stx<=s6;x<=x-1;
        ELSE x<=x-1;
     END IF;
        WHEN s6=>stx<=s7;x<=x-1;
        WHEN s7=>stx<=s8; x<=x-1;
        WHEN s8=>stx<=s1;x<=15;
        WHEN OTHERS=>stx<=s0;
END CASE;
END IF;
END IF;
END PROCESS;


m2:PROCESS(stx)                              --交通灯亮灭控制
BEGIN
CASE stx IS
    WHEN s0=>y<="011011011011";
    WHEN s1=>y<="011110011110";
    WHEN s2=>y<="011101011101";
    WHEN s3=>y<="011111011111";
    WHEN s4=>y<="011101011101";
    WHEN s5=>y<="110011110011";
    WHEN s6=>y<="101011101011";
    WHEN s7=>y<="111011111011";
    WHEN s8=>y<="101011101011";
```

```
        WHEN OTHERS=>y<="011011011011";
    END CASE;
    END PROCESS;


    m3:PROCESS(X)--倒计时数码管显示
    BEGIN
    CASE x IS
        WHEN 0=>b1<="1000000";b2<="1000000";
        WHEN 1=>b1<="1111001";b2<="1000000";
        WHEN 2=>b1<="0100100";b2<="1000000";
        WHEN 3=>b1<="0110000";b2<="1000000";
        WHEN 4=>b1<="0011001";b2<="1000000";
        WHEN 5=>b1<="0010010";b2<="1000000";
        WHEN 6=>b1<="0000010";b2<="1000000";
        WHEN 7=>b1<="1111000";b2<="1000000";
        WHEN 8=>b1<="0000000";b2<="1000000";
        WHEN 9=>b1<="0010000";b2<="1000000";
        WHEN 10=>b1<="1000000";b2<="1111001";
        WHEN 11=>b1<="1111001";b2<="1111001";
        WHEN 12=>b1<="0100100";b2<="1111001";
        WHEN 13=>b1<="0110000";b2<="1111001";
        WHEN 14=>b1<="0011001";b2<="1111001";
        WHEN 15=>b1<="0010010";b2<="1111001";
        WHEN OTHERS=>null;
    END CASE;
    END PROCESS m3;
    END;
```

　　任务结果：交通灯的仿真结果如图 6.57 所示。当每个时钟上升沿触发时，倒计时 x-1，东西道路通行(s1 状态)持续 12s，东西道路黄灯闪烁(s2、s3、s4)持续 3s，南北道路通行(s5 状态)持续 12s，南北道路黄灯闪烁(s6、s7、s8)持续 3s。当 rst 为高电平时，恢复初始状态 s0。仿真结果与任务设计要求的逻辑功能相符。

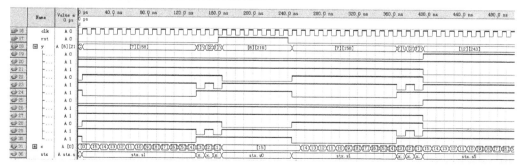

图 6.57　交通灯的仿真结果

习　题

1. 在 VHDL 语言中，下列对时钟边沿检测描述中，错误的是____。

   A.　IF clk'EVENT AND clk = '1' THEN

   B.　IF FALLING_EDGE(clk) THEN

   C.　IF clk'EVENT AND clk = '0' THEN

   D.　IF clk'STABLE AND NOT clk = '1' THEN

2. 下面程序是参数可定制带计数使能异步复位计数器的 VHDL 描述，试补充完整。

```
LIBRARY IEEE;
USE IEEE.STD_LOGIC_1164.ALL;
USE IEEE._____.ALL;
USE IEEE.STD_LOGIC_ARITH.ALL;


ENTITY counter_n IS
    _____(width : integer := 8);
  PORT(data : IN STD_LOGIC_VECTOR (width-1 DOWNTO 0);
       load, en, clk, rst :_____ STD_LOGIC;
       q : OUT STD_LOGIC_VECTOR (_____ DOWNTO 0));
END counter_n;


ARCHITECTURE behave OF _____ IS
  SIGNAL count : STD_LOGIC_VECTOR (width-1 DOWNTO 0);
BEGIN
  PROCESS(clk, rst)
  BEGIN
     IF rst = '1' THEN
         count <= (others => '0');      -- 清零
         ELSEIF _____ THEN      -- 边沿检测
         IF load = '1' THEN
             count <= data;
         _____ en = '1' THEN
             count <= count + 1;
         END___;
     END IF;
  END PROCESS;
     ____;
       END BEHAVE;
```

3．设计一个带同步置数功能的减法计数器，设计要求如下：

(1) 计数进制在 0～X，可用四个波动开关控制置数值(X)。

(2) 利用提供的分频器模块将晶振时钟分成 10Hz 接入计数器，并且要求在数码管上以十进制数显示计数过程，即显示时不应出现 A，B，C 等。

4．设计汽车尾灯控制电路。设计要求：左转向左灯亮、右转向右灯亮、停止两灯亮、直行两灯灭。

5．设计一个钟摆式流水灯控制器，设计要求：

基础功能：

(1) 8 个灯先是从左到右依次亮，再从右到左依次灭。

(2) 2 个灯为 1 组，分为 4 组，分别标号 1、2、3、4，依次 1—2—3—4 亮，再 1—3—2—4 亮。

(3) 全亮—全灭连续 3 次。

扩展功能：

(1) 基础功能(1)～(3)为一个循环，可利用两个 LED 数码管以十进制显示循环次数(最大显示 99)。

(2) 设置控制键进行控制，只操作基础功能中的其中一种。

6．设计一个计时秒表，设计要求：

(1) 有启、停开关，用于开始、结束计时操作。

(2) 用 6 个七段数码管显示计时数，秒表计时长度为 1 分 59 秒 999 毫秒超过计时长度，有溢出则报警。

(3) 设置复位开关，在任何情况下，只要按下复位开关，秒表都要无条件地进行复位清 0 操作。

7．设计一个 6 个病房呼叫系统。设计要求：

基础功能：

(1) 用 1～6 个开关模拟 6 个病房的呼叫输入信号，用一个 LED 数码管显示呼叫信号的号码；没信号时显示 0。

(2) 呼叫具有优先级。有多个信号呼叫时，LED 数码管只显示优先级最高的呼叫号(其他呼叫可用指示灯显示)，1 号优先级最高，1～6 优先级依次下降。

扩展功能：报警功能。凡有呼叫发出 9s 的呼叫声。

8．设计一个可以容纳 4 名选手或者 4 个参赛队进行比赛的电子抢答器。设计要求：

基础功能：

(1) 主持人有一个控制开关，可控制抢答开关及系统清除。

(2) 抢答器有第一抢答信号的显示和锁存功能。在主持人发出抢答指令后，若有参赛者按抢答器按钮，则该组指示灯亮，LED 数码管显示出抢答者的组别。同时，电路处于自锁状态，使其他组的抢答器按钮不起作用，直到主持人将系统清除为止。

扩展功能：

(1) 抢答器具有计时功能。在初始状态时，主持人可以设置答题时间的初始值。在主

【参考图文】

持人对抢答组别进行确认，并给出倒计时计数开始信号以后，抢答者开始回答问题。

(2) 抢答器具有报警功能。LED 数码管从初始值开始倒计时，计至 0 时停止计数，同时，扬声器发出超时报警信号。若参赛者在规定的时间内回答完问题，主持人可以给出计时停止信号，以免扬声器鸣叫。

第 7 章
Quartus II 基本设计流程

【本章知识架构】

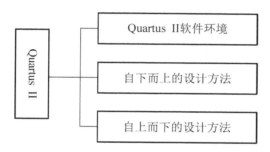

```
                    ┌─────────────────────┐
                    │   Quartus II软件环境  │
                    └─────────────────────┘
┌──────────┐        ┌─────────────────────┐
│ Quartus  │────────│   自下而上的设计方法  │
│   II     │        └─────────────────────┘
└──────────┘        ┌─────────────────────┐
                    │   自上而下的设计方法  │
                    └─────────────────────┘
```

【本章教学目标与要求】

(1) 熟悉Quartus II的开发环境。

(2) 熟悉Quartus II工具的使用方法，对设计流程有初步的了解。

Altera 公司开发的 Quartus II 是专业的 EDA 开发软件，可提供完整的图形用户界面，可支持原理图、状态图、波形图及 VHDL、VerilogHDL、AHDL(Altera Hardware Description Language)等多种图形化和文本化的设计输入形式，内嵌综合器和仿真器，可实现完整可编程逻辑器件设计流程。本章主要介绍 Quartus II 软件的基本功能，通过实际案例介绍自下而上和自上而下两种设计流程。

7.1 Quartus II 简介

Quartus II 是 Altera 公司在 21 世纪初期推出的提供综合性 PLD/FPGA 集成开发软件，是 Altera 公司前一代 Max+Plus II 的更新换代产品，相对于前一代而言，Quartus II 不仅仅在窗口界面上做出了改变，而且具有更为强大的设计功能，使设计者更容易使用，方便设计。可编程逻辑器件 CPLD/FPGA 的设计是指利用开发软件和编程工具对器件进行开发的过程。可编程逻辑器件的基础的设计流程如图 7.1 所示。利用 Quartus II，设计者无需考虑开发系统结构便可以完成这个流程。

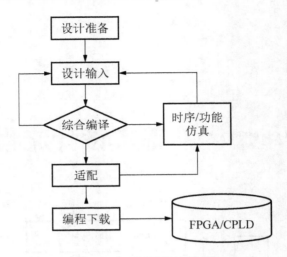

图 7.1　可编程设计流程图

1. 设计准备

在对可编程逻辑器件的芯片进行设计之前，首先要进行方案论证、系统设计和器件选择等设计准备工作。设计者首先要根据任务要求，如系统所完成的功能及复杂程度，对工作速度和器件本身的资源、成本及连线的可布通性等方面进行权衡，选择合适的设计方案。在前面已经介绍过，数字系统的设计方法通常采用从顶向下的设计方法，也是基于芯片的系统设计的主要方法，首先从系统设计入手，在顶层进行功能划分和结构设计，采用硬件描述语言对高层次的系统进行描述，并在系统级采用仿真手段，验证设计的正确性，然后逐级设计低层的结构。由于高层次的设计与器件及工艺无关，而且在芯片设计前就可以用软件仿真手段验证系统方案的可行性，因此，自顶向下的设计方法有利于在早期发现结构设计中的错误，避免不必要的重复设计，提高设计的一次成功率。自顶向下的设计采用功能分割的方法从顶向下逐次进行划分，这种层次化设计的另一个优点是支持模块化，从而可以提高设计效率。

2. 设计输入

Quartus II 设计的输入方法常用的有：通过 Quartus II 图形编辑器输入所设计的电路，创建图形设计文件；通过 Quartus II 文本编辑器利用 VHDL 语言描述输入设计模块，创建文本设计文件系统。除此之外，还可以有波形输入等其他方式。

3. 综合(设计处理)

这是器件设计中的核心环节。整个综合过程是将使用行为和功能层次表达的系统转换成低层次，自上而下经过自然语言综合、行为综合、逻辑综合和版图综合共 4 个综合过程。自然语言综合将自然语言转换到 Verilog HDL 语言算法表述。行为综合将算法表述转换到寄存器传输级(Register Transport Level，RTL)表述。逻辑综合将 RTL 表述转换到逻辑门(包括触发器)的表述。版图综合或结构综合将逻辑门表述转换到版图级表述(ASIC 设计)，或转换到 FPGA 的配置网表文件。综合过程便于具体实现的模块组合装配。除此之外，综合可检查项目是否有错，并适当地用一片或者多片器件自动进行适配，最终产生编程用的编程文件。在此基础上做出利用可编程资源实现该电路的方案，并配置到可编程资源中，用于产生报告、编程文件和用于时间仿真的输出文件。

4. 适配

适配器也称结构综合器，它的功能是将综合器产生的网表文件配置于指定的目标器件中，使之产生最终的下载文件，如 JEDEC、JAM 格式的文件。适配所选定的目标器件(FPGA/CPLD 芯片)必须属于原综合器指定的目标器件系列。

5. 仿真和定时分析(设计验证)

设计项目的校验包括设计项目的仿真(功能仿真)、定时分析两个部分。一个设计项目在编译完成后只能为项目创建一个编程文件，但并不能保证是否真正达到了用户的设计要求，如逻辑功能和内部时序要求等。所以，在器件编程之前应进行全面模拟检测和仿真调试，以确保其设计项目在各种可能的情况下正确响应和正常工作，这就是设计验证(仿真调试)的必要性。功能仿真是直接对 VHDL 描述、原理图描述或者其他输入描述形式的逻辑功能进行仿真测试，检测描述的逻辑功能是否符合项目设计要求，仿真过程与硬件电路无关，不涉及任何器件的硬件特性。时序仿真与功能仿真不同，仿真过程涉及器件的硬件特性，仿真结果接近实际运行情况，仿真精度高。

6. 器件编程和配置

在以上步骤都正确实施并完全通过以后，就可以将设计的项目(最终的数据编程文件)下载到器件中去，然后加入实际的激励信号进行测试，在目标系统中进行产品级使用。如果还未最终达到我们的设计目的，则需返回以上步骤查找设计问题直至无误。至此，我们已经完整地完成了可编程逻辑器件的产品级设计流程。

7.2　自下而上的设计方法

本节将通过设计一个 2 选 1 多路选择器，详细介绍 Quartus II 的基本设计流程。由题意知，2 选 1 多路选择器应有两个输入信号 a、b 端，一个选择信号端口 s。当 s=0 时，输出端口输出 a 端口数据；当 s=1 时，输出端口输出 b 端口数据。2 选 1 多路选择器的逻辑电路图如图 7.2 所示(与软件介绍相对应，此处图形符号仍按旧标准)。

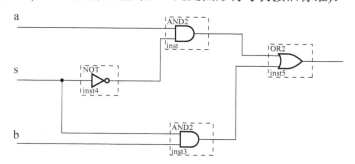

图 7.2　2 选 1 多路选择器的逻辑电路图

7.2.1 新建工程

1. 新建文件夹

注意,新建工程不能直接保存在根目录下面,在设计新的工程前,需先为新建工程创建一个新文件夹,所有与新建工程相关的文件都应存放在该文件夹中。需注意文件夹名不能以中文命名,否则编译会出错,最好也不全用数字命名。假设本设计文件名设为 mux21,放在 D 盘,则存储路径为 d:\mux21。

2. 创建工程

打开 Quartus II 软件,出现 Quartus II 开始界面,这个界面包含了 Quartus II 设计大部分功能的命令及入口,为 Quartus II 的主界面,如图 7.3 所示。Quartus II 主界面除了常规的菜单栏、快捷工具栏,还有 4 块区域。菜单栏可找到 Quartus II 所有功能控制选项。快捷工具栏可提供常用的控制键,方便设计者使用。左上角 Project Navigator 为项目管理窗口,可查看工程内所有程序文件。左下角 Task 为编译状态显示窗口,可查看模块综合,布局布线进度及时间。右上角最大的区域为设计输入编辑区域。最下面的 Message 信息栏显示编译或综合过程的详细信息,包括编译通过和报错信息。

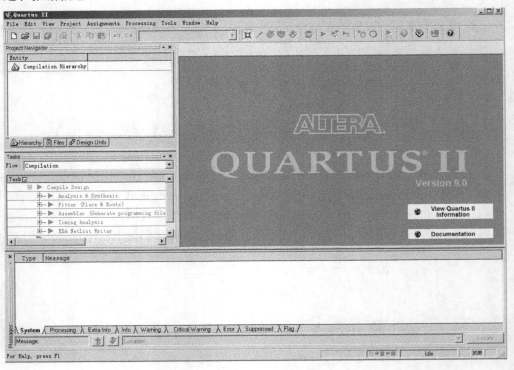

【参考图文】

图 7.3 Quartus II 主界面

在主界面中,选择菜单栏中 File→New Project Wizard…命令,弹出新建工程向导对话框，如图 7.4 所示。

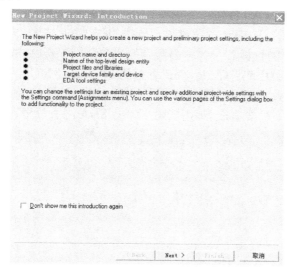

图 7.4　新建工程向导对话框图

新建工程向导对话框是对新工程向导的一些介绍，包括指定项目目录、名称和顶层实体，指定项目设计文件，指定该设计的 Altera 器件系列等信息。单击 Next 按钮，弹出设置对话框，如图 7.5 所示。该对话框中在第一空白行右侧单击"…"按钮，选择已建好文件夹，在第二行和第三行输入相应的新建工程名称、顶层模块实体名，在此例子里均输入为 mux21。

图 7.5　设置对话框

注意，顶层模块实体名需和项目工程名一致。单击 Finish 按钮，完成新项目的创建；或者单击 Next 按钮，弹出如图 7.6 所示的对话框。在该对话框中可将与该项目相关的所有文件加入该项目中，单击第一空白行右侧"···"按钮选择相关文件，再单击 Add 按钮即可加入工程；也可单击 Add All 按钮，将所有相关文件加入工程中。对于这个工程，还未有相关文件加入，可直接单击 Next 按钮跳过。单击 Next 按钮，弹出对话框，如图 7.7 所示，该对话框用于选择相应的目标芯片。本书所有的实验测试平台是 SmartSOPC+实验平台，其 QuickSOPC 核心板上用的是 Cyclone III 系列的 EP3C25F324C8。首先，在 Device family 下拉列表框中选择 Cyclone III 系列，再在 Available devices 列表框中选择具体芯片 EP3C25F324C8。选好芯片，单击 Next 按钮，弹出 EDA 工具设置对话框，如图 7.8 所示。

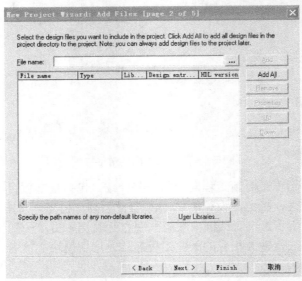

图 7.6　在新建工程中加入相关文件的对话框

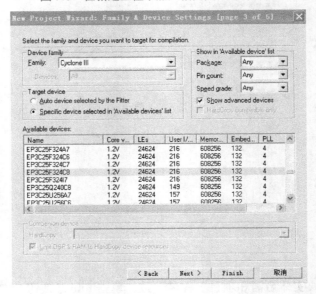

图 7.7　选择目标芯片对话框

该对话框有三项选择，分别为综合工具、仿真工具以及时序分析工具。如果不需要第三方综合工具、仿真工具、时序分析仪，三项都选择<None>，则表示软件默认选择 Quartus II 内嵌的综合仿真设计工具。单击 Next 按钮，弹出工程信息报告对话框。从工程信息报告对话框中，设计者可以看到工程文件配置信息报告。最后单击 Finish 按钮，完成新建工程的建立。需要注意的是，建立工程后，还可以根据设计中的实际情况对工程进行重新设置，可选择菜单栏中 Assignments→Settings…命令进行设置，也可以单击工具栏上的 ✐ 按钮。

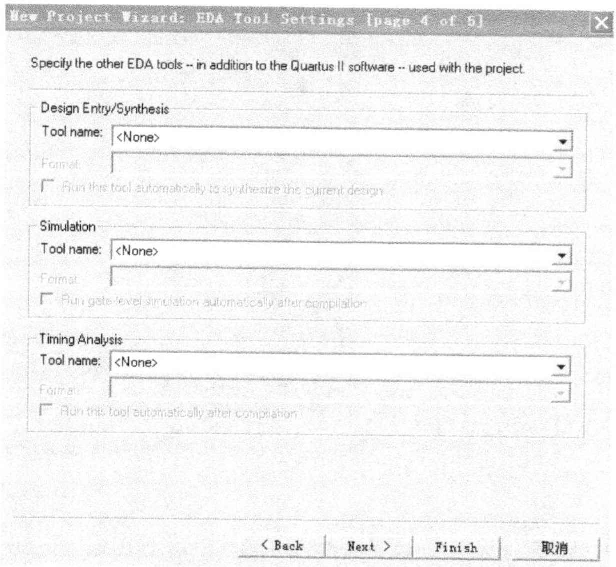

图 7.8　EDA 工具设置对话框

7.2.2　设计输入

本设计有两种设计输入方法，一种是通过已知逻辑电路图，利用 Quartus II 图形编辑器直接输入图形设计完成设计输入；另一种是根据其 2 选 1 功能利用 VHDL 语言描述出来完成设计输入。

1. 原理图输入

1) 新建原理图文件

选择菜单栏 File→New…命令，弹出新建文件对话框，如图 7.9 所示。在对话框中选择 Block Diagram/Schematic File 选项，单击 OK 按钮，建立一个空的图形设计文件，默认名为 Block1.bdf。选择菜单栏 File→Save As…命令，弹出 BDF 文件存盘的对话框，如图 7.10 所示，将图形文件保存在工程地址，并默认 Add file to current project 选项选中，令该文件添加到工程中去，图形编辑窗口如图 7.11 所示。

2) 导入元件

图形编辑窗口提供大量的元件库，可以直接调用原理图中所需的元件。可在空白处双击；或者在空白处右击，选择 Insert→Symbol 命令；又或者单击图形编辑区左侧的工具栏

内的类似与门的 $\square$ 图标，弹出 Symbol 对话框，如图 7.12 所示。在该对话框元件库 Libraries 区内，在相应的库中选取所需元件，或者在 Name 处直接输入元件名称，单击 OK 按钮即可输入元器件。例如，该例题中需要调用与门元件，在 Libraries 列表下的 primitives 子库 logic 中找到 and2，单击 OK 按钮，与门电路符号会随即出现在图形编辑区域内，在合适的位置单击放置电路符号。

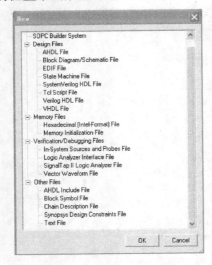

图 7.9　新建文件对话框

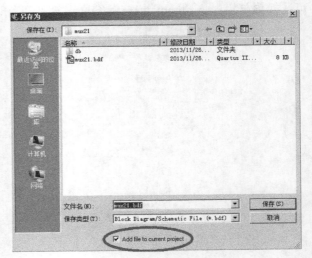

图 7.10　文件保存对话框

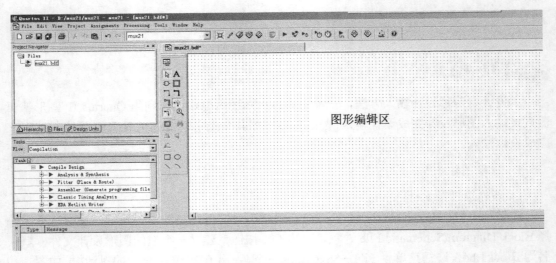

图 7.11　图形编辑窗口

　　将元件调出，在电路图编辑区中便可根据逻辑电路图对其进行画图连线操作。

　　(1) 元件符号的复制和移动。在需要用到多个同种元件的设计中，最简单的方法是输入一个元件后进行复制：单击准备复制的图形元件，它的轮廓将变成红色的粗实线(称为被"激活")，然后按住 Ctrl 键，同时拖曳该元件可同时复制多次。

用鼠标拖曳该元件可以使得编辑区内的任何图形符号随着鼠标的滑动而任意移动。释放鼠标左键，则图形单元定位，这样可以将元件或者图形符号摆放到合适的位置。

　　(2) 一个完整的电路包括输入端口 INPUT、电路元器件集合、输出端口 OUTPUT。

　　(3) 连接各元件符号(电路连线)。将光标移动到某一元件的轮廓边缘的引脚处时，光标会自动变成十字形状，此时按住左键拖动，直至另一个需要连接的元件输入或输出引脚处，松开左键，于是这两个元件引脚之间就会出现红色连线表示它是激活的，可以复制、删除和移动，进行任何其他鼠标操作都将使得该连线固化。

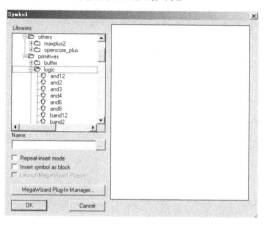

图 7.12　元件库对话框

　　(4) 引脚的安排和命名。分别双击输入端口的 PIN-NAME，当其变成黑色时，即可输入标记符名称并按 Enter 键确认；输出端口标记方法类似。

　　将 and2、not、or、input、output 电路符号调出，按照原理图连线，对 input、output 修改名字，完成后如图 7.13 所示，保存文件。

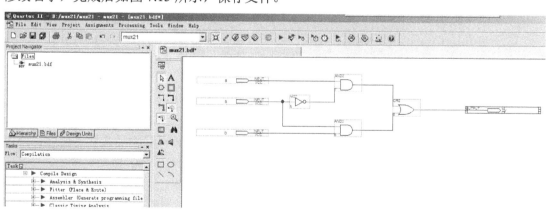

图 7.13　原理图输入完毕

2.　文本输入

　　新建文本文件和新建图形文件方法一样，在新建工程以后，选择菜单栏 File→

New…命令，弹出新建文件对话框，如图 7.9 所示。在新建文件对话框中选择 VHDL File(若要新建 Verilog HDL 文件，则选择 Verilog HDL File)选项，单击 OK 按钮，建立一个空的 VHDL 文件，默认名为 Vhdl1.vhd(Verilog HDL 文件为 Verilog1.v)。选择菜单栏 File→Save As…命令，如改名为 mux21.vhd 文件并保存，文件编辑区如图 7.14 所示。在新建的文件编辑区输入相应的 VHDL 语言即可。需注意，保存时文件名必须和实体名一致，否则编译不通过。在输入完成后，可选择菜单栏 File→Save 命令，或者使用快捷键 Ctrl+S。

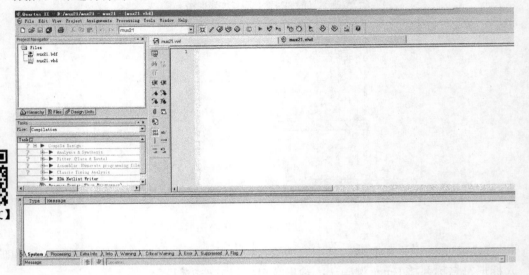

图 7.14　文件编辑区

【参考图文】

另外，针对初学者对 VHDL 语言还不是那么熟悉，Quartus II 提供了一些模板，在菜单栏选择 Edit→Insert Template→VHDL 命令，或者在文件编辑区空白处右击，选择 Insert Template→VHDL 命令。模板库提供了各种 VHDL 的实际例子。

3.　向工程添加文件

在菜单栏中选择 Assignments→Setting 命令，弹出 Settings 对话框如图 7.15 所示，可查看当前工程下已包含的文件，如有需添加的已完成的设计可在 File name 栏处导入，单击 Add 或者 Add All 按钮完成添加。如有需要删除文件，也可在该窗口完成，选择相应文件，单击 Remove 按钮将文件移除。

文件输入编译成功后，还可创建元件符号，选中该文件右击选择 Create Symbol Files for Current File 命令可生成.bsf 格式的图元文件，如图 7.16 所示。该文件可当模块，在原理图编辑时可直接调用。

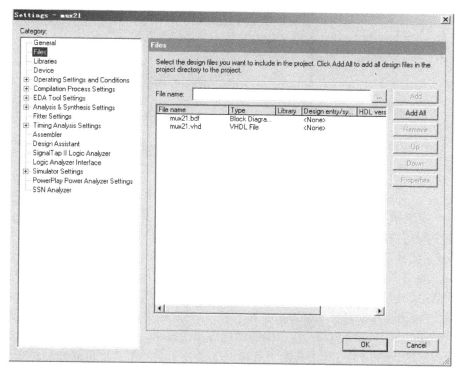

图 7.15　Settings 对话框

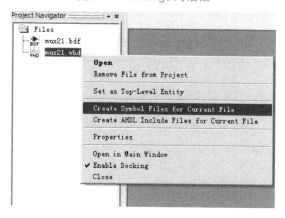

图 7.16　生成图元文件

7.2.3　编译电路

　　完成设计输入以后，接下来需要对该设计进行编译。在这里以原理图输入为例，完成后续设计工作。首先在 Project Navigator 窗口的 Files 标签中的 mux21.bdf 文件上右击，在弹出的菜单中单击 Set as Top-Level Entity 选项，如图 7.17 所示，将 mux21.bdf 设置为顶层实体。

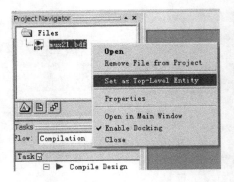

图 7.17　将文件置顶

在菜单栏中选择 Processing→Start Compilation 命令进行编译，也可以单击工具栏中的 ▶ 按钮启动编译。编译会分几个步骤完成，其过程会在主界面窗口的左边 Tasks 区显示。编译完成后，会弹出编译成功或者失败的 Compilation Report 提示窗口。如编译无错，就会显示如图 7.18 所示的窗口。该窗口显示了语法检查后的详细信息，包括所使用的 IO 口资源的多少等内容。该窗口可随时关闭打开，在菜单栏选择 Processing→Compilation Report 命令或者单击工具栏上的 ⬚ 图标即可打开 Compilation Report 窗口。若在编译过程中发现错误，界面下方的编译信息窗口会显示相应的错误信息，双击其中一条错误信息会在图形编辑窗口高亮显示相应出错部分的电路，则找出并更正错误，直至编译成功为止。

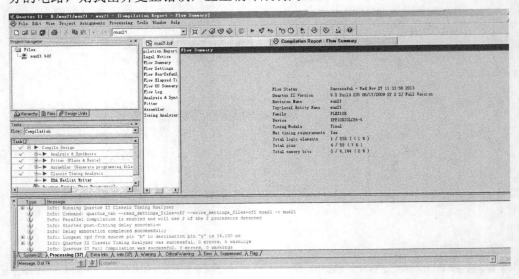

图 7.18　编译成功

7.2.4　仿真分析

编译正确无误后，可进行仿真验证功能正确与否。具体步骤如下：

(1) 创建新波形文件用于仿真。在菜单栏中选择 File→New...命令，打开新建文件对话框(图 7.9)，在新建文件对话框中选择标签页，从中选择 Vector Waveform File，单击 OK 按钮建立一个空的波形编辑器窗口，默认名为 Waveform1.vwf。选择菜单栏 File→Save As...命令，改名为 mux21.vwf 并保存，如图 7.19 所示。

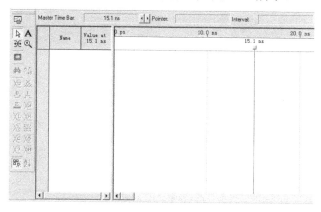

图 7.19　波形编辑窗口

(2) 编辑仿真时间。在菜单栏中选择 Edit→End Time 命令，弹出设置仿真时间对话框，如图 7.20 所示。在 Time 框内输入仿真结束时间，时间单位可选为 s、ms(10^{-3}s)、μs(10^{-6}s)、ns(10^{-9}s)、ps(10^{-12}s)。单击 OK 按钮完成设置。在这里采用默认设置(1μs)。波形编辑器默认的仿真结束时间为 1μs，根据仿真需要，可以自由设置仿真文件的结束时间。

(3) 输入需仿真电路的输入输出节点。在菜单栏中选择 Edit→Insert→Insert Node or Bus 命令，或者在 Name 标签区域即节点列表区内双击，弹出如图 7.21 所示的 Insert Node or Bus(添加节点或总线)对话框。在该对话框中单击 Node Finder 按钮，弹出 Node Finder 对话框。在该对话框能找到所需节点。对于本例题而言，需要所有输入、输出节点，所以在 Filter 一栏中选择 Pins：all，然后单击 List 按钮，在窗口左边产生端口列表显示所需节点，单击 >> 图标将所有节点添加到右边空白区，如图 7.22 所示。最后单击 OK 按钮完成节点添加，如图 7.23 所示。

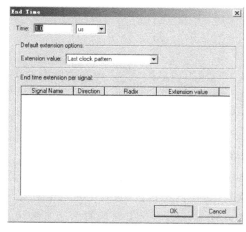

图 7.20　设置仿真时间

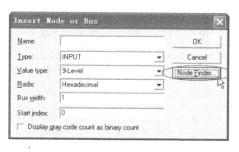

图 7.21　添加节点或总线对话框

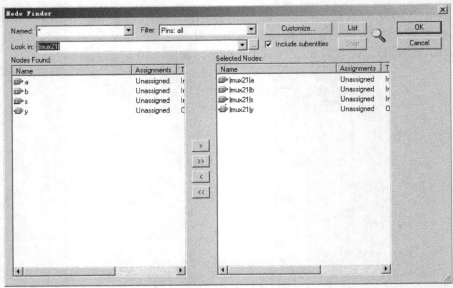

图 7.22　Node Finder 对话框

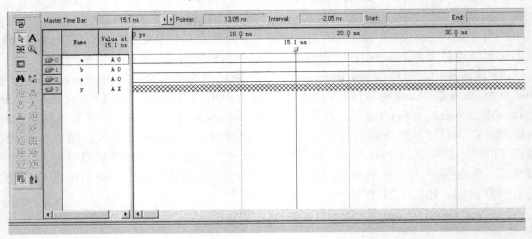

图 7.23　波形编辑区内添加所需节点

(4) 对需要仿真的输入节点设置相应的逻辑值，而输出节点的逻辑值 Quartus II 仿真器仿真后会自动生成。设置节点的逻辑值可采用最简单的方式对指定的时间段指定逻辑值。例如，现对节点 a 0ps 到 20ps 设置为 1，先在 a 波形 0ps 端单击，然后拖动鼠标将光标移至 20ps 处，此时 0ps 到 20ps 段会显示高亮蓝色，如图 7.24 所示。单击 图标将该段时间范围值置 "1"，如图 7.25 所示。或者单击 翻转图标也可达到该目的。

如需要周期信号的话，如现设置节点 s 为周期变化，选择节点 s，s 的波形段变高亮蓝色显示后，单击 图标，弹出 Clock 对话框，在该对话框内可设置时钟周期、占空比。如图 7.26 所示，设置时钟周期为 10ns，占空比为 50%，单击 OK 按钮，完成对节点 s 的设置，如图 7.27 所示，单击保存。

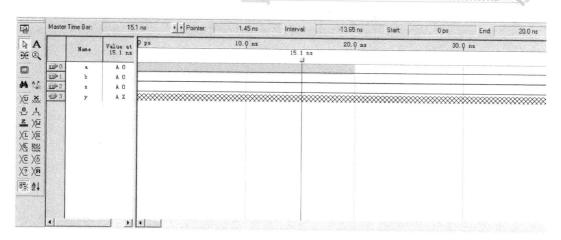

图 7.24　选择时间范围

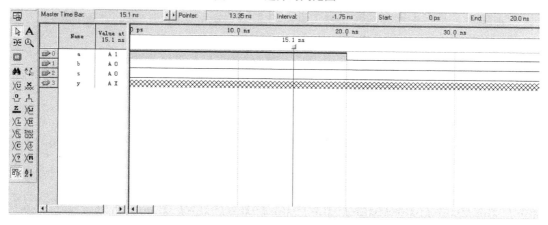

图 7.25　对节点 a 0ps 到 20ps 设置为 1

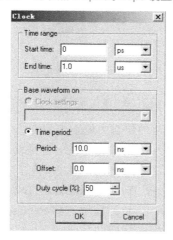

图 7.26　Clock 对话框

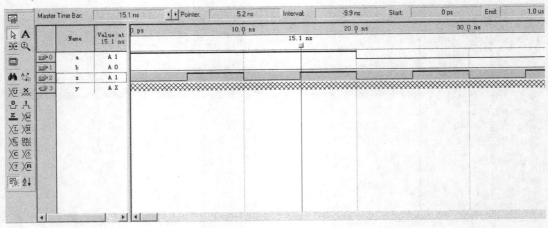

图 7.27　设置节点 s

波形编辑工具栏中还有其他各种工具。图 7.28 显示了工具栏中各工具的功能。

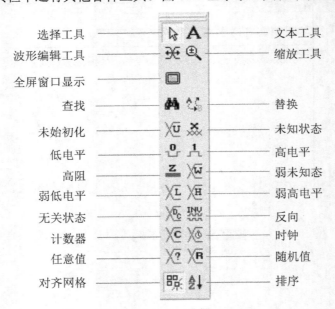

选择工具		文本工具
波形编辑工具		缩放工具
全屏窗口显示		
查找		替换
未始初化		未知状态
低电平		高电平
高阻		弱未知态
弱低电平		弱高电平
无关状态		反向
计数器		时钟
任意值		随机值
对齐网格		排序

图 7.28　波形编辑器工具条

(5) 仿真。Quartus II 提供了两种仿真方法。一种是假定信号在电路传输过程中无任何延时，仅验证逻辑功能，因此称为功能仿真；另一种是仿真时需考虑信号的传输延时，称为时序仿真。功能仿真较为简单、理想化，仿真时间较时序仿真少。

① 功能仿真：在菜单栏中选择 Tools→Simulator Tool 命令，弹出 Simulator Tool 对话框，如图 7.29 所示。先在 Simulation mode 列表框选择 Functional 功能仿真模式，单击 Generate Functional Simulation Netlist 按钮生成相应的仿真网表，然后在 Simulation input 列表框导入仿真文件，再单击 Start 按钮，系统开始仿真。当仿真状态显示 100% 后，可单击 Open 按钮打开仿真后的波形文件，如图 7.30 所示。由图 7.30 所示功能仿真波形结果可得，其输

出 y 与要求相符。

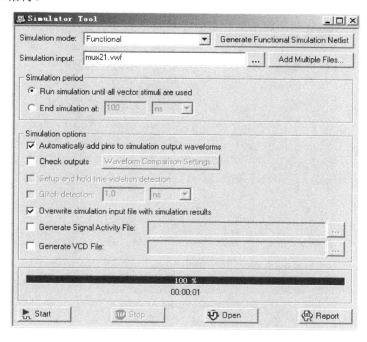

图 7.29　Simulator Tool 对话框

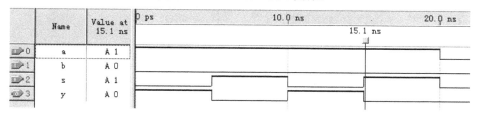

图 7.30　功能仿真结果图

② 时序仿真：在 Simulator Tool 对话框中的 Simulation mode 下拉列表框中选择 Timing 时序仿真模式，然后在 Simulation input 列表框里导入仿真文件，再单击 Start，按钮系统开始仿真。当仿真状态显示 100%后，可单击 Open 按钮打开仿真后的波形文件。

7.2.5　分配引脚

下载到硬件平台上进行测试前，需对设计项目进行引脚锁定，设计项目中的所有输入输出引脚都要与硬件平台上的器件引脚一一对应。在菜单栏中选择 Assignments→Pins 命令，打开引脚分配窗口，如图 7.31 所示。按照设计要求在 Node Name 栏中输入各引脚名称，在 Location 栏选择相应的引脚，也可以在 Location 下输入引脚号(如 pin_50)来快速定位，最终分配的结果如图 7.32 所示。在菜单栏中选择 File→Save 命令来保存分配，然后关闭 Assignment Editor 窗口。注意，保存后需再次编译。

【参考图文】

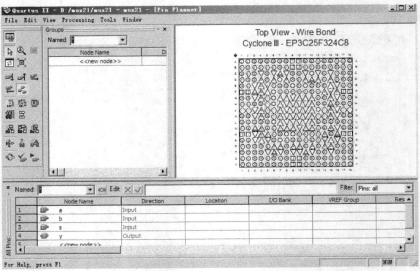

图 7.31　引脚分配

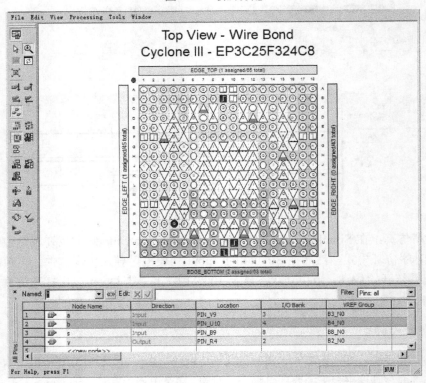

图 7.32　分配引脚

7.2.6　下载验证

引脚分配成功编译后，可下载到硬件实验箱进行验证。在菜单栏选择 Tools→Programmer

命令，也可以单击工具栏上的 按钮。打开编程器窗口并自动打开配置文件(mux21.sof)，如图 7.33 所示。如果没有自动打开配置文件，则需要自己添加需要编程的配置文件。注意，需确保编程器窗口左上角的 Hardware Setup 栏中硬件已经安装，并且确保 Program/Configure 下的方框选中。单击 Start 按钮开始使用配置文件对 FPGA 进行配置，Progress 栏显示配置进度。

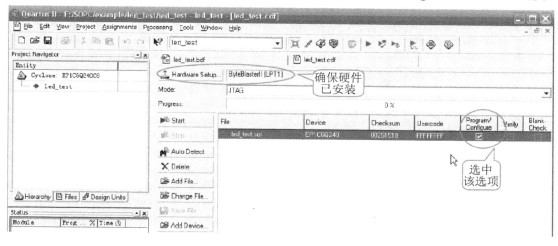

图 7.33　编程器窗口

7.3　自上而下的设计方法

一个项目的设计通常都采用自上而下的设计方法。自上而下的设计是指由项目负责人确定项目的基本框架，然后由项目其他成员分别完成各个功能模块的设计流程。以第 6 章 60 进制计数器设计任务为例，说明该设计方法的流程。

(1) 建立新工程，名为 CNT60_TOP；建立新原理图文件 CNT60_TOP，如图 7.34 所示。

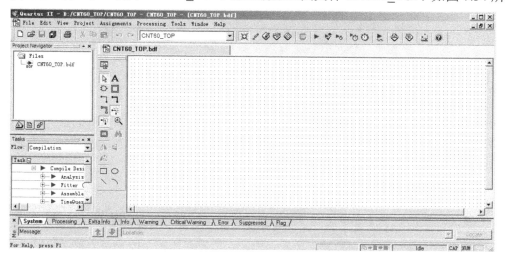

图 7.34　新建工程、文件

VHDL 数字系统设计与应用

(2) 创建图标模块。单击原理图编辑区的工具条中的 **Block Tool** 按钮□，在编辑区内放入符号块，如图 7.35 所示。

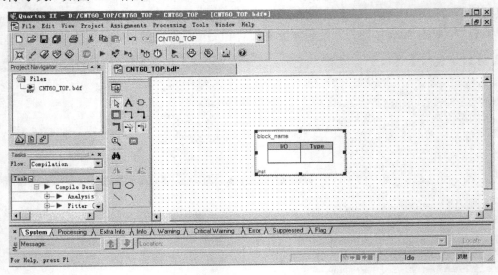

图 7.35　放入符号块

(3) 设置符号块。右击符号块，选择 Block Properties 命令，弹出 Block Properties 对话框，如图 7.36 所示。在该对话框内 Name 文本框中输入相应的文件名称，在 Instance name 文本框中输入模块名称(本例文件名称设为 CNT60，模块名称为 inst)。单击 I/Os 选项卡，在 Name 文本框中输入相应的引脚名称，在 Type 文本框中选择引脚的输入、输出类型，如图 7.37 所示。单击"确定"按钮，完成模块的属性设置，如图 7.38 所示。

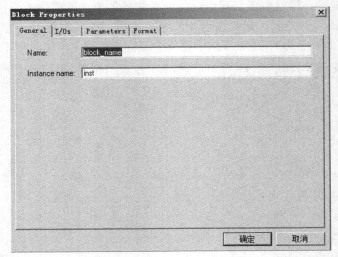

图 7.36　Block Properties 对话框的 General 选项卡

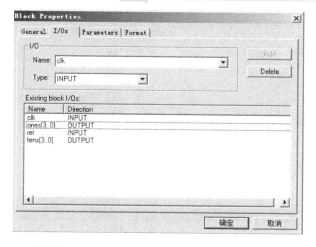

图 7.37 Block Properties 对话框的 I/Os 选项卡

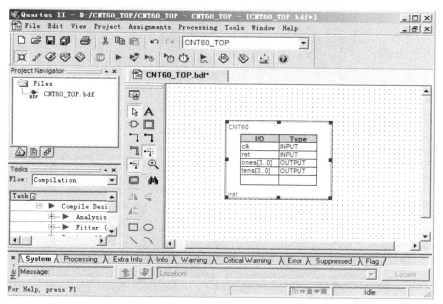

图 7.38 设置完毕

(4) 添加并设置引线。CNT60 模块有两个输入端和两个输出端，通常模块左侧放置输入接口信号，右侧放置输出接口信号，所以在模块两侧分别接上两条连线和两条总线作为引线，如图 7.39 所示。在每条引线和模块相接处都有一个▓图标，双击其中一个图标可对该接口引线进行相应属性设置。例如，双击左侧的第一条，弹出 Mapper Properties 对话框，在 General 选项卡的 Type 下拉列表框中选择 INPUT，如图 7.40 所示。在 Mappings 选项卡的 I/O on block 下拉列表框中选择该引线的需连接的引脚端口，在 Signals in node 下拉列表框中输入引线名称，本例将模块左侧第一条线与 clk 信号端连接，并取名为 clk，单击 Add 按钮，最后单击"确定"按钮，完成该引线属性设置，如图 7.41 所示。clk 引线设置完毕的窗口如图 7.42 所示。

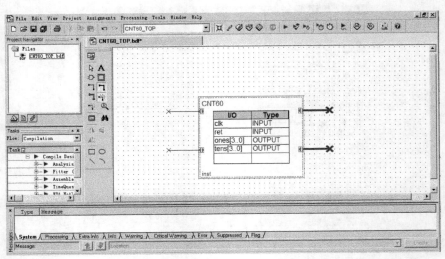

图 7.39　添加引线

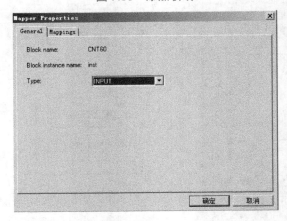

图 7.40　"Mapper Properties" 对话框的 "General" 选项卡

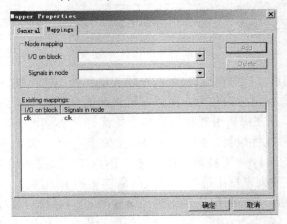

图 7.41　Mapper Properties 对话框的 Mappings 选项卡

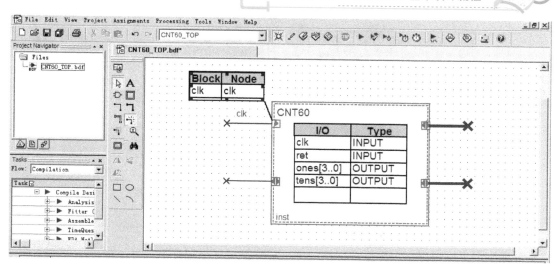

图 7.42　clk 引线设置完毕

按照同样的方法，设置其余的引线，设置完毕如图 7.43 所示。

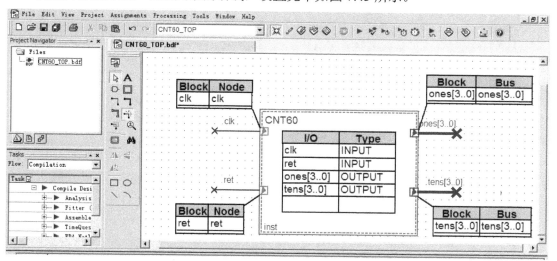

图 7.43　引线属性设置完毕

(5) 创建设计文件。右击模块选择 Create Design File from Selected Block 命令，出现 Create Design File from Selected Block 对话框，在该对话框可设置模块文件类型及文件名称，如图 7.44 所示。注意，默认 Add the new design file to the current project 选项选中，令该文件添加到工程中去。单击 OK 按钮，会弹出模块文件产生确认对话框，单击"确定"按钮，立即进入 VHDL 文本编辑窗口，如图 7.45 所示。

(6) 输入相应代码。在 VHDL 编辑窗口内，在现有的代码上修改所需代码。模块的创建和设置基本完成。

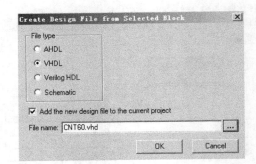

图 7.44 "Create Design File from Selected Block" 对话框

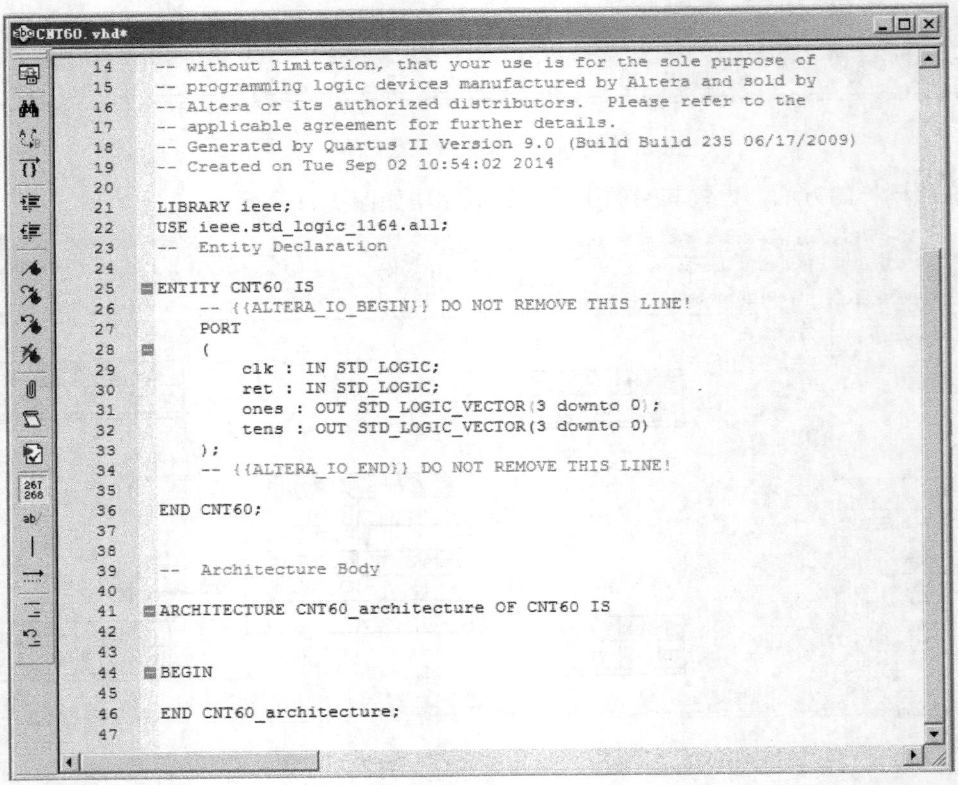

```
14   -- without limitation, that your use is for the sole purpose of
15   -- programming logic devices manufactured by Altera and sold by
16   -- Altera or its authorized distributors.  Please refer to the
17   -- applicable agreement for further details.
18   -- Generated by Quartus II Version 9.0 (Build Build 235 06/17/2009)
19   -- Created on Tue Sep 02 10:54:02 2014
20
21   LIBRARY ieee;
22   USE ieee.std_logic_1164.all;
23   --    Entity Declaration
24
25   ENTITY CNT60 IS
26       -- {{ALTERA_IO_BEGIN}} DO NOT REMOVE THIS LINE!
27       PORT
28       (
29           clk : IN STD_LOGIC;
30           ret : IN STD_LOGIC;
31           ones : OUT STD_LOGIC_VECTOR(3 downto 0);
32           tens : OUT STD_LOGIC_VECTOR(3 downto 0)
33       );
34       -- {{ALTERA_IO_END}} DO NOT REMOVE THIS LINE!
35
36   END CNT60;
37
38
39   --   Architecture Body
40
41   ARCHITECTURE CNT60_architecture OF CNT60 IS
42
43
44   BEGIN
45
46    END CNT60_architecture;
47
```

图 7.45 VHDL 文本编辑窗口

(7) 添加其他模块完成顶层电路设计。重复前面的操作步骤完成其他模块的添加设置，将各模块连接，以完成顶层电路设计，如图 7.46 所示。

(8) 编译。

(9) 仿真。

(10) 引脚分配。

(11) 下载验证。

步骤(8)～(11)和前面介绍的操作步骤相同。

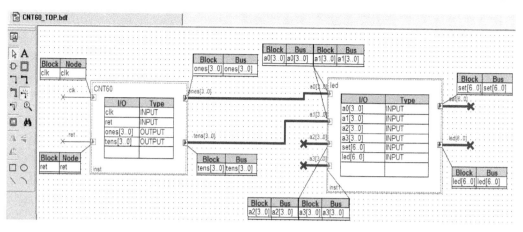

图 7.46　顶层电路设计

第8章

综 合 实 验

【本章教学目标与要求】

学习比较复杂电子系统设计的思想和方法。

本章介绍了 14 个综合性实验，实验主要阐述了基本的实验原理，在此基础上设计了一个演示性实验，每个实验后都有一个扩展性实验，在演示性实验的基础上要求进行修改和综合前文的理论实验和其他综合实验一起完成扩展性实验，这样有助于循序渐进地学习。

本实验章节中的硬件平台是 SmartSOPC+实验平台。SmartSOPC+是广州周立功单片机公司生产的教学实验开发平台，集多种功能于一体，该平台可以完成 SOPC、EDA、DSP、ARM7 SOC、ARM 及 51 单片机教学实验，本章节利用了该平台的 EDA 实验功能。开发平台采用核心板加主板的结构，更换核心板即可实现不同的功能。本章的实验可以在该平台上直接运行，如果是不同平台，则只需要根据各自的硬件平台修改相应的与硬件平台有关的代码即可。

8.1　动态数码管显示

数码管 LED 显示是工程项目中使用较广的一种输出显示器件，它们有多种样式，如图 8.1 所示为常见的 LED 数码管。LED 数码管是由多个发光二极管封装在一起组成各种字型或者笔划的器件，引线已在内部连接完成，只需引出它们的各个笔划，公共电极即可构成。如图 8.2 所示为常见的 8 段数码管，有共阴和共阳两种。共阴数码管是将 8 个发光二极管的阴极连接在一起作为公共端，而共阳数码管是将 8 个发光二极管的阳极连接在一起作为公共端。公共端常被称作位码，而将其他的 8 位称作段码。例如，共阳数码管有 8 个段，分别为 A、B、C、D、E、F、G 和 H(H 为小数点)，只要公共端为高电平"1"，某个段输出低电平"0"，则相应的段就亮。例如，数码管的 8 个段 A、B、C、D、E、F、G、H 分别接 1、0、0、1、1、1、1、1，数码管就显示"1"。

SmartSOPC+实验箱有 8 个数码管，8 个数码管分别由 8 个选通信号 DIG0～DIG7 来选择，其中每个数码管的 8 个段：A、B、C、D、E、F、G、H(H 是小数点)都分别连到 SEG0～SEG7，当被选通的数码管显示数据时，其余关闭。例如，在某一时刻 DIG2 为低电平"0"，其余选通信号为高电平 "0"，这时仅 DIG2 对应的数码管显示来自段码信号端的数据，而其他 7 个数码管呈现关闭状态。根据这种电路状态，如果希望 8 个数码管显示希望的数据，就必须使得 8 个选通信号 DIG0～DIG7 分别被单独选通，与此同时，在段信号输入口加上希望在该对应数据管上显示的数据，于是随着选通信号的扫描就能实现扫描显示的目的。虽然每次只有一个 LED 显示，但只要扫描显示速率够快，如扫描频率达到 1kHz 时，由于人的视觉暂留效应，使我们仍会感觉所有的数码管都在同时显示。

【参考图文】

图 8.1　常见的 LED 数码管

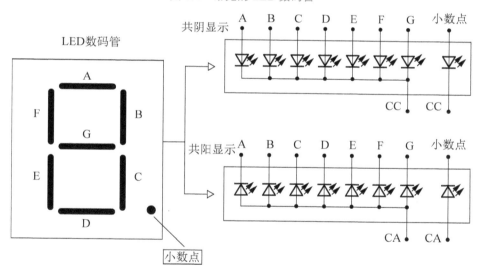

图 8.2　常见的 8 段数码管

设计任务 1：利用兆功能模块和分频模块在数码管上显示 12345678。

设计步骤：

1. 添加兆功能模块

(1) 在菜单栏中选择 Tools→MegaWizard Plug-In Manager...命令，打开如图 8.3 所示添加兆功能模块向导。选择 Create a new custom megafunction variation 选项，新建一个兆功能模块。

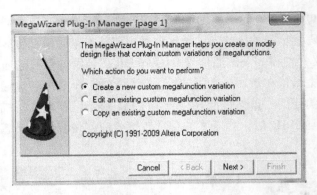

图 8.3　兆功能模块向导

(2) 单击图 8.3 所示对话框中的 Next 按钮，进入向导第 2 页。按图 8.4 所示进行选择和设置。

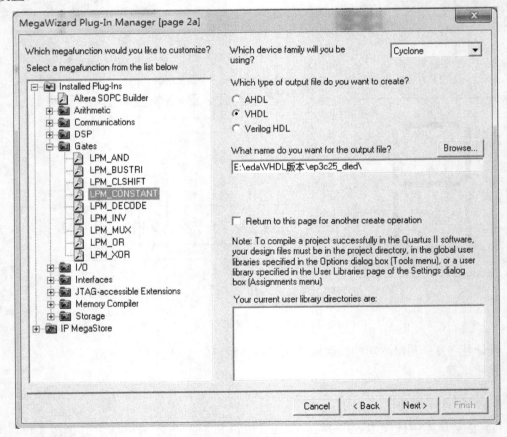

图 8.4　添加兆功能模块向导

(3) 单击图 8.4 所示对话框中的 Next 按钮，进入向导第 3 页。按图 8.5 所示进行选择和设置。

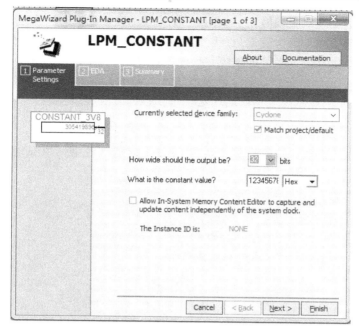

图 8.5　兆功能模块设置

(4) 单击图 8.5 所示对话框中的 Next 按钮，进入向导第 4 页，按要求完成常量兆功能模块的添加。

2. 为动态显示扫描时间提供时钟

本实验提供一个分频器为显示模块提供时钟基准。添加 int_div 模块到顶层文件中，修改参数为 48000，由于实验箱提供 48MHz 晶振，这样通过分频器提供 1kHz 的扫描频率。

3. 添加显示模块

模块中输入有时钟信号 clk，数据输入端 d[31..0]，其中每 4 位是一个数码管要显示的数，8 个数码管共 32 位。输出端是位码共 8 位，段码共 8 位。创建顶层文件如图 8.6 所示。

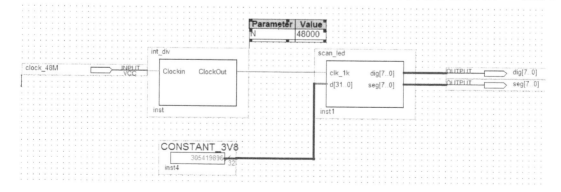

图 8.6　顶层文件图

动态扫描显示时刷新率最好大于 50Hz，即每显示完一轮的时间不超过 20ms，每个数码管显示的时间不能太长也不能太短，时间太长可能会影响刷新率，导致总体显示呈现闪烁的状态；时间太短发光二极管的电流导通时间也就短，会影响总体的显示亮度。因此，显示时间一般控制在 1ms 左右。修改分频器参数为 48000000，分频时钟为 1Hz。观察显示"12345678"一个一个显示出来了，这正是动态扫描的方法和过程。

4. 显示功能模块设计

模块要求连接兆功能模块和分频模块在 LED 上显示"12345678"。显示模块的程序样例如下：

```vhdl
LIBRARY IEEE;
USE IEEE.STD_LOGIC_1164.ALL;
USE IEEE.STD_LOGIC_Arith.ALL;
USE IEEE.STD_LOGIC_Unsigned.ALL;


ENTITY scan_led IS
PORT(clk_1k: IN STD_LOGIC;
      d: IN STD_LOGIC_VECTOR(31 DOWNTO 0);      --输入要显示的数据
      dig: OUT STD_LOGIC_VECTOR(7 DOWNTO 0);     --数码管选择输出引脚
      seg: OUT STD_LOGIC_VECTOR(7 DOWNTO 0));    --数码管段输出引脚
END ENTITY;


ARCHITECTURE one OF scan_led IS
SIGNAL  seg_r: STD_LOGIC_VECTOR(7 DOWNTO 0);     --定义数码管输出寄存器
SIGNAL  dig_r: STD_LOGIC_VECTOR(7 DOWNTO 0);     --定义数码管选择输出寄存器
SIGNAL disp_dat: STD_LOGIC_VECTOR(3 DOWNTO 0);   --定义显示数据寄存器
SIGNAL count: STD_LOGIC_VECTOR(2 DOWNTO 0);      --定义计数寄存器
BEGIN
dig<=dig_r;
seg<=seg_r;
PROCESS(clk_1k)
BEGIN
  IF RISING_EDGE(clk_1k) THEN
      count<=count+1;
  END IF;
END PROCESS;


PROCESS(clk_1k)
BEGIN
  IF RISING_EDGE(clk_1k) THEN
      CASE count IS
      WHEN "000"=>    disp_dat<=d(31 DOWNTO 28);  --第一个数码管
```

```
    WHEN "001"=>      disp_dat<=d(27 DOWNTO 24);    --第二个数码管
    WHEN "010"=>      disp_dat<=d(23 DOWNTO 20);    --第三个数码管
    WHEN "011"=>      disp_dat<=d(19 DOWNTO 16);    --第四个数码管
    WHEN "100"=>      disp_dat<=d(15 DOWNTO 12);    --第五个数码管
    WHEN "101"=>      disp_dat<=d(11 DOWNTO 8);     --第六个数码管
    WHEN "110"=>      disp_dat<=d(7 DOWNTO 4);      --第七个数码管
    WHEN "111"=>      disp_dat<=d(3 DOWNTO 0);      --第八个数码管
    END CASE;


    CASE count IS                                   --选择数码管显示位
    WHEN "000"=>      dig_r<="01111111";            --选择第一个数码管显示
    WHEN "001"=>      dig_r<="10111111";            --选择第二个数码管显示
    WHEN "010"=>      dig_r<="11011111";            --选择第三个数码管显示
    WHEN "011"=>      dig_r<="11101111";            --选择第四个数码管显示
    WHEN "100"=>      dig_r<="11110111";            --选择第五个数码管显示
    WHEN "101"=>      dig_r<="11111011";            --选择第六个数码管显示
    WHEN "110"=>      dig_r<="11111101";            --选择第七个数码管显示
    WHEN "111"=>      dig_r<="11111110";            --选择第八个数码管显示
    END CASE;
  END IF;
END PROCESS;


PROCESS(disp_dat)
BEGIN
  CASE disp_dat IS
    WHEN X"0"=> seg_r<=X"c0";                       --显示 0
    WHEN X"1"=> seg_r<=X"f9";                       --显示 1
    WHEN X"2"=> seg_r<=X"a4";                       --显示 2
    WHEN X"3"=> seg_r<=X"b0";                       --显示 3
    WHEN X"4"=> seg_r<=X"99";                       --显示 4
    WHEN X"5"=> seg_r<=X"92";                       --显示 5
    WHEN X"6"=> seg_r<=X"82";                       --显示 6
    WHEN X"7"=> seg_r<=X"f8";                       --显示 7
    WHEN X"8"=> seg_r<=X"80";                       --显示 8
    WHEN X"9"=> seg_r<=X"90";                       --显示 9
    WHEN X"a"=> seg_r<=X"88";                       --显示 a
    WHEN X"b"=> seg_r<=X"83";                       --显示 b
    WHEN X"c"=> seg_r<=X"c6";                       --显示 c
    WHEN X"d"=> seg_r<=X"a1";                       --显示 d
    WHEN X"e"=> seg_r<=X"86";                       --显示 e
    WHEN X"f"=> seg_r<=X"8e";                       --显示 f
  END CASE;
```

```
END PROCESS;
END;
```

任务进阶设计 1：如何让数管码显示"HJL"等字母。

任务分析：要显示"HJL"等字母，只需要修改字形译码部分，根据显示规律修改译码部分的译码值就可以显示这些字母。

任务进阶设计 2：结合第 6 章的交通灯的设计任务，能显示正常的各个灯亮倒计时秒数。

8.2　数控分频器设计

数控分频器的功能就是当输入端输入不同的数据时，产生不同的分频比，从而产生不同的频率值。本实验是用计数值与并行预置的分频数比较设计完成的，方法是将计数值与预置的分频数进行比较决定溢出位，溢出位与输入信号相接即可。

设计任务：在 SmartSOPC+实验箱上实现数控分频器的设计。在 clk 输入 70kHz 的频率信号(由 int_div 模块分频得到)或更高(要确保分频后落在音频范围)；输出 fout 接蜂鸣器 BUZZER，由 key 控制输入 8 位预置数。

设计步骤：设计数控分频模块 pulse，建立波形仿真文件进行功能仿真验证，如图 8.7 所示。

图 8.7　分频器波形仿真图

顶层原理图如图 8.8 所示。

【参考图文】

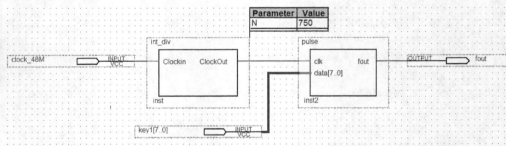

图 8.8　数控分频器顶层原理图

配置引脚，将输出引脚配置在蜂鸣器上，通过拨动开关设置分频器，观察蜂鸣器声音的变化。

数控分频模块 pulse 的程序如下：

```
LIBRARY IEEE;
USE IEEE.STD_LOGIC_1164.ALL;
```

```
USE IEEE.STD_LOGIC_Arith.ALL;
USE IEEE.STD_LOGIC_Unsigned.ALL;

ENTITY pulse IS
PORT(clk: IN STD_LOGIC;
    data: IN STD_LOGIC_VECTOR(7 DOWNTO 0);
    fout: OUT STD_LOGIC);
END;

ARCHITECTURE one OF pulse IS
SIGNAL fout_r: STD_LOGIC;
SIGNAL cnt8: STD_LOGIC_VECTOR(7 DOWNTO 0);    --8 位计数器
SIGNAL full: STD_LOGIC;                        --溢出标志位
SIGNAL cnt2: STD_LOGIC;
BEGIN
fout<=fout_r;                                  --分频输出
PROCESS(clk)
BEGIN
  IF RISING_EDGE(clk) THEN
    IF cnt8=X"FF" THEN
        cnt8<=data;              --当 cnt8 计数计满时,输入数据 Data 被同
                                   步预置给计数器 Cnt8
        full<='1';               --同时使溢出标志信号 full 输出为高电平
    ELSE
        cnt8<=cnt8+1;            --否则继续做加 1 计数
        full<='0';              --且输出溢出标志信号 full 为低电平
    END IF;
  END IF;
END PROCESS;

PROCESS(full)
BEGIN
  IF RISING_EDGE(full) THEN
        cnt2<=NOT cnt2;          --如果溢出标志信号 full 为高电平,D 触发
                                   器输出取反
        IF cnt2='1' THEN
            fout_r<='1';
        ELSE
            fout_r<='0';
        END IF;
    END IF;
```

```
END PROCESS;
END;
```

任务进阶设计：尝试通过不同分频设计一个琴键键盘。

任务分析：不同按键发出不同频率的发音。表 8-1 为不同音的频率。

表 8-1 音频率对应表

音　　名	频率/Hz	音　　名	频率/Hz	音　　名	频率/Hz
低音 1	261.6	中音 1	523.3	高音 1	1045.5
低音 2	293.7	中音 2	587.3	高音 2	1174.7
低音 3	329.6	中音 3	659.3	高音 3	1318.5
低音 4	349.2	中音 4	698.5	高音 4	1396.9
低音 5	392	中音 5	784	高音 5	1568
低音 6	440	中音 6	880	高音 6	1760
低音 7	493.9	中音 7	987.8	高音 7	1975.5

8.3 序列脉冲检测器——有限状态机实现

序列检测器在很多数字系统中都不可缺少，尤其是在通信系统当中。序列检测器的作用就是从一系列的码流中找出用户希望出现的序列，序列可长可短。例如，在通信系统中，数据流帧头的检测就属于一个序列检测器。序列检测器的类型有很多种，有逐比特比较的，有逐字节比较的，也有其他的比较方式，实际应用中需要采用何种比较方式，主要是看序列的多少及系统的延时要求。

设计任务：设计一个序列检测器，并在 SmartSOPC+实验箱上进行硬件测试。用 key1 控制复位，key2 控制状态机时钟、key3～key6 控制输入待检预置数和检测预置数(检测密码)，并显示于数码管 1、2 和 5、6。注意本实验不考虑序列重叠的情况。

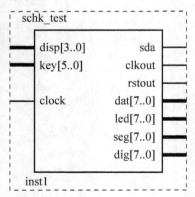

图 8.9 序列检测测试模块

设计步骤：为了配合硬件测试，本实验提供了一个测试模块(schk_test)，如图 8.9 所示。

模块的各端口说明如下：

clock：系统时钟输入(48MHz)。

key[5..0]：按键输入。

disp[3..0]：序列检测器检测结果输入(显示于数码管 8)。

sda：串行序列码输出。

clkout：序列检测器状态机时钟输出。

rstout：序列检测器复位信号输出。

dat [7..0]：检测预置数输出。

led[7..0]：LED 输出。

seg[7..0]：数码管段输出。

dig[7..0]：数码管位输出。

该模块主要用于产生序列检测器所需的时钟、复位、串行输入序列码及预置数等信号；同时处理按键、显示等操作。在这里不对这个模块做详细介绍，请读者自行分析。

设计序列检测器，编译仿真通过后按图 8.10 设计顶层文件，配置引脚，下载程序后按 key3、key4 输入检测预置数(在数码管 4、5 上显示)，假设为 "11001001" (C9)；按 key1、key2 输入待检测序列码(在数码管 1、2 上显示)，也是 "11001001" (C9)；设置好之后按 key5 复位(平时数码管 8 显示 "0")，然后按 key6(clk)8 次，待检测序列码将串行输入，输入过程显示于 led1~led8 上，若串行输入的序列码(led1~led8)和预置序列码相同，数码管 8 显示 "F"；否则仍显示 "0"。更改检测预置数，重复以上步骤，再做验证。

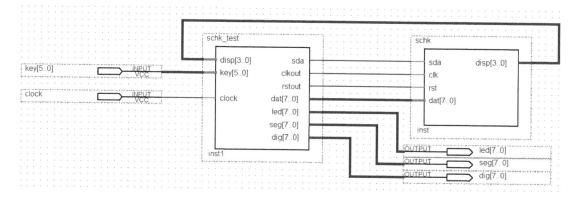

图 8.10　设计顶层文件结构

其中，schk 模块为序列检测模块，参考程序如下：

```
LIBRARY IEEE;
USE IEEE.STD_LOGIC_1164.ALL;
USE IEEE.STD_LOGIC_UNSIGNED.ALL;
USE IEEE.STD_LOGIC_ARITH.ALL;

ENTITY schk IS
PORT(sda: IN STD_LOGIC;                              --串行序列码输入
     clk: IN STD_LOGIC;                              --时钟信号输入
     rst: IN STD_LOGIC;                              --复位信号输入
     dat: IN STD_LOGIC_VECTOR(7 DOWNTO 0);           --输入待检测预置数
     disp: OUT STD_LOGIC_VECTOR(3 DOWNTO 0));        --检测结果输出
END;

ARCHITECTURE one OF schk IS
SIGNAL disp_r: STD_LOGIC_VECTOR(3 DOWNTO 0);         --检测结果输出寄存器
```

```vhdl
TYPE states IS (s0,s1,s2,s3,s4,s5,s6,s7,s8);
SIGNAL state:states;
BEGIN
PROCESS(clk,rst)
BEGIN
 IF rst='0'  THEN
     state<=s0;                                    --复位
 ELSE
     IF RISING_EDGE(clk) THEN
         CASE state IS
             WHEN s0=>                             --状态 0
                 IF sda=dat(7) THEN
                     state<=s1;
                 ELSE
                     state<=s0;
                 END IF;
             WHEN s1=>                             --状态 1
                 IF sda=dat(6) THEN
                     state<=s2;
                 ELSE
                     state<=s0;
                 END IF;
             WHEN s2=>                             --状态 2
                 IF sda=dat(5) THEN
                     state<=s3;
                 ELSE
                     state<=s0;
                 END IF;
             WHEN s3=>                             --状态 3
                 IF sda=dat(4) THEN
                     state<=s4;
                 ELSE
                     state<=s0;
                 END IF;
             WHEN s4=>                             --状态 4
                 IF sda=dat(3) THEN
                     state<=s5;
                 ELSE
                     state<=s0;
                 END IF;
             WHEN s5=>                             --状态 5
```

```
                    IF sda=dat(2) THEN
                        state<=s6;
                    ELSE
                        state<=s0;
                    END IF;
                WHEN s6=>                              --状态 6
                    IF sda=dat(1) THEN
                        state<=s7;
                    ELSE
                        state<=s0;
                    END IF;
                WHEN s7=>                              --状态 7
                    IF sda=dat(0) THEN
                        state<=s8;
                    ELSE
                        state<=s0;
                    END IF;
                WHEN OTHERS=>
                    state<=s0;
            END CASE;
        END IF;
    END IF;
END PROCESS;


PROCESS(state)
BEGIN
    IF state=s8 THEN
        disp_r<=X"F";                    --序列码检测正确,输出"F"
    ELSE
        disp_r<=X"0";                    --序列码检测错误,输出"0"
    END IF;
END PROCESS;

disp<=disp_r;                            --输出检测结果
END;
```

　　任务进阶设计 1：自行设计一个 5 位二进制序列"10010"的检测器，考虑序列重叠可能，要求能区别重叠序列。

　　任务分析：考虑重叠情况首先需要绘制出状态转换图，再根据状态转换图编写演示实验的内容就简单多了。状态转换图如图 8.11 所示。

　　任务进阶设计 2：设计一个 5 位二进制序列，可设置发生器供进阶设计 1 测试使用。

任务分析：实验中提供一个测试模块，其中有序列发生程序，自行参考源代码，分析代码找出序列产生部分代码，自行修改设计一个 5 位二进制序列发生器。

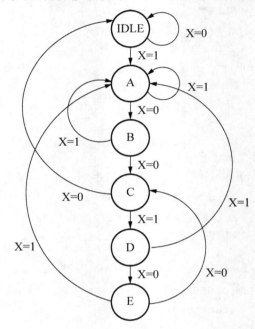

图 8.11　状态转换图

8.4　移位相加 8 位硬件乘法器

纯组合逻辑结构构成的乘法器虽然工作速度比较快，但过于占用硬件资源，难以实现宽位乘法器；基于 PLD 器件外接 ROM 九九表的乘法器则无法构成单片系统，也不实用。本实验是由 8 位加法器构成的以时序逻辑方式设计的 8 位乘法器，具有一定的实用价值。其原理是：乘法通过逐位相加原理来实现，从被乘数的最低位开始，若为 1，则乘数左移后与上一次的和相加；若为 0，则左移后以全 0 相加，直至被乘数的最高位。这种方法资源消耗较少，需要一个加法器和一个移位寄存器。移位相加乘法器的最大缺点是速度慢，8bit 乘法需要 8 个时钟周期才能得到结果。移位相加乘法器可以用状态机进行控制。

设计任务：设计 8 位二进制数乘法器，将结果显示在数码管上。

设计步骤：为了配合硬件测试，本实验提供了一个按键显示模块 key_led 模块。模块的各端口说明如下：

clock：系统时钟输入(48MHz)。

key[7..0]：按键输入。

data[15..0]：运算结果输入(显示于数码管)。

hex：4 位十六进制数输出(在数码管 1～4 显示)。

bin：4 位二进制数输出(在 led1～led4 显示)。

seg[7..0]：数码管段输出。

dig[7..0]：数码管位输出。

该模块主要用于按键输入乘数和被乘数，并将计算结果显示在数码管上。在这里不对这个模块做详细介绍，请读者自行分析。

编译仿真通过后按图 8.12 设计顶层文件，配置管脚，下载程序后按 key1～key4 输入乘被乘数(十六进制数)，按计算键 key5 使 led1 亮，此时乘积即显示在数码管 5～8 上，验证计算结果。

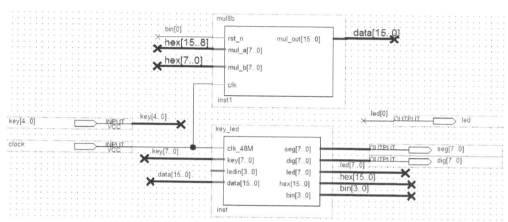

图 8.12　设计顶层文件结构

其中，mul8b 模块为序列检测模块，参考程序如下：

```
LIBRARY IEEE;
USE IEEE.STD_LOGIC_1164.ALL;
USE IEEE.STD_LOGIC_Arith.ALL;
USE IEEE.STD_LOGIC_Unsigned.ALL;

ENTITY mul8b IS
PORT(clk: IN STD_LOGIC;
    rst_n: IN STD_LOGIC;
    mul_a,mul_b:IN STD_LOGIC_VECTOR(7 DOWNTO 0);
    mul_out: OUT STD_LOGIC_VECTOR(15 DOWNTO 0));
END;

ARCHITECTURE one OF mul8b IS
TYPE states IS (S0,S1,S2);              --状态机参数
SIGNAL state: states;
SIGNAL mul_out_r: STD_LOGIC_VECTOR(15 DOWNTO 0);
SIGNAL p,t: STD_LOGIC_VECTOR(15 DOWNTO 0);
SIGNAL mul_r: STD_LOGIC_VECTOR(7 DOWNTO 0);
SIGNAL count: STD_LOGIC_VECTOR(3 DOWNTO 0);
```

```
BEGIN

PROCESS(clk,rst_n)
BEGIN
  IF RISING_EDGE(clk) THEN
      IF rst_n='0' THEN
          mul_out_r<=X"0000";
          p<=X"0000";
          t<=X"0000";
          mul_r<=X"00";
          count<=X"0";
          state<=s0;
      ELSE
          CASE state IS                    --初始状态 s0
              WHEN s0=>
                  mul_r<=mul_a;
                  state<=s1;
                  count<=X"0";
                  p<=X"0000";
                  t<=(X"00" & mul_b);
              WHEN s1=>                      --初始状态 s1
                  IF  count=X"8" THEN
                      state<=s2;
                  ELSE
                      IF mul_r(0)='1' THEN
                          p<=p+t;
                      END IF;
                      mul_r<='0' & mul_r(7 DOWNTO 1);
                      t<=(t(14 DOWNTO 0) & '0');
                      count<=count+1;
                      state<=s1;
                  END IF;
              WHEN s2=>                      --状态 s2
                  mul_out_r<=p;              --输出计算值
                  state<=s0;
              WHEN OTHERS=>
                  state<=s0;
          END CASE;
      END IF;
  END IF;
END PROCESS;
mul_out<=mul_out_r;                          --输出计算结果
END;
```

任务进阶设计：编写一个利用移位相加原理实现 N 位×N 位二进制乘法运算的 VHDL 通用程序。

任务分析：本书实验详细地讲解了移位相加的 8 位乘法器，将它扩展为 N 位时只需要将源码的位宽稍作修改即可实现。

8.5 数字时钟实验

数字钟是一种用数字电路技术实现时、分、秒计时的装置，与机械式时钟相比具有更高的准确性和直观性，而且无机械装置，具有更长的使用寿命，因此得到了广泛的使用。数字钟从原理上讲是一种典型的数字电路，其中包括了组合逻辑电路和时序电路。因此，我们此次设计与制作数字钟就是为了了解数字钟的原理，从而学会制作数字钟。

一个完整的时钟应由 3 部分组成：秒脉冲发生电路、计数显示部分和时钟调整部分。一个时钟的准确与否主要取决于秒脉冲的精确度。为了保证计时准确，我们对系统时钟 48MHz 进行了 48000000 分频，从而得到 1Hz 的秒脉冲。

设计任务：完成一个可以计时的数字时钟，其显示时间是 00:00:00～23:59:59，并且该时钟具有暂停计时、校时、清零等功能。

设计步骤：定义 3 个键 keystart、keymon 和 keyadd，分别用于控制时钟的计时开始、调整功能选择和加 1 处理，从而完成对时间的调整。设计过程中要注意给按键去抖，否则会有按键误判，时钟的不同模式之间的切换利用状态机实现。实验的显示部分参考动态数码管显示实验。实验参考程序如下：

```
LIBRARY IEEE;
USE IEEE.STD_LOGIC_1164.ALL;
USE IEEE.STD_LOGIC_Arith.ALL;
USE IEEE.STD_LOGIC_Unsigned.ALL;


ENTITY    clock IS
PORT(clk_48M:IN STD_LOGIC;                          --输入时钟
     key: IN STD_LOGIC_VECTOR(3 DOWNTO 0);
     dig: OUT STD_LOGIC_VECTOR(7 DOWNTO 0);
     seg: OUT STD_LOGIC_VECTOR(7 DOWNTO 0));
END;


ARCHITECTURE one OF clock IS
SIGNAL seg_r: STD_LOGIC_VECTOR(7 DOWNTO 0);
SIGNAL dig_r: STD_LOGIC_VECTOR(7    DOWNTO 0);
SIGNAL disp_dat: STD_LOGIC_VECTOR(3 DOWNTO 0);
SIGNAL count: STD_LOGIC_VECTOR(24    DOWNTO 0);      --定义计数寄存器
SIGNAL hour: STD_LOGIC_VECTOR(23 DOWNTO 0);         --定义现在时刻
                                                      寄存器
```

```
SIGNAL sec,keyen: STD_LOGIC;                              --定义标志位
SIGNAL dout1,dout2,dout3:STD_LOGIC_VECTOR(3 DOWNTO 0);    --寄存器
SIGNAL key_done,key_edge:STD_LOGIC_VECTOR(3 DOWNTO 0);    --按键消抖输出
SIGNAL  flag: STD_LOGIC_VECTOR(1 DOWNTO 0);
BEGIN
dig<=dig_r;
seg<=seg_r;

PROCESS(clk_48M)
BEGIN
  IF RISING_EDGE(clk_48M)THEN
      IF count=B"1_0110_1110_0011_0110_0000_0000"THEN--24M--0.5S 到了吗
          count<=B"0_0000_0000_0000_0000_0000_0000"; --清零
          sec<=NOT sec;                               --置位秒标志
      ELSE
          count<=count+1;
      END IF;
  END IF;
END  PROCESS;
    --------------------------------<<按键消抖处理部分
PROCESS(clk_48M,count(16))
BEGIN
  IF RISING_EDGE( count(16) ) THEN
      dout1<=key;
      dout2<=dout1;
      dout3<=dout2;
  END IF;
END PROCESS;

PROCESS(clk_48M)
BEGIN
  IF RISING_EDGE(clk_48M)THEN
      key_done<=(dout1 OR dout2 OR dout3);             --按键消抖输出
  END IF;
END PROCESS;

key_edge<=(NOT (dout1 OR dout2 OR dout3))AND key_done;--按键边沿检测部分


PROCESS(key_done(1))                                  --按键2,用于模式切换
BEGIN
  IF falling_EDGE(key_done(1))THEN
```

```
            IF flag="10"      THEN
                flag<="00";
            ELSE
                flag<=flag+1;
            END IF;
        END IF;
    END PROCESS;
-------------------------------<<数码管动态扫描显示部分
PROCESS(clk_48M)
BEGIN
IF RISING_EDGE( clk_48M ) THEN
    CASE count(17 DOWNTO 15) IS                    --选择数据扫描的快慢
        WHEN "000"=> disp_dat<=hour(3 DOWNTO 0);   --秒个位
        WHEN "001"=> disp_dat<=hour(7 DOWNTO 4);   --秒十位
        WHEN "010"=> disp_dat<=X"a";               --显示"-"
        WHEN "011"=> disp_dat<=hour(11 DOWNTO 8);  --分个位
        WHEN "100"=> disp_dat<=hour(15 DOWNTO 12); --分十位
        WHEN "101"=> disp_dat<=X"a";               --显示"-"
        WHEN "110"=> disp_dat<=hour(19 DOWNTO 16); --时个位
        WHEN "111"=> disp_dat<=hour(23 DOWNTO 20); --时十位
    END CASE;

    CASE count(17 DOWNTO 15) IS                    --选择数据扫描的快慢
        WHEN "000"=> dig_r<="11111110";            --选择第一个数码管显示
        WHEN "001"=> dig_r<="11111101";            --选择第二个数码管显示
        WHEN "010"=> dig_r<="11111011";            --选择第三个数码管显示
        WHEN "011"=> dig_r<="11110111";            --选择第四个数码管显示
        WHEN "100"=> dig_r<="11101111";            --选择第五个数码管显示
        WHEN "101"=> dig_r<="11011111";            --选择第六个数码管显示
        WHEN "110"=> dig_r<="10111111";            --选择第七个数码管显示
        WHEN "111"=> dig_r<="01111111";            --选择第八个数码管显示
    END CASE;
END IF;
END PROCESS;

PROCESS(clk_48M)
BEGIN
  IF  RISING_EDGE(clk_48M) THEN
      CASE disp_dat IS
          WHEN "0000"=> seg_r<=X"c0";    --显示 0
          WHEN "0001"=> seg_r<=X"f9";    --显示 1
          WHEN "0010"=> seg_r<=X"a4";    --显示 2
```

```
            WHEN "0011"=> seg_r<=X"b0";        --显示 3
            WHEN "0100"=> seg_r<=X"99";        --显示 4
            WHEN "0101"=> seg_r<=X"92";        --显示 5
            WHEN "0110"=> seg_r<=X"82";        --显示 6
            WHEN "0111"=> seg_r<=X"f8";        --显示 7
            WHEN "1000"=> seg_r<=X"80";        --显示 8
            WHEN "1001"=> seg_r<=X"90";        --显示 9
            WHEN "1010"=> seg_r<=X"bf";        --显示-
            WHEN OTHERS=> seg_r<=X"FF";        --不显示
         END CASE;
         IF flag="00" THEN                      --正常显示模式
            IF count(17 DOWNTO 15)="010" AND sec='1' THEN
                seg_r<=X"FF";
            END IF;
         ELSEIF flag="01"    THEN               --分调整模式
         IF (count(17 DOWNTO 15)="011" OR count(17 DOWNTO 15)="100" ) AND
sec='1' THEN
                seg_r<=X"FF";
            END IF;
         ELSEIF flag="10"    THEN               --时调整模式
            IF (count(17 DOWNTO 15)="110" OR count(17 DOWNTO 15)="111" ) AND
sec='1' THEN
                seg_r<=X"FF";
            END IF;
         END IF;
      END IF;
   END PROCESS;


   PROCESS(clk_48M,sec,flag,key_done(0))
   BEGIN
   IF key_done(0)='0'   THEN
    hour<=B"0000_0000_0000_0000_0000_0000";--清零
   ELSE
    IF flag="00" THEN---------------------------------<<正常计时
        IF falling_EDGE(sec)THEN
            IF hour(3 DOWNTO 0)=X"9" THEN
                hour(3 DOWNTO 0)<=X"0";
                IF hour(7 DOWNTO 4)=X"5" THEN
                    hour(7 DOWNTO 4)<=X"0";
                    IF hour(11 DOWNTO 8)=X"9" THEN
                        hour(11 DOWNTO 8)<=X"0";
                        IF hour(15 DOWNTO 12)=X"5" THEN
```

```
                          hour(15 DOWNTO 12)<=X"0";
                    IF hour(23 DOWNTO 20)=X"2" AND
                        hour(19 DOWNTO 16)=X"3"
                        THEN
                        hour(23 DOWNTO 20)<=X"0";
                        hour(19 DOWNTO 16)<=X"0";
                    ELSE
                        IF hour(19 DOWNTO 16)=X"9" THEN
                            hour(19 DOWNTO 16)<=X"0";
                            IF hour(23 DOWNTO 20)=X"2" THEN
                                hour(23 DOWNTO 20)<=X"0";
                            ELSE
                    hour(23 DOWNTO 20)<=hour(23 DOWNTO 20)+1;   --时位加1
                            END IF;
                        ELSE
                    hour(19 DOWNTO 16)<=hour(19 DOWNTO 16)+1;   --时位加1
                        END  IF;
END IF;
                ELSE
                    hour(15 DOWNTO 12)<=hour(15 DOWNTO 12)+1;   --分十位加1
                    END IF;
                ELSE
                    hour(11 DOWNTO 8)<=hour(11 DOWNTO 8) +1 ;   --分加1
                END IF;
            ELSE
                hour(7 DOWNTO 4)<=hour(7 DOWNTO 4) +1 ;         --秒十位加1
                END IF;
            ELSE
                hour(3 DOWNTO 0)<=hour(3 DOWNTO 0) +1 ;         --秒加1
            END IF;
        END IF;
    ELSEIF flag="01"THEN--------------------------------<<分调整模式
        IF RISING_EDGE(clk_48M) THEN
            IF key_edge(2)='1' THEN                             --按键3为加
                IF hour(11 DOWNTO 8)>=X"9" THEN
                    hour(11 DOWNTO 8)<="0000";
                    IF hour(15 DOWNTO 12)>=X"5" THEN
                        hour(15 DOWNTO 12)<="0000";
                    ELSE
                        hour(15 DOWNTO 12)<=hour(15 DOWNTO 12)+1;
                    END IF;
                ELSE
```

```
                        hour(11 DOWNTO 8)<=hour(11 DOWNTO 8) +1 ;    --分加1
                    END IF;
                ELSE
                    IF key_edge(3)='1' THEN                              --按键4为减
                        IF hour(11 DOWNTO 8)=X"0" THEN
                            hour(11 DOWNTO 8)<=X"9";
                            IF hour(15 DOWNTO 12)>0 THEN
                                hour(15 DOWNTO 12)<=hour(15 DOWNTO 12)-1;
                            ELSE
                                hour(15 DOWNTO 12)<=X"5";
                            END IF;
                        ELSE
                            hour(11 DOWNTO 8)<=hour(11 DOWNTO 8)-1;
                        END IF;
                    END IF;
                END IF;
            END IF;

    ELSE      ---------------------------------<<时调整模式
        IF  RISING_EDGE(clk_48M) THEN
            IF key_edge(2)='1' THEN                                    --按键3为加
                IF hour(19 DOWNTO 16)>=X"9" OR
                        (hour(19 DOWNTO 16)>=X"3" AND
                        hour(23 DOWNTO 20)>=X"2" )
THEN
                        hour(19 DOWNTO 16)<="0000";
                    IF  hour(23 DOWNTO 20)>=X"2" THEN
                        hour(23 DOWNTO 20)<="0000";
                    ELSE
                        hour(23 DOWNTO 20)<=hour(23 DOWNTO 20)+1;
                    END IF;
                ELSE
                    hour(19 DOWNTO 16)<=hour(19 DOWNTO 16) +1 ;--时位加1
                END IF;
            ELSE
                IF key_edge(3)='1'  THEN                               --按键4为减
                    IF hour(19 DOWNTO 16) ="0000" AND
                            hour(23 DOWNTO 20) ="0000"
                        THEN
                        hour(19 DOWNTO 16)<=X"3";
                        hour(23 DOWNTO 20)<="0010";
                    ELSEIF hour(19 DOWNTO 16) ="0000" THEN
```

```
                    hour(19 DOWNTO 16)<=X"9";
                    IF hour(23 DOWNTO 20) ="0000" THEN
                         hour(23 DOWNTO 20)<="0010";
                    ELSE
                         hour(23 DOWNTO 20)<=hour(23 DOWNTO 20)-1;
                    END IF;
                  ELSE
                    hour(19 DOWNTO 16)<=hour(19 DOWNTO 16)-1;
                    END IF;
                  END IF;
                END IF;
              END IF;
          END IF;
       END IF;
     END PROCESS;
     END;
```

任务进阶设计：给数字钟添加秒表模式，可以计时 0.01s，具有启动、停止、复位功能。

任务分析：该任务区别于数字钟的地方在于基准时钟不是 1s 而是 0.01s，这就需要我们将实验箱上的 48MHz 晶振分频出 0.01s 的时钟信号，只要将分频系数设置为 480000 即可。剩下的部分与数字钟类似。

8.6　采用流水线技术设计高速数字相关器

【参考图文】

8.6.1　流水线设计技术

流水线设计的概念是把在一个时钟周期内执行的逻辑操作分成几步较小的操作，并在多个较高速的时钟内完成。流水线技术是数字逻辑设计中进行速度优化的常用技术，能显著提高数字系统处理速度，在现代的计算机 CPU 设计、数字信号处理、高速数字系统设计中都离不开流水线技术。

为保证数据吞吐能力，数字系统设计中的一个主要问题是维持较高的系统时钟。例如，对一个全同步系统来说，该系统时钟为 10MHz，那么从任何寄存器输出到它馈给信号的寄存器输入路径间的最大延时必须小于 100ns。如果通过复杂逻辑的延时路径较长，系统时钟的速度就很难维持，这时候，就必须在组合逻辑间加入寄存器，使复杂逻辑块形成流水线。

事实上，在设计中加入流水线技术，并不会减少原设计中的总延时，有时还会增加插入寄存器的延时及信号同步的时间差，但却可以提高总体的运行速度。图 8.13 所示为一个未使用流水线技术的设计，在设计中存在一个延时为 T 的逻辑块，显然该设计从输入到输出需经过的时间至少为 T，也就是说，时钟信号 clk 的周期不能小于 T。

图 8.13　未使用流水线技术设计

图 8.14 所示是一个使用流水线技术的设计，在此将其分为 3 级，在设计中表现为，将延时为 T 的逻辑块划分为 3 块延时基本相等的逻辑块，设其延时为 T1，T 与 T1 的关系为 T=3T1。在这 3 个逻辑块中加入了寄存器，以缓存中间结果。这样对于图 8.14 中流水线的第一级，时钟信号 clk 的周期可以接近 T1，即第一级的最高工作频率 Fmax1 约等于 1/T1，第二、三级的最高工作频率也约等于 1/T1，因此，使用流水线技术的设计(图 8.14)的最高工作频率 Fmax1 比未使用流水线技术的设计(图 8.13)的最高工作频率 Fmax 快了 3 倍。

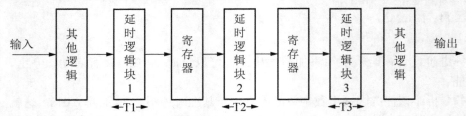

图 8.14　使用流水线技术的设计

8.6.2 数字相关器的原理

在数字通信系统中，常用一个特定的序列作为数据开始的标志，称为帧同步字，发送端在发送数据前插入帧同步字；接收端如果收到帧同步字就可以确定帧的起始位置，从而实现发送和接收数据的格式同步。

数字相关器的作用是用于检测等长度的两个数字序列间相等的位数，实现序列间的相关运算。因此，在数字通信系统中常用数字相关器作为同步序列检测器。

1 位数字相关器即异或门，异或的结果可以表示两个 1 位数据的相关程度。异或为 0 表示数据位相同，异或为 1 表示数据位不相同，多位数字相关器可以由多个 1 位相关器组合而成。N 位数字相关器的运算可以分为以下步骤：

(1) 对应位进行异或运算，得到 N 个 1 位数据的相关结果。

(2) 统计 N 位相关结果中 0 或 1 的个数，得 N 位数字中相同位和不同位的个数。

实现 16 位并行数字相关器需要的乘积项、或门过多，为降低资源耗用，将其分解为 4 个 4 位相关器，然后用两级加法器相加得到全部 16 位的相关结果，其原理图如图 8.15 所示。

如果直接实现该电路，整个运算至少需要经过 3 级门延时，随着相关位数的增加，速度还会降低，为了提高速度，采用流水线技术进行设计，模块中的每一步相关结果进行锁存，按照时钟的节拍，逐步完成运算的全过程。虽然每一级输入值需经过 3 个节拍后才能得到运算结果，但是，每一个节拍都有一组新值输入到第一级运算电路，每级运算电路上都有一组数据同时进行运算，所以总的来看，每步运算花费的时间只有一个时钟周期，从而使系统工作的速度等于时钟频率。

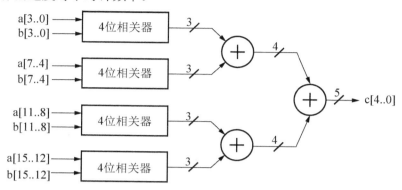

图 8.15   16 位数字相关器的原理图

设计任务 1：采用流水线技术设计一个 16 位高速数字相关器，并在 SmartSOPC 实验箱上进行硬件测试。利用 Quartus II 软件进行设计、仿真验证，最后进行引脚锁定并完成硬件测试。用 key1～key4 输入序列数 a，key5～key8 输入序列数 b，分别显示于数码管 1～4 和数码管 5～8。相关的结果以二进制形式显示于 led1～led5，led5 为最高位，led1 为最低位。

设计步骤：为了配合硬件测试，本实验提供了一个测试模块(correlator_test)，如图 8.16 所示。模块的各端口说明如下：

clock：系统时钟输入(48MHz)。

key[7..0]：按键输入。

result[4..0]：16 位相关器结果输入(显示于 led4～led8)。

a [15:0]：16 位列序 a 输出。

b [15:0]：16 位列序 b 输出。

led[4..0]：LED 输出。

seg[7..0]：数码管段输出。

dig[7..0]：数码管位输出。

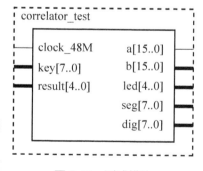

图 8.16   测试模块

该模块主要用于产生数字相关器所需的输入序列数，同时处理按键、显示等操作。在这里不对这个模块做详细介绍，请读者自行分行。

由图 8.15 所示 16 位相关器结构图可以看出，核心部件是 4 位相关器的设计，4 位相关器的相关代码如下：

```
LIBRARY IEEE;
USE IEEE.STD_LOGIC_1164.ALL; --这 3 个程序包足以应付大部分的 VHDL 程序设计
USE IEEE.STD_LOGIC_Arith.ALL;
USE IEEE.STD_LOGIC_Unsigned.ALL;

ENTITY detect IS
```

```
PORT(clk: IN STD_LOGIC;
     a,b: IN STD_LOGIC_VECTOR(3 DOWNTO 0);
     sum: OUT STD_LOGIC_VECTOR(2 DOWNTO 0));
END;


ARCHITECTURE one OF detect IS
SIGNAL ab: STD_LOGIC_VECTOR(3 DOWNTO 0);
BEGIN
ab<=a XOR b;
PROCESS(clk)
BEGIN
  IF RISING_EDGE(clk) THEN
     CASE ab IS
        WHEN X"0"=>                      sum<="100";--相关程度 4
        WHEN X"1"|X"2"|X"4"|X"8"=>       sum<="011";--相关程度 3
        WHEN X"3"|X"5"|X"6"|X"9"|X"a"|X"c"=>sum<="010";--相关程度 2
        WHEN X"7"|X"b"|X"d"|X"e"=>       sum<="001";--相关程度 1
        WHEN X"f"=>                      sum<="000";--相关程度 0
     END CASE;
  END IF;
END PROCESS;
END;
```

利用 4 位相关器、3 位加法器和 4 位加法器就可以构成 16 位的数字相关器，可以利用原理图绘制方法或者利用 VHDL 语言的 PORT MAP 语句来描述。图 8.17 所示是利用原理图的方式绘制的 16 位数字相关器的原理图。

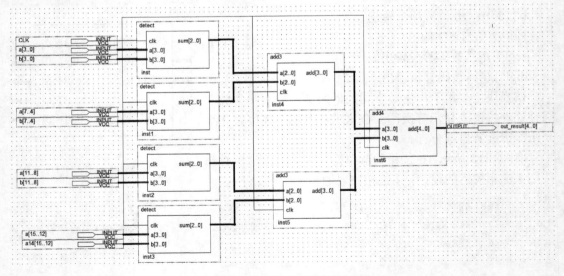

图 8.17　16 位数字相关器原理图

将测试模块和生成的数字相关器模块连接,编译综合后下载到实验箱验证实验结果,如图 8.18 所示。

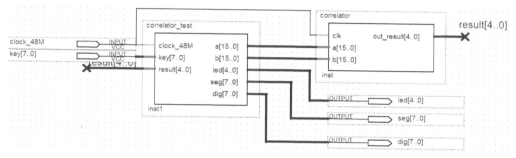

图 8.18 测试模块和相关器的系统连接图

下载到实验箱通过硬件验证了相关的功能是否正确,然而数字相关器的时序功能如何是无法通过硬件平台验证的,需要利用时序分析功能来分析它的时序能力,时序分析的基本概念如下:

【参考图文】

(1) t_{SU}。建立时间(Setup Time)是指在触发器的时钟信号上升沿到来以前,数据稳定不变的时间,如果建立时间不够,数据将不能在该时钟上升沿正确地被打入触发器。

(2) t_H。保持时间(Hold Time)是指在触发器的时钟信号上升沿到来以后,数据稳定不变的时间,如果保持时间不够,数据同样不能正确地被打入触发器。t_{SU}、t_H 的关系如图 8.19 所示。

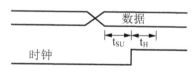

图 8.19 t_{SU} 和 t_H 示意图

(3) FMAX。FMAX 是时序分析中最重要的参数,表示电路能够承受的最高工作频率。如果一个电路要求工作在 100MHz,而实际综合结果只能跑到 80MHz,那么这个芯片将不能正常工作。

(4) t_{CO}。t_{CO} 是指寄存器输出到管脚的延时。

(5) t_{PD}。t_{PD} 是指输入管脚处的信号经过组合逻辑进行传输,出现在外部输出管脚上所需的时间。

(6) Clock skew。Clock skew(时钟偏差)指时钟到达两个 D 触发器的时间差。

(7) Multicycle path。Multicycle path(多周期路径)是指两个寄存器之间数据要经过多个时钟才能稳定的路径,一般出现于逻辑较大的那些路径。

以 Fmax 为例介绍时序分析工具的使用,将数字相关器的 VHDL 文件置顶,综合后选择菜单 Processing 下的 Classic Timing Analyzer Tool 选项,打开如图 8.20 所示的对话框,单击 Start 按钮可进行分析。

由图 8.20 可知,该数字相关器的 Fmax 为 275.03MHz。

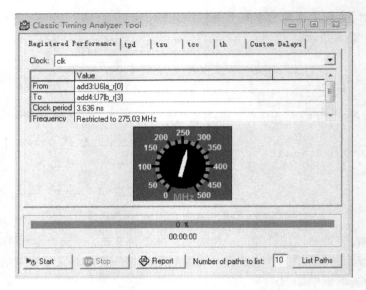

图 8.20   时序分析工具

8.7   直流电动机 PWM 控制

基于脉宽调制(Pulse Width Modulation，PWM)技术的程控直流电动机控制系统，即将直流脉冲序列(PWM 波)加到直流电动机两端，通过改变脉冲的占空比来达到改变电动机两端电压，从而控制电动机转速的方法。设置一个 16 位的时钟计数器并对时钟进行计数，同时读取该时刻的数字量并与计数器的值相比较，若计数值小于读取的数字量，则在 PWM_OUT 上输出高电平，否则输出低电平；这样，由于数据量的不同，因此输出高低电平的时刻也将不同(占空比)，从而达到控制输出平均电压的大小的目的。另外，采用数码管显示电动机转速及转向。至此实现了通过按键或调压来调节电动机转速转向及显示转速转向的控制系统。此系统简易，方便调节，实用性强，对于电动机调速精度不太高的场所完全满足实用需求。

由硬件电路可知，电动机测速部分采用红外光计数测速，由于红外光电路测得的转速脉冲信号没经过整形，所以存在很多干扰脉冲，如果直接对其计数，则测得的结果不正确。在本实验中提供了一个消抖模块 filter_200us。

设计任务 1：设计 PWM 波形发生器，要求输出 PWM 波形的频率为 10kHz，占空比为 0%~99%可设置。

设计步骤：设计 PWM 发生器模块，仿真波形检查功能，为设计任务 2 做基础准备。PWM 发生器结构如图 8.21 所示。

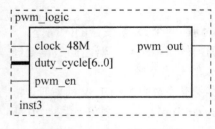

图 8.21   PWM 发生器结构

其中,clock_48M 为时钟输入; duty_cycle[6..0]是占空比设定值, 范围是 0～99; pwm_en 为模块使能端高电平有效; pwm_out 为 PWM 波形输出。

参考程序如下:

```vhdl
LIBRARY IEEE;
USE IEEE.STD_LOGIC_1164.ALL;
USE IEEE.STD_LOGIC_Arith.ALL;
USE IEEE.STD_LOGIC_Unsigned.ALL;

ENTITY pwm_logic IS
PORT(clock_48M: IN STD_LOGIC;               --系统输入时钟
     duty_cycle: IN INTEGER RANGE 0 TO 99;
     pwm_en: IN  STD_LOGIC;                  --PWM 使能
     pwm_out: OUT STD_LOGIC);                --PWM 输出
END;

ARCHITECTURE one OF pwm_logic IS
SIGNAL pwm_out_io:  STD_LOGIC;                  --PWM 输出
SIGNAL count: INTEGER RANGE 0 TO 48000; --PWM 内部计数器
BEGIN
pwm_out<=pwm_out_io;
PROCESS(clock_48M)
BEGIN
 IF RISING_EDGE(clock_48M) THEN
    IF pwm_en ='1' THEN
        count<=count+1;
    END IF;
 END IF;
END PROCESS;

PROCESS(clock_48M)
BEGIN
 IF RISING_EDGE(clock_48M) THEN
    IF pwm_en ='1' AND (count/480)<=duty_cycle THEN
        pwm_out_io<='1';
    ELSE
        pwm_out_io<='0';
    END IF;
 END IF;
END PROCESS;
END ;
```

设计任务 2: 设计电动机控制模块。SmartSOPC+实验箱上有一个直流电动机 MG1,

控制端 DC MotorA、DC MotorB 通过跳线 JP6 的 MotorA、MotorB 和 FPGA 引脚相连。要求设计使用 PWM 信号来控制直流电动机加速、减速，并控制其正转、反转及停止、启动等操作。利用 Quartus II 完成设计、仿真等工作，最后在 SmartSOPC+实验箱上进行硬件测试。key1 输入控制速度递增，每按一次占空比增加 10%；key2 控制电动机停止、启动，在数码管中间一位显示运转状态；key3 控制电动机正、反转；数码管最左边两位以十进制形式显示当前占空比数值。

任务分析：要求能够控制电动机转速，其实就是要求能够控制任务 1 中设计的 PWM 发生器的占空比设置端的数值。控制转向其实就是控制电动机的 MotorA 和 MotorB 两个引脚，使其中一个脚接 pwm_out，另一个脚接高电平是一个转向，接低电平就可以反向了。最后，结合动态显示模块就可以将运行状态和设置的占空比显示在数码管上。直流电动机控制模块结构如图 8.22 所示。

其中，clock_48M 为时钟输入信号；key 为三个开关输入，分别为起停开关，转向开关，占空比增加开关；pwm_in 为任务 1 中产生的 PWM 波形输入。pwm_en 输出为控制任务 1 中模块使能的控制端；duty_cycle 输出端用来控制任务 1 模块中 PWM 占空比的设置端；motoa 和 motob 输出端用来控制直流电动机的驱动电路；dutyH 和 dutyL 输出为占空比显示的高位和低位。

控制模块的参考程序如下：

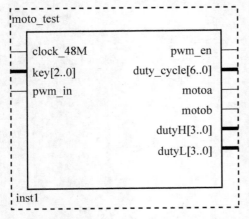

图 8.22　直流电动机控制模块结构

```
LIBRARY IEEE;
USE IEEE.STD_LOGIC_1164.ALL;
USE IEEE.STD_LOGIC_Arith.ALL;
USE IEEE.STD_LOGIC_Unsigned.ALL;

ENTITY moto_test IS
PORT(clock_48M: IN STD_LOGIC;                       --系统时钟(48MHz)
     key: IN STD_LOGIC_VECTOR(2 DOWNTO 0);          --按键输入(key1~key3)
     pwm_in: IN STD_LOGIC;                          --产生的 PWM 波输入
     pwm_en: OUT STD_LOGIC;                         --PWM 控制使能端
     duty_cycle: OUT INTEGER RANGE 0 TO 99;         --PWM 占空比控制输出
     motoa,motob:OUT STD_LOGIC;                     --PWM 波输出
     dutyH: OUT INTEGER RANGE 0 TO 15;
     dutyL: OUT INTEGER RANGE 0 TO 15);
END;

ARCHITECTURE one OF moto_test IS
SIGNAL duty_cycle_io: INTEGER RANGE 0 TO 99:=50;
```

```
SIGNAL pwm_en_io: STD_LOGIC;
SIGNAL count: STD_LOGIC_VECTOR(16 DOWNTO 0);              --时钟分频计数器
SIGNAL dout1,dout2,dout3:STD_LOGIC_VECTOR(2 DOWNTO 0);   --消抖寄存器
SIGNAL moto_dir: STD_LOGIC;                              --电动机正反转
SIGNAL k_debounce: STD_LOGIC_VECTOR(2 DOWNTO 0);         --按键消抖输出
SIGNAL clk: STD_LOGIC;                                   --分频时钟
SIGNAL key_edge: STD_LOGIC_VECTOR(2 DOWNTO 0);
BEGIN
dutyH<=(duty_cycle_io/10);                               --显示当前占空比高位
dutyL<=duty_cycle_io rem 10;                             --显示当前占空比低位
pwm_en <= pwm_en_io;
duty_cycle <= duty_cycle_io;
PROCESS(clock_48M)
BEGIN
  IF RISING_EDGE(clock_48M) THEN
      IF count<120000 THEN
          count<=count+1;
          clk<='0';
      ELSE
          count<=B"0_0000_0000_0000_0000";
          clk<='1';
      END IF;
  END IF;
END PROCESS;
      --------------------------------<<按键消抖部分
PROCESS (clock_48M)
BEGIN
  IF RISING_EDGE(clock_48M) THEN
      IF clk='1' THEN
          dout1<=key;
          dout2<=dout1;
          dout3<=dout2;
      END IF;
  END IF;
END PROCESS;
PROCESS (clock_48M)
BEGIN
  IF RISING_EDGE(clock_48M) THEN
      k_debounce<=dout1 OR dout2 OR dout3;    --按键消抖输出
  END IF;
END PROCESS;
key_edge<=NOT (dout1 OR dout2 OR dout3) AND k_debounce;
```

```
PROCESS(clock_48M)                          --按键 1 控制电动机速度
BEGIN
  IF RISING_EDGE(clock_48M) THEN
      IF key_edge(0)='1' THEN
          duty_cycle_io<=duty_cycle_io+10;
      END IF;
      IF duty_cycle_io>99 THEN duty_cycle_io<=0;
      END IF;
  END IF;
END PROCESS;
PROCESS(clock_48M)                          --按键 2，控制电动机启动、停止
BEGIN
  IF RISING_EDGE(clock_48M) THEN
      IF key_edge(1)='1' THEN
          pwm_en_io<=NOT pwm_en_io;
      END IF;
  END IF;
END PROCESS;
PROCESS(clock_48M)                          --按键 3，控制电动机正/反转
BEGIN
  IF RISING_EDGE(clock_48M) THEN
      IF key_edge(2)='1' THEN
          moto_dir <=NOT moto_dir;
      END IF;
  END IF;
END PROCESS;
motoa<=pwm_in WHEN moto_dir='1' ELSE '0';
motob<='0' WHEN moto_dir='1' ELSE pwm_in;
END;
```

电动机控制的顶层文件结构如图 8.23 所示。

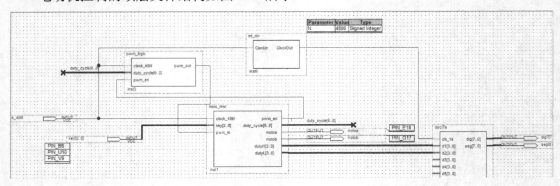

图 8.23　直流电动机控制顶层文件结构

设计任务 3：设计测速模块。SmartSOPC+实验箱上 COM17 的 SPEED 引脚为直流电动机转动时经红外检测反馈回来的脉冲信号端。通过设计 1Hz 闸门信号测量经过消抖处理后的红外检测脉冲信号，并将测得速度显示在数码管的最右边三个并以十进制形式显示。

任务分析：硬件结构上直流电机转一圈在红外接收管上产生 4 个脉冲信号，设计一个 1Hz 信号，在该信号的使能下对红外的脉冲信号进行计数，计得的数除以 4 就是 1s 转过的圈数，反映了电动机的转速。测速模块的结构如图 8.24 所示。

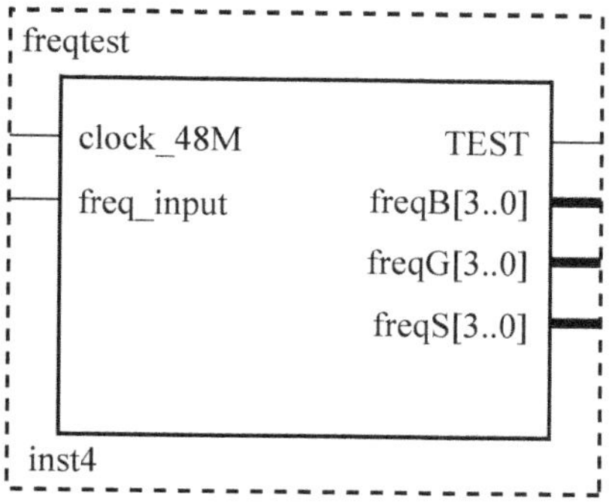

参考程序如下：

```
freqtest

    clock_48M              TEST
    freq_input          freqB[3..0]
                        freqG[3..0]
                        freqS[3..0]

inst4
```

图 8.24   测速模块结构

```vhdl
LIBRARY IEEE;
USE IEEE.STD_LOGIC_1164.ALL;
USE IEEE.STD_LOGIC_Arith.ALL;
USE IEEE.STD_LOGIC_Unsigned.ALL;


ENTITY freqtest IS
PORT(TEST: OUT STD_LOGIC;
     clock_48M: IN STD_LOGIC;                --系统时钟
     freq_input: IN STD_LOGIC;               --被测信号输入
     freqB: OUT INTEGER RANGE 0 TO 15;       --
     freqG: OUT INTEGER RANGE 0 TO 15;       --
     freqS: OUT INTEGER RANGE 0 TO 15);
END;


ARCHITECTURE one OF freqtest IS
SIGNAL freq_result: INTEGER RANGE 0 TO 999; --频率测量结果寄存器
SIGNAL pre_freq: INTEGER RANGE 0 TO 999:=0; --脉冲计数寄存器
SIGNAL  COUNT:  INTEGER RANGE 0 TO 48000000;
SIGNAL divide_clk1Hz: STD_LOGIC;            --1Hz 闸门信号
SIGNAL  rst:  BIT;
BEGIN
freq_result<=pre_freq;
freqB<=freq_result/100;
freqG<=(freq_result/10) REM 10;
freqS<=freq_result REM 10;
TEST<=divide_clk1Hz;
PROCESS(clock_48M)                          --时钟分频进程:分出 1Hz 基准信号
BEGIN
  IF RISING_EDGE(clock_48M) THEN
```

```
        IF divide_clk1Hz='1' THEN
            COUNT<=0;
        ELSE
            COUNT<=COUNT+1;
        END IF;
    END IF;
END PROCESS;
divide_clk1Hz<='1' WHEN (COUNT>=48000000) ELSE '0';
--<<锁存测量值进程
PROCESS(clock_48M)
BEGIN
  IF RISING_EDGE(clock_48M) THEN
      IF divide_clk1Hz='1' THEN
          freq_result<=pre_freq;
      END IF;
  END IF;
END PROCESS;
PROCESS(freq_input)
BEGIN
IF RST='1' THEN pre_freq<=0;
ELSE IF RISING_EDGE(freq_input) THEN
  IF divide_clk1Hz='0' THEN
          pre_freq<=pre_freq+1;
      END IF;
  END IF;
END IF;
END PROCESS;
PROCESS(clock_48M)
BEGIN
  IF RISING_EDGE(clock_48M) THEN
      IF divide_clk1Hz='1' THEN
          rst<='1';
      ELSE
          rst<='0';
      END IF;
  END IF;
END PROCESS;
END;
```

将任务 1、2、3 组合即可完成直流电动机驱动和测速的完整系统。完整的顶层文件结构如图 8.25 所示。

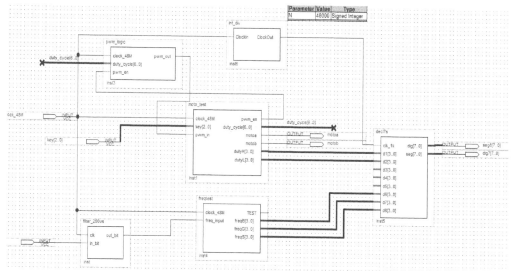

【参考视频】

图 8.25　直流电动机驱动和测速顶层文件结构

　　注意事项：本实验在引脚使用时，DC MOTORA 配置为引脚 E18。芯片 EP3C25F324C8 的 E18 引脚有 NCEO 的功能复用，在默认状态下 E18 不作为 I/O 口使用，所以实验时要将该引脚配置为普通 I/O 口来使用。配置方法如下：在芯片选择菜单(图 8.26)下单击 Device and Pin Options…按钮，然后选择 Dual-Purpose Pins 选项卡，双击名为 nCEO 的引脚，将其 Value 值由 Use as programming pin 改为 Use as regular I/O，单击"确定"按钮，再重新综合就可以了，如图 8.27 所示。

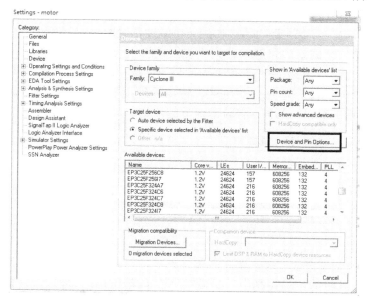

图 8.26　芯片选择界面

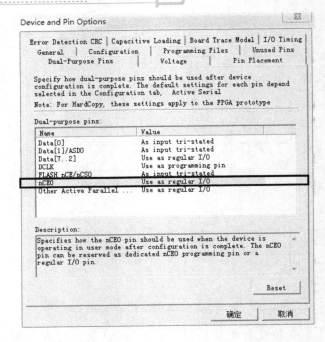

图 8.27　修改 E18 管脚功能界面

8.8　步进电动机控制

【参考图文】

步进电动机是将电脉冲信号转变为角位移或线位移的开环控制元件。在非超载的情况下，电动机的转速、停止的位置只取决于脉冲信号的频率和脉冲数，而不受负载变化的影响，当步进驱动器接收到一个脉冲信号时，它就驱动步进电动机按设定的方向转动一个固定的角度，称为"步距角"，它的旋转是以固定的角度一步一步运行的。可以通过控制脉冲个数来控制角位移量，从而达到准确定位的目的；同时可以通过控制脉冲频率来控制电动机转动的速度和加速度，从而达到调速的目的。本实验使用的 SmartSOPC+实验平台上的步进电动机为四相反应式步进电动机。

1.　四相反应式步进电动机的工作方式

1)　单四拍工作方式

四相反应式步进电动机各相为 A、B、C、D。如果换相方式为 A→B→C→D→A，则电流切换四次，即换相四次时，磁场就会旋转一周，同时转子转动一个齿距。所谓"单"，是指每次对单相通电；"四拍"，是指换相四次磁场旋转一周，转子转动一个齿距。

2)　双四拍工作方式

在步进电动机的步进控制中，如果每次都是两相通电，控制电流切换四次，磁场旋转一周，转子移动一个齿距位置，则称为双四拍工作方式。在双四拍工作方式中，每拍通电的相磁极和转换情况如下：

$$AB \rightarrow BC \rightarrow CD \rightarrow DA \rightarrow AB$$

3) 八拍工作方式

对四相反应式步进电动机进行控制时，把单四拍和双四拍工作方式结合起来，就产生了八拍工作方式。通电的相数如下：

$$A \rightarrow AB \rightarrow B \rightarrow BC \rightarrow C \rightarrow CD \rightarrow D \rightarrow DA \rightarrow A$$

2. 步进电动机细分驱动的工作原理

步进电动机细分驱动的工作原理是通过对电动机励磁绕组电流进行控制(这里绕组电流呈阶梯波，电流分成多少个台阶)，使步进电动机定子的合成磁场成为按细分步距旋转的磁场，从而带动转子转动实现的。当两相邻绕组同时通过不同大小的电流时，各相产生的转矩之和为零的位置为新的平衡位置，所以通过控制各相的电流可以实现细分控制。要使电动机按等步距转动，电流合成必须符合两个条件：

(1) 电流合成矢量旋转时，每次变化的角度要均匀。

(2) 电流合成矢量的大小或幅值要保持不变。

如图 8.28 所示是四相步进电动机 4 细分驱动的原理。设 A 相通电时磁场方向为 0°，如果以 A 相或 B 相单独通电时产生的磁场大小为半径(设半径为 R)画圆(图 8.28 所示为 1/4 圆)，即可算出位置"1"时的两分量 $A1=R\sin\theta1$，$B1=R\cos\theta1$，同理可以算出 $A2=R\sin\theta2$，$B2=R\cos\theta2$；$A3=R\sin\theta3$，$B3=R\cos\theta3$。因此可算出各相在某一时刻的电流值，把各细分点的电流参数记录下来，电动机运行时以查表的方式取出数据，即可做到细分控制。如图 8.29 所示为四相双四拍 4 细分各绕组电流波形图，由图中也可以看出一般总有两相绕组通电，一相逐渐增大，一相逐渐减小。对应一个步距角，电流可以分为 N 个台阶，也就是电动机位置可以细分为 N 个小角度，实现 N 细分，从而可以驱动步进电动机平滑运行。

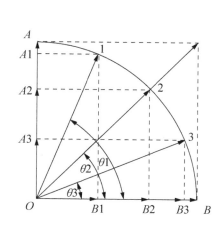

图 8.28 步进电机 4 细分驱动原理   图 8.29 四相双四拍 4 细分各绕组电流波形图

本实验是用 PWM 信号来控制电动机的，电动机各相电流的大小取决于 PWM 信号的占空比，所以可通过调节 PWM 信号的占空比来控制电动机各相的电流。

设计任务：使用 PWM 方法来控制 SmartSOPC+实验箱上一个四相步进电动机细分旋

转,实现 1/4 细分(4.5°/步)控制和不细分控制(18°/步)。用 key1 控制步进电动机正/反转(由 led1 指示状态);key2 控制电动机正常运行/细分运行(由 led2 指示状态)。

任务分析:按照要求设计的步进电动机控制模块需要有两个按键输入,分别是细分开关和转向开关,四个 PWM 输出控制步进电动机的四相。此外,还有一个 LED 指示输出,表示是否细分运行。

参考程序如下:

```vhdl
LIBRARY IEEE;
USE IEEE.STD_LOGIC_1164.ALL;
USE IEEE.STD_LOGIC_Arith.ALL;
USE IEEE.STD_LOGIC_Unsigned.ALL;

ENTITY step_moto IS
PORT(clock: IN STD_LOGIC;
    key: IN STD_LOGIC_VECTOR(1 DOWNTO 0);
    led: OUT STD_LOGIC_VECTOR(1 DOWNTO 0);
    pwm_out: OUT STD_LOGIC_VECTOR(3 DOWNTO 0));
END;

ARCHITECTURE one OF step_moto IS
SIGNAL pwm_out_r: STD_LOGIC_VECTOR(3 DOWNTO 0);
SIGNAL p_out_r: STD_LOGIC_VECTOR(3 DOWNTO 0);
SIGNAL count: STD_LOGIC_VECTOR(23 DOWNTO 0);          --时钟分频计数器
SIGNAL counter: STD_LOGIC_VECTOR(10 DOWNTO 0);        --PWM 内部计数器
SIGNAL cnt4: STD_LOGIC_VECTOR(3 DOWNTO 0);            --电动机步进时序计数器
SIGNAL duty_cycle: STD_LOGIC_VECTOR(15 DOWNTO 0);     --PWM 占空比控制
SIGNAL dir: STD_LOGIC;                                --电动机旋转方向控制
SIGNAL mode: STD_LOGIC;                               --电动机控制模式
SIGNAL dout1,dout2,dout3:STD_LOGIC_VECTOR(1 DOWNTO 0); --消抖寄存器
SIGNAL k_debounce: STD_LOGIC_VECTOR(1 DOWNTO 0);      --按键消抖输出
SIGNAL key_edge: STD_LOGIC_VECTOR(1 DOWNTO 0);
SIGNAL clk: STD_LOGIC;                                --消抖动时钟
SIGNAL speed_clk: STD_LOGIC;                          --电动机转动速度控制
SIGNAL pwm_clk: STD_LOGIC;                            --PWM 计数时钟
BEGIN
led<=NOT (mode & dir);
pwm_out<=NOT pwm_out_r WHEN mode='1' ELSE p_out_r;
pwm_clk<='1' WHEN (count(6 DOWNTO 0)=B"111_1111") ELSE '0';
clk<='1' WHEN (count(15 DOWNTO 0)=X"FFFF") ELSE '0';
speed_clk<='1' WHEN (count(23 DOWNTO 0)=X"FFFFFF") ELSE '0';
PROCESS(clock)
BEGIN
```

```
    IF RISING_EDGE(clock) THEN
        count<=count+1;
  END IF;
END PROCESS;
-------------------------------------<<按键消抖部分
PROCESS (clock)
BEGIN
  IF RISING_EDGE(clock) THEN
      IF clk='1' THEN
          dout1<=key;
          dout2<=dout1;
          dout3<=dout2;
      END IF;
  END IF;
END PROCESS;
-------------------------------------<<边延检测部分
PROCESS (clock)
BEGIN
  IF RISING_EDGE(clock) THEN
      k_debounce<=dout1 OR dout2 OR dout3;        --按键消抖输出
  END IF;
END PROCESS;
key_edge<=NOT (dout1 OR dout2 OR dout3) AND k_debounce;
PROCESS(clock)                                    --按键1
BEGIN
  IF RISING_EDGE(clock) THEN
      IF key_edge(0)='1' THEN
          dir<=NOT dir;
      END IF;
  END IF;
END PROCESS;
PROCESS(clock)                                    --按键2
BEGIN
  IF RISING_EDGE(clock) THEN
      IF key_edge(1)='1' THEN
          mode<=NOT mode;
      END IF;
  END IF;
END PROCESS;
PROCESS (clock)                                   --电动机正/反转控制
BEGIN
  IF RISING_EDGE(clock) THEN
```

```
            IF speed_clk='1' THEN
                IF dir='1'  THEN
                    cnt4<=cnt4+1;
                ELSE
                    cnt4<=cnt4-1;
                END IF;
            END IF;
        END IF;
END PROCESS;
PROCESS(clock)
BEGIN
    IF RISING_EDGE(clock) THEN                --PWM波计数器
        IF pwm_clk='1' THEN
            counter<=counter+1;
        END IF;
    END IF;
END PROCESS;
PROCESS(clock)
BEGIN
    IF RISING_EDGE(clock) THEN                --PWM A 通道
        IF counter(3 DOWNTO 0)<duty_cycle(15 DOWNTO 12) THEN
            pwm_out_r(3)<='1';
        ELSE
            pwm_out_r(3)<='0';
        END IF;
    END IF;
END PROCESS;
PROCESS(clock)
BEGIN
    IF RISING_EDGE(clock) THEN                --PWM B 通道
        IF counter(3 DOWNTO 0)<duty_cycle(11 DOWNTO 8) THEN
            pwm_out_r(2)<='1';
        ELSE
            pwm_out_r(2)<='0';
        END IF;
    END IF;
END PROCESS;
PROCESS(clock)
BEGIN
    IF RISING_EDGE(clock) THEN                --PWM C 通道
        IF counter(3 DOWNTO 0)<duty_cycle(7 DOWNTO 4) THEN
            pwm_out_r(1)<='1';
```

```
        ELSE
            pwm_out_r(1)<='0';
        END IF;
     END IF;
 END PROCESS;
PROCESS(clock)
BEGIN
  IF RISING_EDGE(clock) THEN                          --PWM D 通道
     IF counter(3 DOWNTO 0)<duty_cycle(3 DOWNTO 0) THEN
         pwm_out_r(0)<='1';
     ELSE
         pwm_out_r(0)<='0';
     END IF;
  END IF;
END PROCESS;
PROCESS(clock)
BEGIN
  IF RISING_EDGE(clock) THEN
     IF speed_clk='1' THEN
         CASE cnt4(1 DOWNTO 0) IS
             WHEN "00"=> p_out_r<="1100";
             WHEN "01"=> p_out_r<="0110";
             WHEN "10"=> p_out_r<="0011";
             WHEN "11"=> p_out_r<="1001";
         END CASE;
     END IF;
  END IF;
END PROCESS;
PROCESS(cnt4)                              --步进电动机 4 细分控制 PWM 波参数表
BEGIN
  CASE cnt4 IS
     WHEN "0000"=>duty_cycle<=X"f000";
     WHEN "0001"=>duty_cycle<=X"e600";
     WHEN "0010"=>duty_cycle<=X"bb00";
     WHEN "0011"=>duty_cycle<=X"6e00";
     WHEN "0100"=>duty_cycle<=X"0f00";
     WHEN "0101"=>duty_cycle<=X"0e60";
     WHEN "0110"=>duty_cycle<=X"0bb0";
     WHEN "0111"=>duty_cycle<=X"06e0";
     WHEN "1000"=>duty_cycle<=X"00f0";
     WHEN "1001"=>duty_cycle<=X"00e6";
     WHEN "1010"=>duty_cycle<=X"00bb";
```

```
            WHEN "1011"=>duty_cycle<=X"006e";
            WHEN "1100"=>duty_cycle<=X"000f";
            WHEN "1101"=>duty_cycle<=X"600e";
            WHEN "1110"=>duty_cycle<=X"B00b";
            WHEN "1111"=>duty_cycle<=X"E006";
            END CASE;
        END PROCESS;
        END;
```

【参考视频】

任务进阶设计：如何设计 8 细分步进电动机控制。

任务分析：理解细分的原理，修改 4 细分表为 8 细分表，修改程序中细分控制部分即可实现。

8.9 对 TLC549 的采样控制(AD 实验)

TLC549 是美国德州仪器公司生产的 8 位串行 A/D 转换器芯片，可与通用微处理器、控制器通过 CLK、CS、DATA OUT 三条口线进行串行接口。具有 4MHz 片内系统时钟和软、硬件控制电路，转换时间最长为 17μs，I/O 时钟可达 1.1MHz，总失调误差最大为±0.5LSB，典型功耗值为 6mW。如图 8.30 所示为 TLC549 的访问时序，从图中可以看出当 CS 拉低时，A/D 转换器前一次的转换数据(A)的最高位 A7 立即出现在数据线 DATA OUT 上，之后的数据在时钟 I/O CLOCK 的下降沿改变，可在 I/O CLOCK 的上升沿读取数据。读完 8 位数据后，A/D 转换器开始转换这一次采样的信号(B)，以便下一次读取。转换时，片选信号 CS 要置高电平。设计操作时序时要注意 Tsu(CS)、Tconv 及 I/O CLOCK 的频率几个参数。Tsu(CS)为 CS 拉低到 I/O CLOCK 第一个时钟到来的时间，至少要 1.4μs；Tconv 为 A/D 转换器的转换时钟，不超过 17μs；I/O CLOCK 不能超过 1.1MHz。其他的参数请参考数据手册。

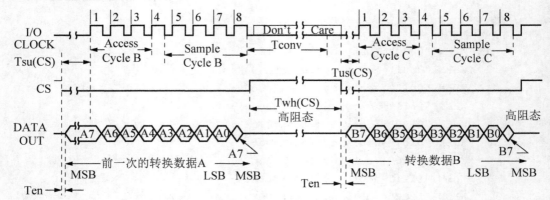

图 8.30 TLC549 的访问时序

由于 A/D 转换器是 8 位的，所以采样的电压值为：

$$V = \frac{D}{256} \times V_{\text{ref}}$$

其中，V 为采样的电压值，D 为 A/D 转换器转换后读取的 8 位二进制数，V_{ref} 为参考电压值，这里是 2.5V。

设计任务：使用状态机实现对 TLC549 的采样控制，实现一个简易的电压表。TLC 549 硬件电路原理图如图 8.31 所示。利用 Quartus II 完成设计、仿真等工作，最后在 SmartSOPC+ 实验箱上进行硬件测试。实验时，通过调节电位器 RW1 改变 A/D 转换器的模拟输入值，数据采样读取后由数码管 1/2 显示。最后用万用表测量输入电压，并与读取到的数据(经换算后的数据)做比较。

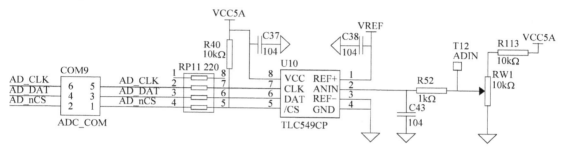

图 8.31　TLC549 硬件电路原理图

任务分析：该实验核心根据 TLC549 数据手册提供的访问时序图编写访问和控制程序，将返回的数据按照采样电压公式换算出所测电压值。利用 8.1 节动态显示程序显示测量结果。

设计的控制模块结构如图 8.32 所示，其中 clock 为系统时钟输入(48MHz)，reset 为复位信号输入，enable 为使能信号，sdat_in 为 TLC549 发送来的数据输入端；adc_clk 为 TLC549 的时钟 CLK 信号，cs_n 为 TLC549 的 CS 信号，data_out 为采样数据输出。

参考程序如下：

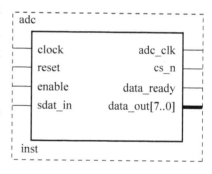

图 8.32　TLC549 控制模块

```
LIBRARY IEEE;
USE IEEE.STD_LOGIC_1164.ALL;
USE IEEE.STD_LOGIC_Arith.ALL;
USE IEEE.STD_LOGIC_Unsigned.ALL;

ENTITY adc IS
GENERIC(CLK_DIV_BITS: Integer:=5;
        CLK_DIV_VALUE: Integer:=31);
PORT(clock: IN STD_LOGIC;                    --系统时钟
     reset: IN STD_LOGIC;                    --复位，高电平有效
     enable: IN STD_LOGIC;                   --转换使能
```

```
        sdat_in: IN STD_LOGIC;                        --TLC549 串行数据输入
        adc_clk: OUT STD_LOGIC;                       --TLC549 I/O 时钟
        cs_n: OUT STD_LOGIC;                          --TLC549 片选控制
        data_ready: OUT STD_LOGIC;                    --指示有新的数据输出
        data_out: OUT STD_LOGIC_VECTOR(7 DOWNTO 0));  --A/D 转换数据输出


END;
ARCHITECTURE one OF adc IS
SIGNAL adc_clk_r: STD_LOGIC;
SIGNAL cs_n_r: STD_LOGIC;
SIGNAL data_ready_r:STD_LOGIC;
SIGNAL data_out_r: STD_LOGIC_VECTOR(7 DOWNTO 0);     --A/D 转换数据输出
SIGNAL sdat_in_r: STD_LOGIC;                          --数据输出锁存
SIGNAL q: STD_LOGIC_VECTOR(7 DOWNTO 0);               --移位寄存器，用于接收或
                                                        发送数据
SIGNAL bit_count: STD_LOGIC_VECTOR(5 DOWNTO 0);      --移位计数器
SIGNAL bit_count_rst:STD_LOGIC;                       --ADC 时钟计数全能控制
SIGNAL div_clk: STD_LOGIC;
SIGNAL clk_count: STD_LOGIC_VECTOR(CLK_DIV_BITS-1 DOWNTO 0);
                                                      --时钟分频计数器

SIGNAL buf1,buf2: STD_LOGIC;
SIGNAL ready_done: STD_LOGIC;                         --cs_n 拉低(大于 1.4μs)
                                                        后的标志

SIGNAL rec_done: STD_LOGIC;                           --数据读取完毕的标志
SIGNAL conv_done: STD_LOGIC;                          --数据转换完毕的标志
TYPE states IS(idle,adc_ready,adc_receive,adc_conversion,adc_data_load);
SIGNAL adc_state,adc_next_state:states;
BEGIN
adc_clk<=adc_clk_r;
cs_n<=cs_n_r;
data_out<=data_out_r;
data_ready<=data_ready_r;
PROCESS (clock)
BEGIN
 IF RISING_EDGE(clock) THEN
     sdat_in_r<=sdat_in;
 END IF;
END PROCESS;
----------------------------------------------<<时钟分频计数器

PROCESS (clock)
BEGIN
 IF RISING_EDGE(clock) THEN
```

```
        IF reset='1' THEN
            clk_count<="00000";
        ELSE
            IF clk_count<   CLK_DIV_VALUE THEN
                clk_count<=clk_count+1;
                div_clk<='0';
            ELSE
                clk_count<="00000";
                div_clk<='1';
            END IF;
        END IF;
    END IF;
END PROCESS;
---------------------------------------------<<状态机 A/D 转换器
PROCESS (clock)
BEGIN
  IF RISING_EDGE(clock) THEN
     IF reset='1' THEN
         adc_state<=idle;
     ELSE
         adc_state<=adc_next_state;
     END IF;
  END IF;
END PROCESS;
---------------------------------------------<<A/D 转换器状态机转换逻辑
PROCESS (adc_state,ready_done,rec_done,conv_done,enable)
BEGIN
  cs_n_r<='0';
  bit_count_rst<='0';
  data_ready_r<='0';
  CASE adc_state IS                          --初始状态
      WHEN idle=>
          cs_n_r<='1';
          bit_count_rst<='1';                --复位移位计数器
          IF enable='1' THEN
              adc_next_state<=adc_ready;
          ELSE
              adc_next_state<=idle;
          END IF;
      WHEN adc_ready=>                        --准备接收
          IF ready_done='1' THEN
              adc_next_state<=adc_receive;
```

```
                ELSE
                    adc_next_State<=adc_ready;
                END IF;
            WHEN adc_receive=>                          --接收数据
                IF  rec_done='1'    THEN
                    adc_next_state<=adc_conversion;
                ELSE
                    adc_next_state<=adc_receive;
                END IF;
            WHEN adc_conversion=>                        --转换前的采样的数据
                cs_n_r<='1';
                IF conv_done='1' THEN
                    adc_next_state<=adc_data_load;
                ELSE
                    adc_next_state<=adc_conversion;
                END IF;
            WHEN adc_data_load=>
                data_ready_r<='1';                       --数据输出标志
                adc_next_state<=idle;
            WHEN OTHERS=>adc_next_state<=idle;
    END CASE;
END PROCESS;
PROCESS (clock)                                          --位移位计数器
BEGIN
  IF RISING_EDGE(clock) THEN
      IF reset='1' THEN
          bit_count<="000000";
      ELSEIF bit_count_rst='1' THEN
          bit_count<="000000";
      ELSEIF div_clk='1'  THEN
          bit_count<=bit_count+1;
      END IF;
  END IF;
END PROCESS;
ready_done<='1'  WHEN bit_count=4    ELSE '0';    --准备读取数据
rec_done<='1'    WHEN bit_count=19   ELSE '0';    --接收数据完毕
conv_done<='1'   WHEN bit_count=63   ELSE '0';    --接收数据完毕
---------------------------------<<在接收位计数器 4~208 个 adc clk
PROCESS(bit_count)
BEGIN
  IF bit_count<20 AND bit_count>=4 THEN
      adc_clk_r<=NOT bit_count(0);
```

```
    ELSE
        adc_clk_r<='0';
    END IF;
END PROCESS;
PROCESS(clock)
BEGIN
  IF RISING_EDGE(clock) THEN
      buf1<=adc_clk_r;
      buf2<=buf1;
  END IF;
END PROCESS;
PROCESS(clock)                              --读取数据
BEGIN
  IF RISING_EDGE(clock) THEN
      IF(buf1='1' AND buf2='0' )THEN        --A/D 转换器时钟上升沿
          q<=q(6 DOWNTO 0) & sdat_in_r;
      ELSIF data_ready_r='1' THEN           --输出读取的数据
          data_out_r<=q;
      END IF;
  END IF;
END PROCESS;
END;
```

在顶层文件将 TLC549 控制模块和显示模块连接完成引脚配置即可下载硬件调试,查看实验结果。顶层文件结构如图 8.33 所示。

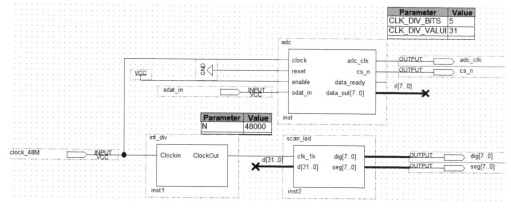

【参考图文】

图 8.33　顶层文件结构

任务进阶设计:根据控制模块的参考程序画出 TLC549 控制的状态图。

任务分析:该任务的目的在于对 TLC549 控制程序的理解,根据状态定义(TYPE

states IS(idle,adc_ready,adc_receive,adc_conversion,adc_data_load);)，结合状态转移程序绘制状态图即可完成任务。

【参考图文】

8.10 对 D/A 芯片 TLC5620 的控制

TLC5620 是一款具有高阻抗基准输入的 4 路串行 8 位电压输出型 D/A 转换芯片，时钟频率最大可达到 1MHz。它采用单一+5 V 电源供电，是一种低功耗芯片。TLC5620 兼容 CMOS 电平，只需要通过 4 根串行总线就可以完成 8 位数据的串行输入，易于和工业标准的微处理器或微控制器(单片机)接口。它适用于可编程电压源、数字控制放大器/衰减器、信号合成、移动通信、自动测试装置及工程监视和控制等工业控制场合。

TLC5620 可分别输入 4 个参考电压，从而有 4 种不同的模拟电压输出。TLC5620 是通过使用 4 个电阻网络实现来 4 路 D/A 转换，每路 D/A 转换的核心是 256 个独立电阻，对应串行输入的 256 个可能码值 0～255。每个电阻网络的一端连接到地(GND)，另一端从基准电压输入缓冲器的输出端反馈回来。

TLC5620 传输的一帧数据为 11 位，高位先传送，格式见表 8-2。D10、D9 位为通道选择位，其对应关系见表 8-3；D8 位为输出电压模式选择，若为“0”则输出电压为 0～V_{REF}，若为“1”则输出电压为 0～2V_{REF}，其中 V_{REF} 为参考电压，本实验平台提供参考电压值为 2.5V；D7～D0 为数据位。

表 8-2 TLC5620 数据格式表

D10	D9	D8	D7	D6	D5	D4	D3	D2	D1	D0
通道选择		输出模式 RNG	8 位数据 D7～D0							

表 8-3 D10 和 D9 的对应关系

D10	D9	通道
0	0	DACA
0	1	DACB
1	0	DACC
1	1	DACD

TLC5620 的访问时序如图 8.34 所示，D/A 转换器内部有移位寄存器和锁存器，要在工程中实现在 LOAD 高电平时把 11 位数据在 CLK 的下降沿逐位(由高位到低位)发送到 DATA 端，发送完毕后，LOAD 置为低电平，指示 D/A 转换器进行模数转换。LDAC 为 D/A 转换器输出更新控制信号，当 LDAC 为低电平时，把锁存在锁存器的数据送到 D/A 转换器并转换输出。

TLC5620 的输出电压为：

$$V_O = V_{REF} \times \frac{CODE}{256} \times (1 + RNG)$$

式中，V_O 为输出电压值；V_{REF} 为参考电压；CODE 为 8 位二进制数；范围为 0～255；RNG 为 RNG 位，数值为 0 或 1。

LOAD 的低电平的最小保持时间 Tw(LOAD) 为 250ns，各个 Tsu 和 Tv 的最小保持时间为 50ns。为了尽可能最大利用 DAC 的转换速度，为此，状态机选用 5000Hz(200ns) 左右的输入时钟，在 LOAD 低电平要等待 12 个状态机时钟 CLK(0.5MHz)。为此，采用计数器判断等待时间是否满足条件，该计数器使用 LOAD 的高电平为异步复位信号，低电平时，对 CLK 进行计数，当计数器计数值大于 12 时，说明 LOAD 为低电平的时间 Tw(LOAD) 已满足，状态机可跳转到下一态。

当 LOAD 高电平时，需要产生 11 个 D/A 转换的 CLK，同样采用计数器计数值判断。该计数器中，LOAD 的低电平为异步复位信号，LOAD 为高电平时对 DA_CLK 计数，满足计数器的值大于 11 时，说明已经送入了 11bit 的串行数据，可以进行置 LOAD 为低电平，对 11bit 数据锁存进行 D/A 转换。

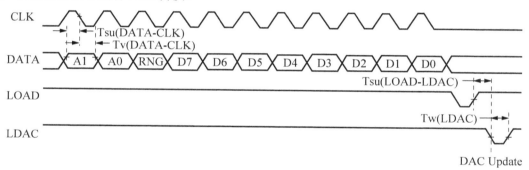

图 8.34　TLC5620 时序图

设计任务：实验平台有一个 4 通道 8 位 D/A 转换器 TLC5620。使用状态机产生时序实现对 TLC5620 的控制，使 A、B、C、D 4 个通道分别输出期望的电压值，用万用表测量输出电压并与理论值做比较。TLC5620 D/A 转换电路原理图如图 8.35 所示。利用 Quartus Ⅱ 完成设计、仿真等工作，最后在 SmartSOPC+实验箱上进行硬件测试。

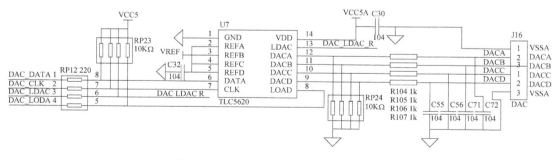

图 8.35　TLC5620 D/A 转换电路原理图

任务分析：对 TLC5620 的控制基本上和 A/D 转换器 TLC549 的控制一样。核心是根据 TLC5620 数据手册提供的访问时序图编写访问和控制程序，控制 TLC5620 的 4 个通道输出指定的电压值。本实验提供一个接口测试模块 dac_test，如图 8.36 所示。该模块主要提供按键输入、数码显示等操作，使用说明如下：按 key1，选择通道，由数码管 1 显示；按 key2、key3 输入 8 位 D/A 转换值，由数码管 3/4 显示；按 key4 选择输出电压模式，是一倍输出还是两倍输出，由数码管 8 显示(0 表示一倍；1 表示两倍)；按 key5，将当前数据发送到 dac_test 模块并启动一次 D/A 转换。

利用测试模块为 TLC5620 控制模块提供的按键值，控制 TLC5620 输出相应的电压值。TLC5620 控制模块如图 8.37 所示。

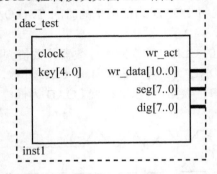

图 8.36　测试模块

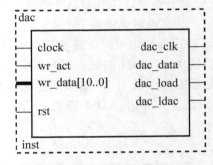

图 8.37　TLC5620 控制模块

该模块端口说明如下：

clock:时钟输入。

rst:复位输入。

wr_data[10..0]：D/A 转换器 11 位数据输入。其中 wr_data[10..9]为通道选择 00:CHA、01:CHB、10:CHC、11:CHD；wr_data[8]为输出 RNG 位(0 表示参考电压到地，1 表示两倍参考电压到地)；wr_data[7..0]为转换的 8 位数据位。

wr_act：写控制。

dac_clk：D/A 转换器时钟输出。

dac_data：D/A 转换器数据输出。

dac_load：D/A 转换器数据加载信号输出。

dac_ldac：D/A 转换器更新锁存信号输出。

参考代码如下：

```
LIBRARY IEEE;
USE IEEE.STD_LOGIC_1164.ALL;
USE IEEE.STD_LOGIC_UNSIGNED.ALL;
USE IEEE.STD_LOGIC_ARITH.ALL;


ENTITY dac IS
GENERIC(
CLK_DIV: Integer:=63;
CLK_DIV_BITS: Integer:=6
```

```
);
PORT(clock: IN STD_LOGIC;
     rst: IN STD_LOGIC;
     wr_data: IN STD_LOGIC_VECTOR(10 DOWNTO 0);--DAC 11 位数据输入
              --//bit[10:9] 通道选择 00:CHA; 01:CHB; 10:CHC; 11:CHD
              --//bit[8] RNG bit 输出电压(0:参考电压到地;1:两倍参考电压到地)
              --//bit[7:0] D/A 转换代码，范围 0~255
              --//输出电压 V_O=V_{REF}×(CODE/256)×(1+RNG bit)
     wr_act: IN STD_LOGIC;                 --写控制
     dac_clk: OUT STD_LOGIC;          --D/A 转换器时钟输出
     dac_data: OUT STD_LOGIC;         --D/A 转换器数据输出
     dac_load: OUT STD_LOGIC;         --D/A 转换器数据加载信号输出
     dac_ldac: OUT STD_LOGIC);        --D/A 转换器更新锁存信号输出
END;


ARCHITECTURE one OF dac IS
SIGNAL counter: STD_LOGIC_VECTOR(CLK_DIV_BITS-1 DOWNTO 0);
SIGNAL dac_clk_r: STD_LOGIC;
SIGNAL dac_data_r: STD_LOGIC;
SIGNAL dac_load_r: STD_LOGIC;
SIGNAL bit_counter: STD_LOGIC_VECTOR(4 DOWNTO 0);   --D/A 转换数据输出
                                                       位计数器
SIGNAL div_clk: STD_LOGIC;                            --分频时钟
SIGNAL bit_counter_rst:STD_LOGIC;                     --位计数器复位信号
SIGNAL dac_dat_send_finish: STD_LOGIC;


TYPE states IS (dac_idle,dac_send,dac_store);        --状态机
SIGNAL dac_sta,dac_sta_next: states;
BEGIN
PROCESS(clock,rst)
BEGIN
  IF RISING_EDGE(clock) THEN
     IF rst='1' THEN
         counter<="000000";
     ELSE
         IF counter<CLK_DIV THEN
             counter<=counter + 1;
             div_clk<='0';
         ELSE
             counter<="000000";
             div_clk<='1';
         END IF;
```

```
        END IF;
  END IF;
END PROCESS;

--<<状态机
PROCESS(clock,rst)
BEGIN
  IF RISING_EDGE(clock) THEN
      IF rst='1' THEN
          dac_sta<=dac_idle;
      ELSE
          dac_sta<=dac_sta_next;
      END IF;
  END IF;
END PROCESS;

PROCESS(dac_sta,wr_act,div_clk,dac_dat_send_finish)--状态描述
BEGIN
  dac_load_r<='1';
  bit_counter_rst<='0';
  dac_sta_next<=dac_idle;
  CASE dac_sta IS
      WHEN dac_idle=>
          bit_counter_rst<='1';        --空闲时复位发送位计数器
          IF wr_act='1' THEN           --有写数据信号时,进入发送状态
              dac_sta_next<=dac_send;
          ELSE
              dac_sta_next<=dac_idle;
          END IF;
      WHEN dac_send=>                   --位数据发送完成后进入数据锁存状态
          IF dac_dat_send_finish ='1' THEN
              dac_sta_next<=dac_store;
          ELSE
              dac_sta_next<=dac_send;
          END IF;
      WHEN dac_store=>
          bit_counter_rst<='1';        --发送位计数器复位
          dac_load_r<='0';             --LOAD 变低进行数据锁存
          IF div_clk ='1' THEN
              dac_sta_next<=dac_idle;
          ELSE
              dac_sta_next<=dac_store;
```

```
            END IF;
    END CASE;
END PROCESS;

    PROCESS( clock)
    BEGIN
      IF rising_edge(clock)   THEN
          IF bit_counter_rst='1' THEN
              bit_counter<="00000";                 --发送位计数器清0
          ELSEIF div_clk='1' THEN                    --发送位计数器累加
              bit_counter<=bit_counter + 1;
          END IF;
      END IF;
    END PROCESS;
    --当发送位计数器计数到24时,发送完毕
    dac_dat_send_finish<='1' WHEN bit_counter=24 else '0';

    PROCESS(bit_counter(4 DOWNTO 1),wr_data)
    BEGIN
      CASE bit_counter(4 DOWNTO 1)  IS --发送计数器每4：1位变换换时,发送1bit数据
          WHEN "0001"=> dac_data_r<=wr_data(10); --先高位
          WHEN "0010"=> dac_data_r<=wr_data(9);
          WHEN "0011"=> dac_data_r<=wr_data(8);
          WHEN "0100"=> dac_data_r<=wr_data(7);
          WHEN "0101"=> dac_data_r<=wr_data(6);
          WHEN "0110"=> dac_data_r<=wr_data(5);
          WHEN "0111"=> dac_data_r<=wr_data(4);
          WHEN "1000"=> dac_data_r<=wr_data(3);
          WHEN "1001"=> dac_data_r<=wr_data(2);
          WHEN "1010"=> dac_data_r<=wr_data(1);
          WHEN "1011"=> dac_data_r<=wr_data(0);
          WHEN OTHERS=> dac_data_r<='1';
      END CASE;
    END PROCESS;

    PROCESS(bit_counter)                            --在发送位计数器2~24产生dac clk
    BEGIN
      IF (bit_counter< 24) AND (bit_counter>=2) THEN
          dac_clk_r<=NOT bit_counter(0);
      ELSE
          dac_clk_r<='0';
      END IF;
```

```
END PROCESS;

dac_clk<=dac_clk_r;
dac_data<=dac_data_r;
dac_load<=dac_load_r;
dac_ldac<='0';

END;
```

任务进阶设计：使 D/A 转换器端口输出锯齿波。

任务分析：该任务需要利用 TLC5620 控制模块对 TLC5620 的控制值随时钟进行线性递增，将本节实验中的人工控制的转换过程修改为随时钟进行转换。

【参考视频】

8.11　基于 LPM 扫频信号发生器设计

波形发生器的结构图如图 8.38 所示，主要由四部分组成：FPGA 中的波形发生器控制电路、波形数据表 ROM、D/A 转换器、滤波电路。

FPGA 中的波形发生器控制电路通过外部控制信号、高速时钟、扫频时钟来产生控制波形数据表 ROM 的地址，输出信号的频率由 ROM 地址的变化速率决定，变化越快，输出频率越高。若以固定的频率扫描输出地址，则输出信号的频率是固定的；若以周期性时变扫描输出地址，则输出信号为扫频信号。波形数据表 ROM 用于存放波形数据，可以存放正弦波、三角波或其他波形数据。本实验中，存放波形数据的 ROM 是 10bits 宽度，256 个数据深度。

D/A 转换器将 ROM 输出的数据转换成模拟信号，经滤波电路滤波后输出(注：本实验箱配的 AD_DA 板没带滤波电路)。SmartSOPC+实验平台上的高速 D/A 转换器使用的是 TI 公司的 125MSPS 单路 10bits 器件 THS5651A，该器件有管脚兼容的更高速(200MSPS)器件 DAC900；运放采用的是美国模拟公司的 350MHz 电压反馈双路运放 AD8039。D/A 转换器输出采用差分方式，输出电压幅度为-2～+2V。D/A 转换器使用内部电压基准。

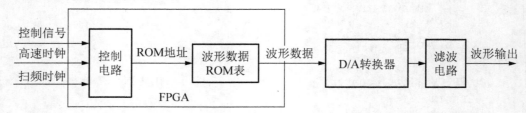

图 8.38　波形发生器结构图

设计任务：本实验的内容是利用实验箱标配的 AD_DA 板上的 D/A 转换器(THS5651A，125MSPS 高速 D/A 转换器)做一个具有扫频功能的正弦波发生器。学习 LPM ROM 宏功能模块的定制与使用。最后，利用 Quartus II 完成设计、仿真等工作，并进行硬件测试。为配合实验操作，本实验提供一个接口测试模块 sine_test。该模块主要负责按键输入、数码显示等操作，使用说明如下：按 key1～key3 输入频率数控分频值，由数码管 1～3 显示；按 key4 选择信号输出模式，由数码管 8 显示，显示为 0 时输出扫频信号，为 1 输出为固定频率的正弦信号，结构如图 8.39 所示。

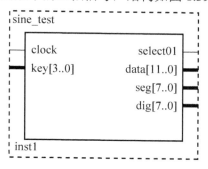

图 8.39　接口测试模块结构

设计步骤：

(1) 建立 ROM 宏单元。由于本设计中有一个存储正弦波型数据的 ROM 模块，所以先新建一个 Block Diagram/Schemaic File 文件，然后单击左边工具栏上的 Symbol Tool 按钮，弹出如图 8.40 所示的对话框。

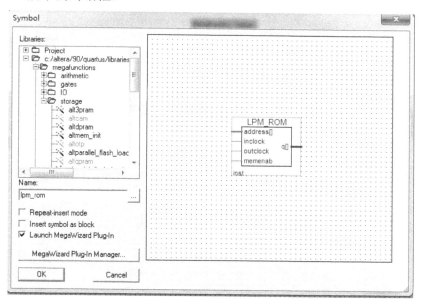

图 8.40　添加 LPM_ROM 模块(一)

打开 Libraries 中的 c:/altera/90/quartus/libraries->megafunctions->storage，选择 LPM_ROM，单击 OK 弹出如图 8.41 所示的对话框。

语言选择 VHDL，在路径的后面填上模块的名称，单击 Next 按钮，进入下一对话框。

在图 8.42 所示的对话框中，设置 ROM 的信息：数据宽度 10bits，数据个数 256，其余默认即可。单击 Next 按钮，进入下一对话框。

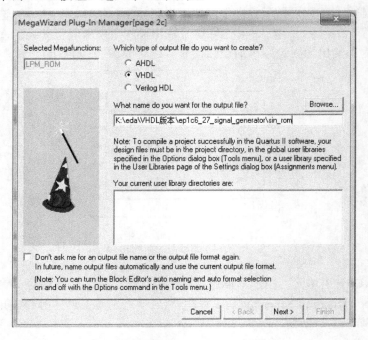

图 8.41　添加 LPM_ROM 模块(二)

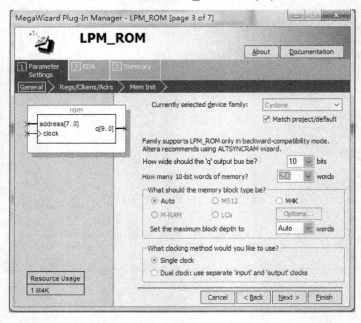

图 8.42　添加 LPM_ROM 模块(三)

在图 8.43 所示的对话框中，设置 ROM 为寄存器输出，不需要时钟使能和异步清零信号单击 Next 按钮，进入下一对话框。

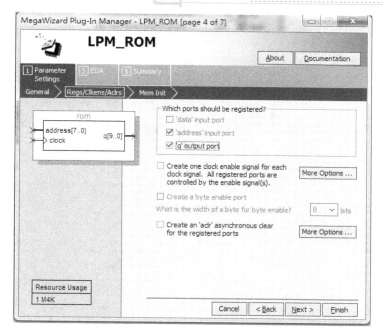

图 8.43　添加 LPM_ROM 模块(四)

在图 8.44 所示的对话框中，指定 ROM 的初始化数据来源。若 Allow In-SystemMemory…
选项选中，则可以允许用 In-System Memory Content Editor 去查看并修改 ROM 里面的内
容。本设计的 ROM 初始化文件名是 sine.mif(mif 文件有两种生成方式，随后介绍)。单击
Next 按钮，进入下一对话框。

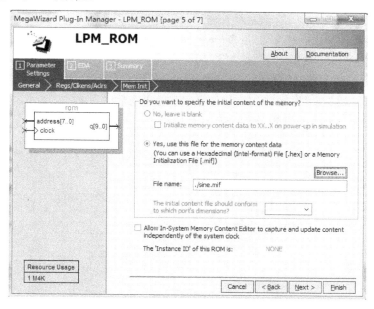

图 8.44　添加 LPM_ROM 模块(五)

在图 8.45 所示的对话框中，指定生成哪些文件。然后单击 Finish 按钮，即可生成 ROM 宏单元。

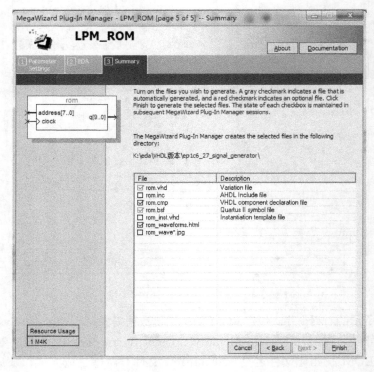

图 8.45　添加 LPM_ROM 模块(六)

(2) 创建 ROM 宏单元初始化文件*.mif。mif 文件有两种生成方式：第一种是在 File→New→Memory Files 下选中如图 8.46 所示的 Memory Initialization File；第二种是用程序自动生成。当新建 Memory Initialization File 后会生成一个类似 Excel 的表单，我们只需要在每个的地址位置上填写相应的数据即可，如图 8.47 所示。但是，这样手工填写的方法非常费时，最好的方法就是参照 mif 文件的格式，用程序或软件生成一个 mif 文件，如用 C 语言。下面是产生 ROM 数据值的 VC 程序。

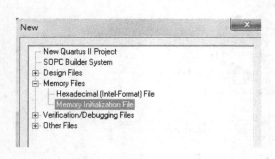

图 8.46　建立 Mif 文件　　　　　　　　　　图 8.47　Mif 文件

```
#include "stdafx.h"
#include "math.h"
int main(int argc, char* argv[])
{
int i;
double s;
for(i=0;i<256;i++)                          //生成的波形表一个周期 256 个点
{
s=sin(atan(1)*8*i/256);                     // atan(1)*8=2π
printf("%d : %x;\n",i,(int)((s+1)*1023/2)); //数据宽度 10 位
}
return 0;
}
```

把上述程序编译生成一个可执行文件 romgen.exe，在 DOS 命令行下执行：romgen > sine.mif; //运行时要在 romgen.exe 文件所在的目录下生成 sine.mif 文件，再加上*.mif 文件的头部说明即可，格式如下：

```
DEPTH = 256;              --数据个数 2^8
WIDTH = 10;               --数据宽度 10bits
ADDRESS_RADIX = DEC;      --地址以 10 进制显示
DATA_RADIX = HEX;         --数据以 16 进制显示
CONTENT
BEGIN
    0 : 1ff;              --ROM 的数据,每个数据必须占用一行,否则会出错
    1 : 20c;
    2 : 218;
    ......
    254 : 1e6;
    255 : 1f2;
END
```

(3) 设计扫频信号发生器，结构如图 8.48 所示。

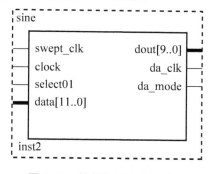

图 8.48　扫频信号发生器结构

参考程序如下:

```
LIBRARY IEEE;
USE IEEE.STD_LOGIC_1164.ALL;
USE IEEE.STD_LOGIC_Arith.ALL;
USE IEEE.STD_LOGIC_Unsigned.ALL;
ENTITY sine IS
PORT(clock: IN STD_LOGIC;                          --系统时钟
     swept_clk: IN STD_LOGIC;                      --扫描时钟
     select01: IN STD_LOGIC;                       --功能选择,波形产生&扫频
     data: IN STD_LOGIC_VECTOR(11 DOWNTO 0);--频率控制
     dout: OUT STD_LOGIC_VECTOR(9 DOWNTO 0);  --数据输出
     da_clk: OUT STD_LOGIC;                        --D/A 转换器时钟输出
     da_mode: OUT STD_LOGIC);                      --D/A 转换器数据模式选择
END;


ARCHITECTURE one OF sine IS
COMPONENT sin_rom                                  --元器件调用声明
  PORT(address : IN STD_LOGIC_VECTOR (7 DOWNTO 0);
       clock : IN STD_LOGIC ;
       q : OUT STD_LOGIC_VECTOR (9 DOWNTO 0));
END COMPONENT;
SIGNAL load_count: STD_LOGIC_VECTOR(11 DOWNTO 0);   --数控分频器重装值
SIGNAL scan_data: STD_LOGIC_VECTOR(11 DOWNTO 0);    --扫频控制值
SIGNAL count: STD_LOGIC_VECTOR(11 DOWNTO 0);        --数控分频计数器
SIGNAL rom_clk: STD_LOGIC;                          --ROM 波表时钟
SIGNAL addr: STD_LOGIC_VECTOR(7  DOWNTO 0);         --ROM 地址
BEGIN
PROCESS(clock)
BEGIN
  IF RISING_EDGE(clock) THEN                        --选择数控分频器初值
     IF select01='1' THEN
         load_count<=data;                          --由外部输入
     ELSE
         load_count<=scan_data;                     --由内部扫频产生
     END IF;
  END IF;
END PROCESS;
PROCESS(clock)                                      --数控分频器
BEGIN
  IF RISING_EDGE(clock) THEN
     IF  count=X"FFF" THEN
```

```
                count<=load_count;
                rom_clk<='1';
            ELSE
                count<=count+1;
                rom_clk<='0';
            END IF;
        END IF;
    END PROCESS;
    PROCESS(clock)
    BEGIN
        IF RISING_EDGE(clock) THEN                     --产生 ROM 地址
            IF rom_clk='1' THEN
                addr<=addr+1;
            END IF;
        END IF;
    END PROCESS;
    PROCESS(swept_clk)
    BEGIN
        IF RISING_EDGE(swept_clk) THEN
            scan_data<=scan_data+1;
        END IF;
    END PROCESS;
    U1: sin_rom PORT MAP(address=>addr,clock=>rom_clk,q=>dout);
    da_clk<=rom_clk;                                   --D/A 时钟输出
    da_mode<='0';                                      --D/A 数据模式选择以二进制输入
END;
```

结合测试模块可以控制扫频的频率，顶层文件结构如图 8.49 所示。

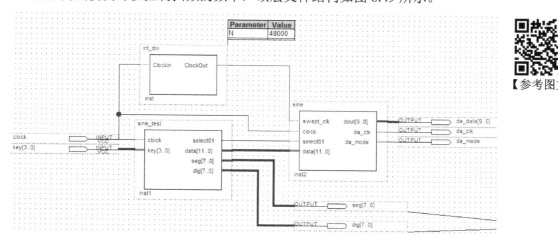

图 8.49　顶层文件结构

用示波器观察输出信号。将示波器的探头接到 AD_DA 板上 J1 的 DA1 引脚上(注意要接地),观察输出波形。若数码管 8 显示"0",则输出扫频信号;若显示"1",则显示点频信号。按 key4 键,改变输出模式,按 key1～key3 键改变分频预置数,观察示波器输出波形。若输出为点频信号,则分频预置数数值越大,输出频率越高,为 FFE 时,输出的频率最高。

【参考视频】

8.12 直接数字频率合成器(DDS)设计

直接数字式频率合成器(Direct Digital Synthesizer, DDS)是一种新型的频率合成技术。DDS 具有相对带宽大、频率转换时间短、分辨力高、相位连续性好等优点,很容易实现频率、相位和幅度的数控调制,广泛应用于通信领域。

DDS 的基本结构图如图 8.50 所示,主要由相位累加器、相位寄存器、波形存储器(ROM)、D/A 转换器构成。相位累加器由 N 位加法器与 N 位寄存器构成。每来一个时钟 CLOCK,加法器就将频率控制字 FWROD 与累加寄存器输出的累加相位数据相加,相加的结果又反馈送至累加寄存器的数据输入端,以使加法器在下一个时钟脉冲的作用下继续与频率控制字相加。这样,相位累加器在时钟作用下,不断对频率控制字进行线性相位累加。由此可以看出,相位累加器在每一个时钟脉冲输入时,把频率控制字累加一次,相位累加器输出的数据就是合成信号的相位,相位累加器的溢出频率就是 DDS 输出的信号频率。用相位累加器输出的数据作为 ROM 的相位取样地址,这样就可把存储在 ROM 内的波形抽样值(二进制编码)经查表查出,完成相位到幅值转换。ROM 的输出送到 D/A 转换器,由D/A 转换器将数字信号转换成模拟信号输出,DDS 信号流程示意图如图 8.51 所示。

由于相位累加器为 N 位,相当于把正弦信号在相位上的精度定为 N 位(N 的取值一般为 24～32),所以分辨率为 $1/2N$。若系统时钟频率为 f_{clk},频率控制字 FWORD 为 1,则输出频率为 $f_{out}=f_{clk}/2N$,这个频率相当于"基频"。若 FWORD 为 B,则输出频率为

$$f_{out} = B \times \frac{f_{clk}}{2^N}$$

当系统输入时钟频率 f_{clk} 不变时,输出信号频率为频率控制字 M 所决定。由上式可得

$$B = 2^N \times \frac{f_{out}}{f_{clk}}$$

其中,B 为频率字,注意 B 要取整,有时会有误差。在本设计中,N 取 32 位,系统时钟频率 f_{clk} 为 120MHz。

当选取 ROM 的地址(即相位累加器的输出数据)时,可以间隔选通,相位寄存器输出的位数 M 一般取 10～16,这种截取方法称为截断式用法,以减少 ROM 的容量。M 太大会导致 ROM 容量的成倍上升,而输出精度受 D/A 转换器位数的限制未有很大改善。在本设计中 M 取 12。

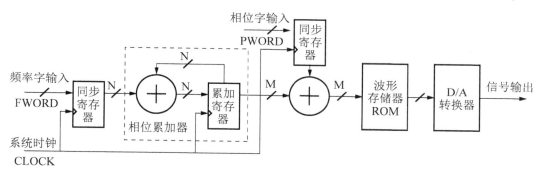

图 8.50　DDS 的基本结构图

设计任务：使用 DDS 的方法设计一个任意频率(0～7.5MHz)的正弦信号发生器。利用 Quartus II 完成设计、仿真等工作，并进行硬件测试。为配合实验操作，本实验提供一个接口测试模块 dds_test(图 8.52)。该模块主要负责按键输入、数码显示等操作，使用说明如下：按 key1～key8 输入 DDS 频率字，由数码管 1～8 显示。

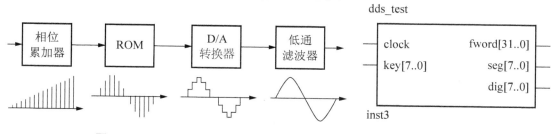

图 8.51　DDS 信号流程示意图　　　　　　　图 8.52　接口测试模块

设计步骤：

(1) 建立 PLL 宏单元，命名为 pll，设置 c0 输出频率为 120MHz。

在菜单栏中选择 Tool→MegaWizard Plug-In Manager...命令，弹出如图 8.53 所示添加宏单元的向导。

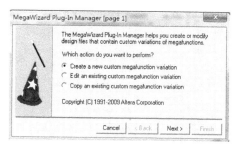

图 8.53　添加宏单元的向导

单击图 8.53 所示对话框中的 Next 按钮，进入向导第 2 页，按图 8.54 所示选择和设置。

单击图 8.54 所示对话框中的 Next 按钮，进入向导第 3 页，按图 8.55 所示选择和设置，注意标记部分。由于电路板上的有源晶振频率为 48MHz，所以输入频率设为 48MHz。注

VHDL 数字系统设计与应用

意，输入时钟频率不能低于 16MHz。

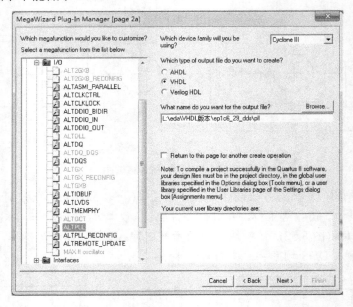

图 8.54　添加 PLL 模块(一)

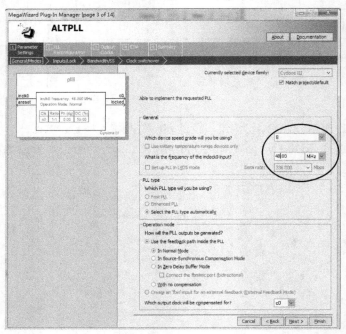

图 8.55　添加 PLL 模块(二)

　　单击图 8.55 所示对话框中的 Next 按钮，进入向导第 4 页，在图 8.56 所示的对话框中
选择 PLL 的控制信号，如 PLL 使能控制 pllena，异步复位 areset，锁相输出 locked 等。为
了简化实验，这里不选任何控制信号。

图 8.56　添加 PLL 模块(三)

单击图 8.56 所示对话框中的 Next 按钮，进入向导第 5 页，依次单击 Next 按钮，进入向导第 8 页，按图 8.57 所示选择 c0 输出频率为 120MHz(c0 为片内输出频率)，时钟相移和时钟占空比不改变。

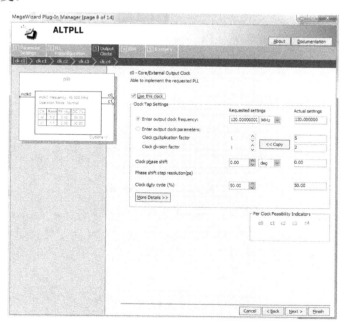

图 8.57　添加 PLL 模块(四)

单击图 8.57 所示对话框中的 Next 按钮，进入向导第 9 页 c1 的设置界面，单击 Next 按钮进入向导第 10 页 c2 的设置界面，这里不使用，所以直接按跳过进入向导第 14 页，如图 8.58 所示，选中要生成的文件，最后单击 Finish 按钮，完成 PLL 兆功能模块的定制。

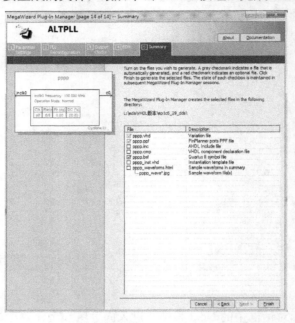

图 8.58　添加 PLL 模块(五)

(2) 建立 ROM 宏单元并命名为 dds_rom，设置数据个数为 4096，数据宽度为 10 位，初始化数据选择 dds_rom.mif 文件。具体的操作过程请参考 8.11 节。

(3) 运用 DDS 原理编写 DDS 发生器，编译通过后生成模块如图 8.59 所示。

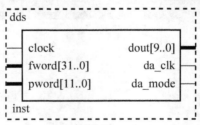

图 8.59　DDS 发生器模块

其中，fword 为频率控制字输入；pword 为相位控制字输入；da_data[9..0]为通往外部 DA 的数据段，共 10 位；da_clk 为 D/A 时钟；da_mode 为 D/A 转换器控制端。本实验使用的 D/A 转换器模块和 8.11 节使用的转换器相同。

参考程序如下：

```
LIBRARY IEEE;
USE IEEE.STD_LOGIC_1164.ALL;
USE IEEE.STD_LOGIC_Arith.ALL;
```

```
USE IEEE.STD_LOGIC_Unsigned.ALL;
ENTITY dds IS
PORT(clock: IN STD_LOGIC;
     fword: IN STD_LOGIC_VECTOR(31 DOWNTO 0);        --输入频率字
     pword: IN STD_LOGIC_VECTOR(11 DOWNTO 0);        --输入相位字
     da_data:OUT STD_LOGIC_VECTOR(9 DOWNTO 0);       --输出 D/A 数据
     da_clk: OUT STD_LOGIC;                          --输出 D/A 时钟
     da_mode:OUT STD_LOGIC);                         --D/A 转换器模式控制
END;
ARCHITECTURE one OF dds IS
COMPONENT dds_rom                                    --调用元器件说明
 PORT(address : IN STD_LOGIC_VECTOR (11 DOWNTO 0);
      clock : IN STD_LOGIC ;
      q : OUT STD_LOGIC_VECTOR (9 DOWNTO 0));
END COMPONENT;
SIGNAL fword_r: STD_LOGIC_VECTOR(31 DOWNTO 0);
SIGNAL pword_r: STD_LOGIC_VECTOR(11 DOWNTO 0);
SIGNAL freq_count: STD_LOGIC_VECTOR(31 DOWNTO 0);    --频率相位累加器
SIGNAL rom_addr:STD_LOGIC_VECTOR(11 DOWNTO 0);       --正弦波数据表地址
BEGIN
da_mode<='0';                                        --D/A 选择二进制数据模式
da_clk<=NOT clock;
PROCESS(clock)                                       --同步锁存频率、相位字
BEGIN
  IF RISING_EDGE(clock) THEN
     fword_r<=fword;
     pword_r<=pword;
  END IF;
END PROCESS;
PROCESS(clock)                                       --频率相位累加器
BEGIN
  IF RISING_EDGE(clock) THEN
     freq_count<=freq_count + fword_r;
  END IF;
END PROCESS;
PROCESS(clock)                                       --相位调制器
BEGIN
  IF RISING_EDGE(clock) THEN
     rom_addr<=freq_count(31 DOWNTO 20) + pword_r;
  END IF;
END PROCESS;
U1: dds_rom PORT MAP(address=>rom_addr,clock=>clock,q=>da_data);
END;
```

　　(4) 建立顶层文件结构，如图 8.60 所示，添加 PLL 模块、DDS 模块和测试模块，配置引脚调试，下载测试。用示波器观察输出信号。将示波器的探头接到 AD_DA 板上 J1 的 DA1 引脚上(注意要接地)，观察输出波形。按 key1～key8 键改变频率字(注意，数码管上显示的数为 8 位十六进制数的频率字)，观察示波器输出波形，计算输出频率，并与理论值做比较。

【参考图文】

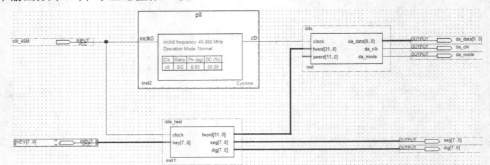

图 8.60　DDS 波形发生器顶层文件结构

　　任务进阶设计：试将本节实验中的正弦波改成三角波、方波或者任意波形。

　　任务分析：按照 DDS 的原理只要修改 dds_rom 这个 ROM 宏单元的内容就可以生成想要的波形。

8.13　高速 ADTLC5510 数据采集——嵌入式逻辑分析仪 SignalTap II 的使用

　　A/D 转换器采用的是 TI 公司的 8bit/s 20M 采样速度的器件 TLC5510A，该器件具有引脚兼容的更高速(40M)器件 TLC5540。运放采用的是美国模拟公司的 350MHz 电压反馈运放 AD8038。

　　TLC5510A 的时序图如图 8.61 所示。从图中可以看到，对 TLC5510A 的控制很简单，只要给时钟就行了，输入信号在时钟的下降沿被采样，延迟 2.5 个时钟后输出。数据在时钟的上升沿读入。图 8.61 中 Td(S)为采样延迟时间，典型的时间为 4ns；Td(D)为数据输出延迟时间，典型的时间为 18ns，最大不超过 30ns。

【参考图文】

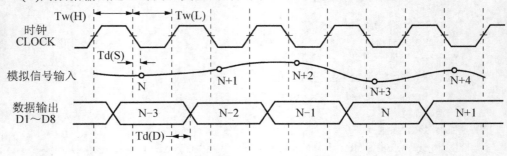

图 8.61　TLC5510A 时序图

设计任务：本实验的内容是利用实验箱标配的 AD_DA 板上的 A/D 转换器(TLC5510A，20MSP S 高速 A/D 转换器)做数据采样实验，采样后的数据用 Quartus II 嵌入式逻辑分析仪 Signal Tap II 进行分析；采样的模拟信号由 D/A 转换器用 DDS 的方法产生(参考直接数字频率合成器 DDS 的设计)。

AD/DA 电路中 JP1 是用于进入 A/D 转换器输入前端增益设置的，以适应不同的输入信号，当短接 JP1 时，增益为 2；当断开 JP1 时，增益为 1。在 A/D 转换器输入前端电路中加入了电压偏置电路(R14、R15)，偏置值为 $V_{REF}/2$，即 $2V(V_{REF}=4V)$。TLC5510A 的能测的电压为 $0\sim4V(V_{REF}=4V)$，当 JP1 断开时，对于被测模拟输入(J4)的电压幅值为$-2\sim+2V$；当 JP1 短接时，对于被测模拟输入(J4)的电压幅值为$-1\sim+1V$。

AD/DA 电路中 JP2 是用于 A/D 转换器的时钟源选择，当短接 1、2(CLK、20M)时 A/D 转换器使用板上 20MHz 有源晶振提供的 20MHz 频率；当短接 2、3(AD、CLK)时测选择核心板提供的可变频率，使用 FPGA 可以产生 A/D 转换器所需的任意频率。A/D 转换器的电压基准由 TL431 产生，$V_{REF}=2.5\times((10+3+3)/10)=4(V)$，注意电压基准电路中 R39 的阻值不能太大，要能给 TL431 提供大于 1mA 的电流。

设计步骤：

1. 设计信号源

仿照直接数字频率合成器 DDS 的设计的设计过程设计 DDS 信号发生器为本实验提供信号源。

2. 编写程序

建立顶层文件 tlc5510adc.v，编写程序用于控制 TLC5510 和 DDS 信号发生器之间的连接。

参考代码如下：

```
LIBRARY IEEE;
USE IEEE.STD_LOGIC_1164.ALL;
USE IEEE.STD_LOGIC_Arith.ALL;
USE IEEE.STD_LOGIC_Unsigned.ALL;


ENTITY tlc5510adc IS.
PORT(clock: IN STD_LOGIC;                          --系统时钟
     key:  IN STD_LOGIC_VECTOR(7 DOWNTO 0);        --按键输入
     ad_datin: IN STD_LOGIC_VECTOR(7 DOWNTO 0); --A/D 转换器数据输入
     da_data: OUT STD_LOGIC_VECTOR(9 DOWNTO 0); --D/A 转换器数据输出
     da_clk: OUT STD_LOGIC;                        --D/A 转换器时钟输出
     da_mode: OUT STD_LOGIC;                       --D/A 转换器模式选择输出
     ad_clk: OUT STD_LOGIC;                        --A/D 转换器时钟
     ad_noe: OUT STD_LOGIC;                        --A/D 转换器使能控制
```

```
        ad_datout: OUT STD_LOGIC_VECTOR(7 DOWNTO 0); --A/D 转换器数据输出(测试
                                                          点输出)
        seg: OUT STD_LOGIC_VECTOR(7 DOWNTO 0);        --数码管段码输出
        dig: OUT STD_LOGIC_VECTOR(7 DOWNTO 0));       --数码管位码输出
END;


ARCHITECTURE one OF tlc5510adc IS
COMPONENT pll                                          --调用 PLL 模块声明
PORT(inclk0 : IN STD_LOGIC := '0';
     c0 : OUT STD_LOGIC ;
     c1 : OUT STD_LOGIC );
END COMPONENT;
COMPONENT dds                                          --调用 DDS 模块声明
PORT(clock: IN STD_LOGIC;
     fword: IN STD_LOGIC_VECTOR(31 DOWNTO 0);          --输入频率字
     pword: IN STD_LOGIC_VECTOR(11 DOWNTO 0);          --输入相位字
     da_data:OUT STD_LOGIC_VECTOR(9 DOWNTO 0);         --输出 D/A 数据
     da_clk: OUT STD_LOGIC;                            --输出 D/A 时钟
     da_mode:OUT STD_LOGIC);                           --D/A 转换器模式控制
END COMPONENT;
COMPONENT dds_test
PORT(clock: IN STD_LOGIC;                              --系统时钟 48MHz
     key: IN STD_LOGIC_VECTOR(7 DOWNTO 0);             --按键输入 key1~key5
     fword: OUT STD_LOGIC_VECTOR(31 DOWNTO 0);         --要发送的数据
     seg: OUT STD_LOGIC_VECTOR(7 DOWNTO 0);            --数码管段码输出
     dig: OUT STD_LOGIC_VECTOR(7 DOWNTO 0));           --数码管位码输出
END COMPONENT;
SIGNAL ad_datout_r: STD_LOGIC_VECTOR(7 DOWNTO 0);      --A/D 转换器数据输入
                                                          寄存器

SIGNAL fword: STD_LOGIC_VECTOR(31 DOWNTO 0);
SIGNAL dds_clk: STD_LOGIC;                             --PLL 输出时钟
SIGNAL ad_clk_r: STD_LOGIC;                            --A/D 时钟
BEGIN
ad_noe<='0';                                           --A/D 使能控制
ad_datout<=ad_datout_r;
ad_clk<=ad_clk_r;


PROCESS(ad_clk_r)
BEGIN
 IF rising_edge(ad_clk_r) THEN
```

```
        ad_datout_r<=ad_datin;
  END IF;
END PROCESS;
--调用 PLL 模块
U1: pll PORT MAP(inclk0=>clock,        --PLL 输入时钟 48MHz
                 c0=>dds_clk,          --PLL 输出时钟 120MHz
                 c1=>ad_clk_r);        --PLL 输出时钟 20MHz
--调用 DDS 模块
U2:  dds PORT MAP( clock  =>dds_clk,  --120MHz
                   fword  =>fword,    --频率字输入
                   pword  =>X"000",   --相位字输入
                   da_clk =>da_clk,   --20MHz 时钟
                   da_data =>da_data,
                   da_mode =>da_mode);
--调用测试模块
U3: dds_test PORT MAP( clock=>clock,
                       key    =>key,
                       fword  =>fword,
                       seg    =>seg,
                       dig    =>dig);

END;
```

编译调试通过后，接下来学习如何使用嵌入 SignalTap II 逻辑分析仪。

3. 嵌入 SignalTap II 逻辑分析仪

在设计中嵌入 SignalTap II 逻辑分析仪有两种方法：第一种方法是建立一个 SignalTap II 文件(.stp)，然后定义 STP 文件的详细内容；第二种方法是用 MegaWizad Plug-In Manager 建立并配置 STP 文件，然后用 MegaWizad 实例化一个 HDL 输出模块。

1) 创建 STP 文件

在 Quartus II 软件中，在菜单栏中选择 File→New 命令，弹出 New 对话框，如图 8.62 所示。在该对话框中选择 Verification/Debugging Files 标签页，从中选择 SignalTap II Logic Analyzer File 选项，单击 OK 按钮，则新建一个 SignalTap II 窗口，如图 8.63 所示。

2) 设置采集时钟

(1) 在 Signal Tap II 逻辑分析窗口选择 Setup 标签页。

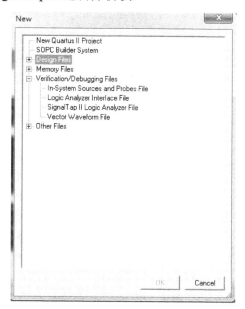

图 8.62　New 对话框

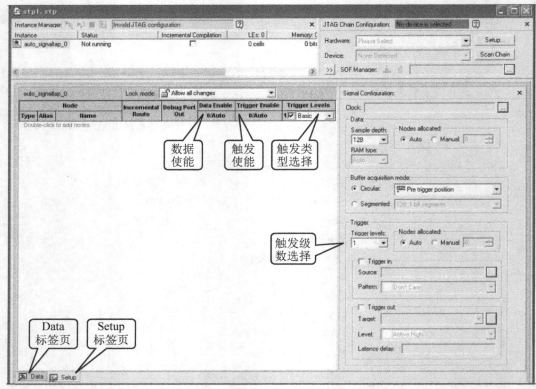

图 8.63　SignalTap II 窗口

(2) 单击 Clock 栏后面的 Browese Node Finder 按钮，弹出 Node Finder 对话框。

(3) 在 Node Finder 对话框中的 Filter 列表中选择 SignalTap II：pre-synthesis。

(4) 在 Named 文本框中，输入作为采样时钟的信号名称，或单击 List 按钮，在 Nodes Found 列表中选择作为采样时钟的信号。本设计中选择系统最高频率(120MHz)的时钟 da_clk 作为采样时钟。

(5) 单击"确定"按钮，此时设置作为采样时钟的信号显示在 Clock 栏中。

3) 分配数据信号

(1) 完成设计的 Analysis & Elaboradtion 或 Analysis & Synthesis，或全编译过程。

(2) 在 SignalTap II 逻辑分析仪窗口，单击 Setup 标签页。

(3) 在 STP 窗口的 Setup 标签页中双击，弹出 Node Finder 对话框。

(4) 在 Node Finder 对话框的 Filter 列表中选择 SignalTap II：pins all。

(5) 在 Named 文本框中输入节点名、部分节点名或通配符，单击 List 按钮查找节点。

(6) 在 Nodes Found 列表中选择要加入 STP 文件中的节点或总线；本设计在这里添加 3 个信号，分别为 ad_clk、ad_datout、da_data。

(7) 单击">"按钮，将选择的节点或总线复制到 Selected Nodes 列表中。

(8) 单击 OK 按钮，将选择的节点或总线插入 STP 文件，如图 8.64 所示。

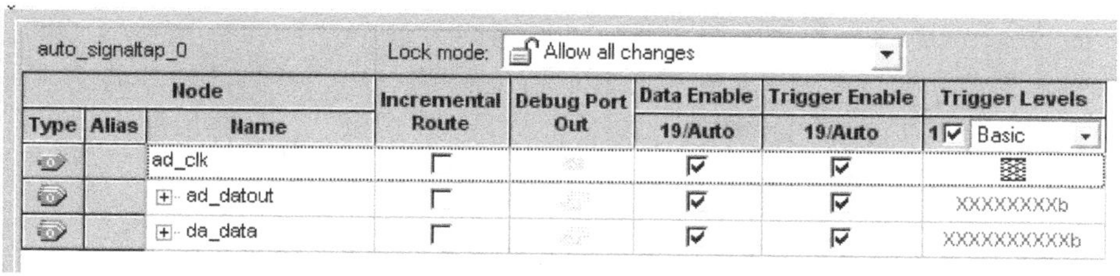

图 8.64 在 SignalTap II 中添加节点或总线

4) 逻辑分析仪触发控制

逻辑分析仪触发控制包括设置触发类型和触发级数。

(1) 触发类型 Basic。该触发模式包括 Don't Care(无关项触发)、LOW(低电平触发)、Hight(高电平触发)、Falling Edge(下降沿触发)、Rising Edge(上升沿触发)及 Either Edge(双边沿触发)。在本设计中不选择任何触发。

(2) 触发类型 Advanced。在该模式中,设计者必须为逻辑分析仪建立触发条件表达式。

(3) 触发级数选择。在多级触发中,SignalTap II 逻辑分析仪首先对第一级触发模式进行触发;当第一级触发表达式满足条件,测试结果为 TRUE 时,才对第二级触发表达式进行测试;依此类推,直到所有触发级完成测试,并且最后一级触发条件测试结果为 TURE 时,SignalTap II 逻辑分析仪开始捕获信号状态。SignalTap II 逻辑分析仪最大可以选择的触发级数为 10 级。在本设计中只选一级触发。

(4) 指定采样点数及触发位置。

在 STP 文件窗口的 Data 栏中的 Sample depth 列表中指定观测数据点数为 2K;在 Buffer acquisition mode 栏中的 Circular 列表中可以选择超前触发数据和延时触发数据之间的比例,在这里选择 Pre trigger position:保存触发信号发生之前的信号状态信息(88%触发前数据,12%触发后数据)。

4. 将 tlc5510adc.bdf 设置为顶层实体

对该工程文件进行全程编译处理,若在编译过程中发现错误,则找出并更正错误,直至编译成功为止。

5. 硬件连接、下载程序

(1) 如果核心板是 QuickSOPC-1C12,需执行此步骤;如果不是,则跳过此步。拔掉实验箱上 JP6 中 MotorA、MotorB、8563INT、LM75OS 上的跳线,拿出实验箱配置的连线将实验箱上 JP6 的 MotorA、MotorB、8563INT 和 LM75OS 引脚(注意,连线要插在 JP6 的左边引脚)分别与数码管显示区的 COM3(DIG_COM)的 DIG4~DIG7 相对应连接。

(2) 拿出 AD_DA 板插到 QuickSOPC 核心板的 PACK 区上(位于核心板左上脚,注意不要插反),用连线将 AD_DA 板上的-12V 电源输入端与实验箱主板上的-12V 电源端连起来,使得高速运放能正常工作;用连接将 AD_DA 板上 J1 的 DA1(DA 输出信号)和 J4 的 ADIN(AD 输入信号)连起来。AD_DA 板上 JP1 的跳线不短接,用短接帽将 JP2 的 AD、CLK 连起来。

VHDL 数字系统设计与应用

(3) 在 SmartSOPC+实验箱上用跳线短接帽跳接到 JP6 的 KEY1～KEY8，使之分别与 FPGA 的引脚相连。最后拿出 Altera ByteBlaster II 下载电缆，并将此电缆的两端分别接到 PC 机的打印机并口和 QuickSOPC 核心板上的 JTAG 下载口上，打开电源。

6. SignalTap II 分析器件编程

(1) 在 STP 文件中，JTAG Chain 设置部分选择嵌入 SignalTap II 逻辑分析仪的 SRAM 对象文件(.sof)。

(2) 单击 Scan Chain 按钮，在 Device 列表中选择目标器件。

(3) 单击程序下载图标进行器件编程，如图 8.65 所示。

7. 查看 SignalTap II 采样数据

(1) 按 KEY1～KEY8，输入"01111111"，即 DDS 产生输出 500kHz 的正弦信号。

(2) 在 SignalTap II 窗口(图 8.63)中，单击 Run Analysis 按钮，启动 SignalTap II 逻辑分析仪，由于没有设置触发条件，所以立即捕捉数据。

(3) 为了直观地分析波形，可设置波形数据显示方式为图形方式。如图 8.66 所示，在要设置的节点名上右击，选择 Bus Display Format→Unsigned Line Chart 命令。设置后的波形如图 8.67 所示。

(4) 在 SignalTap II 窗口中，单击 AutoRun Analysis 按钮，启动 SignalTap II 逻辑分析仪。改变 A/D 转换器输入信号的频率(即 DDS 的输出频率，由 KEY1～KEY8 控制)。观察 D/A 转换器输出信号(da_data)和 A/D 转换器采集到的信号(ad_datout)。分析它们之间的相位关系。

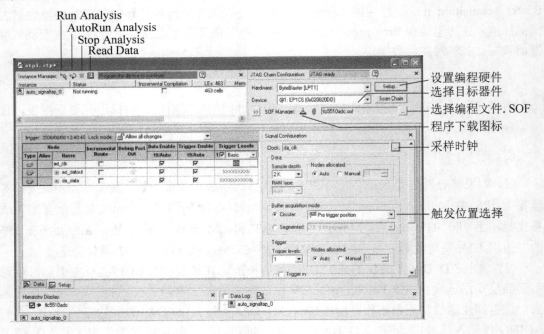

图 8.65 SignalTap II 逻辑分析仪编程

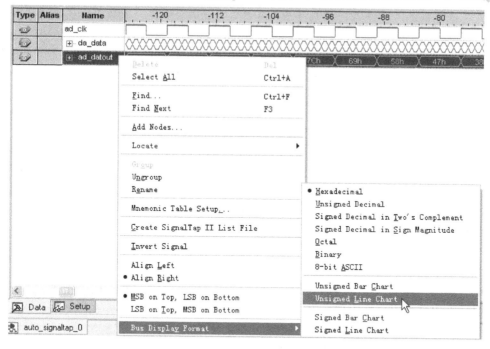

图 8.66　SignalTap II 逻辑分析仪采集数据

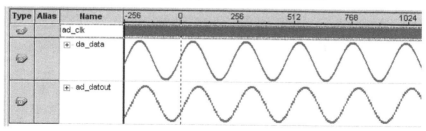

图 8.67　SignalTap II 采集数据波形图

注意事项：Quartus II 软件中的 SignalTap II 逻辑分析仪是非插入式的，SignalTap II 逻辑分析仪允许设计者在设计中用探针的方式探查内部信号状态。使用 SignalTap II 逻辑分析仪会占用 FPGA 内部较多的逻辑单元(LE)和片上 RAM 资源，由于 FPGA 的片上 RAM 一般都很小，所以在设置数据存储深度时要做合理安排。

8.14　VGA 彩色信号显示控制器设计

视频图形阵列(Video Graphics Array，VGA)是 IBM 公司在 1987 年随 PS/2 一起推出的使用模拟信号的一种视频传输标准，在当时具有分辨率高、显示速率快、颜色丰富等优点，在彩色显示器领域得到了广泛的应用。这个标准对于现今的个人计算机市场已经十分过时。即使如此，VGA 仍然是最多制造商所共同支持的一个标准，个人计算机在加载自己的独特驱动程序之前,都必须支持 VGA 的标准。例如,微软 Windows 系列产品的开机画面仍然使用 VGA 显示模式,这也说明其在显示标准中的重要性和兼容性。

VGA 接口的引脚分配见表 8-4。

表 8-4　VGA 接口引脚分配表

引脚	名称	注　释	引脚	名称	注　释
1	RED	红基色	9	KEY	保留
2	GREEN	绿基色	10	SGND	同步信号地
3	BLUE	蓝基色	11	ID0	显示器标识位 0
4	ID2	显示器标识位 2	12	ID1 or SDA	显示器标识位 1
5	GND	地	13	HSYNC or CSYNC	行同步或复合同步
6	RGND	红色地	14	VSYNC	场同步
7	GGND	绿色地	15	ID3 or SCL	显示器标识位 3
8	BGND	蓝色地			

【参考图文】

常见的彩色显示器一般由 CRT(阴极射线管)构成,色彩是由 R、G、B(红:Red,绿:Green,蓝:Blue)三基色组成。显示用逐行扫描的方式解决,阴极射线枪发出电子束打在涂有荧光粉的荧光屏上,产生 RGB 三基色,合成一个彩色像素。扫描从屏幕的左上方开始,从左到右,从上到下,进行扫描,每扫完一行,电子束回到屏幕的左边下一行的起始位置,在这期间,CRT 对电子束进行消隐,每行结束时,用行同步信号进行行同步;扫描完所有行,用场同步信号进行场同步,并使扫描回到屏幕的左上方,同时进行场消隐,预备下一场的扫描。

对于普通的 VGA 显示器,共有 5 个信号:R、G、B 三基色信号,HS 行同步信号,VS 场同步信号。对于时序驱动,VGA 显示器要严格遵循 VGA 工业标准,即 640dpi×480dpi×60Hz 模式,否则可能会损害 VGA 显示器。

通常我们用的显示器都满足工业标准,因此我们设计 VGA 控制器时要参考显示器的技术规格。如图 8.68 所示是 VGA 行扫描、场扫描的时序图。

VGA 工业标准所要求的频率如下:时钟频率(Clock frequency)25.175MHz(像素输出的频率);行频(Line frequency)31469Hz;场频(Field frequency)59.94Hz(每秒图像刷新频率)。

VGA 工业标准模式要求:行、场同步都为负极性,即同步头脉冲要求是负脉冲。设计时要注意时序驱动及电平驱动。

如图 8.69 所示为 VGA 图像显示扫描示意图,在设计时,可用两个计数器进行计数(行、场扫描计数器),行计数器的驱动时钟为 25MHz,场计数器的驱动时钟为行计数器的溢出信号。计数的同时控制行、场同步信号输出,并在适当的时候送出数据,就能显示相应的图像。注意消隐期间送出的数据应为 0x00。显示器的刷新率为 25MHz/800/525=59.52Hz,接近 VGA 工业标准场频 59.94Hz。

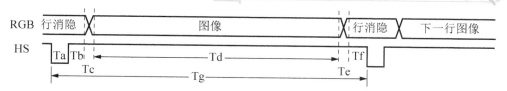

行扫描时序要求(单位：像素，即输出一个像素Pixel的时间间隔)：
Ta(行同步头)：96　Tb：40　Tc：8　Td(行图像)：640　Te：8　Tf：8　Tg(行周期)：800

场扫描时序要求(单位：行，即输出一个行Line的时间间隔)：
Ta(场同步头)：2　Tb：25　Tc：8　Td(场图像)：480　Te：8　Tf：2　Tg(场周期)：525

图 8.68　VGA 行扫描、场扫描时序示意图

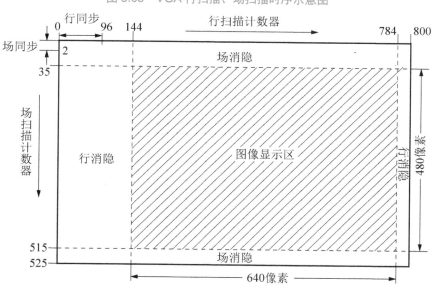

图 8.69　VGA 图像显示扫描示意图

　　设计任务 1：SmartSOPC+实验箱上配有 VGA 接口。本实验的内容是用 FPGA 来实现
VGA 图像控制,控制显示器显示彩条信号,分别显示横彩条、竖彩条和棋盘格。利用 Quartus
II 完成设计、仿真等工作，最后在 SmartSOPC+实验箱上进行硬件测试。

　　SmartSOPC+实验箱的 VGA 接口提供 8 位数据输入，三基色信号 R、G、B 共占用
8 位(分别为 R：3 位、G：3 位、B：2 位)，因此可以显示 256 种颜色。RGB 数据格式
见表 8-5。

表 8-5　RGB 数据格式

D7	D6	D5	D4	D3	D2	D1	D0
R2	R1	R0	G2	G1	G0	B1	B0

本设计是产生 8 种颜色的彩条信号，分 4 种显示模式，分别是横彩条信号、竖彩条信号和两种模式的棋盘格。颜色编码表见表 8-6。

表 8-6　颜色编码表

颜色	黑	蓝	红	紫	绿	青	黄	白
R	0	0	1	1	0	0	1	1
G	0	0	0	0	1	1	1	1
B	0	1	0	1	0	1	0	1
数据编码	0x00	0x03	0xE0	0xE3	0x1C	0x1F	0xFC	0xFF

参考代码如下：

```
LIBRARY IEEE;
USE IEEE.STD_LOGIC_1164.ALL;
USE IEEE.STD_LOGIC_UNSIGNED.ALL;
USE IEEE.STD_LOGIC_ARITH.ALL;


ENTITY vga IS
PORT(clock: IN STD_LOGIC;                              --系统输入时钟48MHz
     disp_dato: OUT STD_LOGIC_VECTOR(7 DOWNTO 0);      --VGA 数据输出
     hsync: OUT STD_LOGIC;                             --VGA 行同步信号
     vsync: OUT STD_LOGIC);                            --VGA 场同步信号
END;


ARCHITECTURE one OF vga IS
COMPONENT pll
 PORT(inclk0 : IN STD_LOGIC := '0';
      c0 : OUT STD_LOGIC );
END COMPONENT;


SIGNAL hcount: STD_LOGIC_VECTOR(9 DOWNTO 0);
SIGNAL vcount: STD_LOGIC_VECTOR(9 DOWNTO 0);
SIGNAL data: STD_LOGIC_VECTOR(7 DOWNTO 0);
SIGNAL h_dat: STD_LOGIC_VECTOR(7 DOWNTO 0);
SIGNAL v_dat: STD_LOGIC_vECTOR(7 DOWNTO 0);
SIGNAL timer: STD_LOGIC_VECTOR(9 DOWNTO 0);
SIGNAL flag: STD_LOGIC;
```

```vhdl
    SIGNAL hcount_ov:STD_LOGIC;
    SIGNAL vcount_ov:STD_LOGIC;
    SIGNAL dat_act: STD_LOGIC;
    SIGNAL hsync_r: STD_LOGIC;
    SIGNAL vsync_r: STD_LOGIC;
    SIGNAL vga_clk: STD_LOGIC;

    CONSTANT hsync_end: STD_LOGIC_VECTOR(9 DOWNTO 0):="0001011111";--95
    CONSTANT hdat_begin: STD_LOGIC_VECTOR(9 DOWNTO 0):="0010001111";
                                        --143,图形显示横区开始
    CONSTANT hdat_end: STD_LOGIC_VECTOR(9 DOWNTO 0):="1100001111";
                                        --783,图形显示横区结束
    CONSTANT hpixel_end: STD_LOGIC_VECTOR(9 DOWNTO 0):="1100011111";
                                        --799
    CONSTANT vsync_end: STD_LOGIC_VECTOR(9 DOWNTO 0):="0000000001";
                                        --1
    CONSTANT vdat_begin: STD_LOGIC_VECTOR(9 DOWNTO 0):="0000100010";
                                        --34,图形显示横区开始
    CONSTANT vdat_end: STD_LOGIC_VECTOR(9 DOWNTO 0):="1000000010";
                                        --514,图形显示横区结束
    CONSTANT vline_end: STD_LOGIC_VECTOR(9 DOWNTO 0):="1000001100";
                                        --524
    BEGIN

                                        --调用 PLL 模块
    U1: pll PORT MAP(inclk0=>clock,c0=>vga_clk);
    PROCESS(vga_clk)                    --行扫描
    BEGIN
      IF RISING_EDGE(vga_clk) THEN
          IF hcount_ov='1' THEN
              hcount<=B"00_0000_0000";
          ELSE
              hcount<=hcount+1;
          END IF;
      END IF;
    END PROCESS;
    hcount_ov<='1'   WHEN hcount=hpixel_end ELSE '0';
    PROCESS(vga_clk)                    --场扫描
    BEGIN
      IF RISING_EDGE(vga_clk) THEN
          IF hcount_ov='1' THEN
              IF vcount_ov='1' THEN
                  vcount<=B"00_0000_0000";
```

```vhdl
            ELSE
                vcount<=vcount+1;
            END IF;
        END IF;
    END IF;
    END PROCESS;
    vcount_ov<='1' WHEN vcount=vline_end ELSE '0';
    --数据、同步信号输出
    dat_act   <= '1'  WHEN ((hcount>=hdat_begin) AND (hcount<hdat_end)) AND
((vcount>=vdat_begin)AND(vcount<vdat_end)) ELSE '0';
    hsync_r   <= '1'  WHEN hcount>hsync_end ELSE '0';
    vsync_r   <= '1'  WHEN vcount>vsync_end ELSE '0';
    disp_dato<=data WHEN dat_act='1'  ELSE X"00";
    --显示数据处理部分
    --图片显示延时计数器
    PROCESS(vga_clk)
    BEGIN
      IF RISING_EDGE(vga_clk)THEN
          flag<=vcount_ov;
          IF (vcount_ov='1' AND (NOT flag='1')) THEN
              timer<=timer+1;
          END IF;
      END IF;
    END PROCESS;


    PROCESS(vga_clk)
    BEGIN
      IF RISING_EDGE(vga_clk)THEN
          CASE timer(9 DOWNTO 8)  IS
              WHEN "00"=> data<=h_dat;                --选择横彩条
              WHEN "01"=> data<=v_dat;                --选择竖彩条
              WHEN "10"=> data<=(v_dat XOR h_dat);     --产生棋盘格
              WHEN "11"=> data<=(v_dat XOR NOT h_dat); --产生棋盘格
          END CASE;
      END IF;
    END PROCESS;

    PROCESS(vga_clk)                                 --产生竖彩条
    BEGIN
      IF RISING_EDGE(vga_clk)THEN
          IF hcount<223 THEN
              v_dat<=X"FF";                          --白色
```

```
            ELSEIF hcount<303 THEN
                v_dat<=X"FC";                    --黄色
            ELSEIF hcount<383 THEN
                v_dat<=X"1f";                    --青色
            ELSEIF hcount<463 THEN
                v_dat<=X"1c";                    --绿色
            ELSEIF hcount<543 THEN
                v_dat<=X"e3";                    --紫色
            ELSEIF hcount<623 THEN
                v_dat<=X"e0";                    --红色
            ELSEIF hcount<703 THEN
                v_dat<=X"03";                    --蓝色
            ELSE
                v_dat<=X"00";                    --黑色
            END IF;
      END IF;
END PROCESS;


PROCESS(vga_clk)                                 --产生横彩条
BEGIN
  IF RISING_EDGE(vga_clk)THEN
      IF vcount<=94 THEN
            h_dat<=X"ff";                        --白色
      ELSEIF vcount<154 THEN
            h_dat<=X"FC";                        --黄色
      ELSEIF vcount<214 THEN
            h_dat<=X"1f";                        --青色
      ELSEIF vcount<274 THEN
            h_dat<=X"1c";                        --绿色
      ELSEIF vcount<334 THEN
            h_dat<=X"e3";                        --紫色
      ELSEIF vcount<394 THEN
            h_dat<=X"e0";                        --红色
      ELSEIF vcount<454 THEN
            h_dat<=X"03";                        --蓝色
      ELSE
            h_dat<=X"00";
      END IF;
  END IF;
END PROCESS;

hsync<=hsync_r;
```

```
    vsync<=vsync_r;
    END;
```

设计任务 2：设计可显示多种颜色渐变的彩色图画。

任务分析：首先列出颜色的编码表，每一行显示一种颜色，每一列的颜色的编码渐变一次，这样就可以形成渐变的彩色图画。

参 考 文 献

[1] 周立功，等. EDA 实验与实践[M]. 北京：北京航空航天大学出版社，2007.

[2] 潘松. EDA 技术实用教程[M]. 北京：科学出版社，2005.

[3] [英]Mark Zwolinski.VHDL 数字系统设计(英文版)[M]. 北京：电子工业出版社，2002.

[4] 侯伯亨，顾新. VHDL 硬件描述语言与数字逻辑电路设计[M]. 西安：西安电子科技大学出版社，1998.

北京大学出版社本科电气信息系列实用规划教材

序号	书名	书号	编著者	定价	出版年份	教辅及获奖情况
			物联网工程			
1	物联网概论	7-301-23473-0	王 平	38	2014	电子课件/答案,有"多媒体移动交互式教材"
2	物联网概论	7-301-21439-8	王金甫	42	2012	电子课件/答案
3	现代通信网络	7-301-24557-6	胡珺珺	38	2014	电子课件/答案
4	物联网安全	7-301-24153-0	王金甫	43	2014	电子课件/答案
5	通信网络基础	7-301-23983-4	王昊	32	2014	
6	无线通信原理	7-301-23705-2	许晓丽	42	2014	电子课件/答案
7	家居物联网技术开发与实践	7-301-22385-7	付 蔚	39	2013	电子课件/答案
8	物联网技术案例教程	7-301-22436-6	崔逊学	40	2013	电子课件
9	传感器技术及应用电路项目化教程	7-301-22110-5	钱裕禄	30	2013	电子课件/视频素材,宁波市教学成果奖
10	网络工程与管理	7-301-20763-5	谢 慧	39	2012	电子课件/答案
11	电磁场与电磁波(第2版)	7-301-20508-2	邬春明	32	2012	电子课件/答案
12	现代交换技术(第2版)	7-301-18889-7	姚 军	36	2013	电子课件/习题答案
13	传感器基础(第2版)	7-301-19174-3	赵玉刚	32	2013	视频
14	物联网基础与应用	7-301-16598-0	李蔚田	44	2012	电子课件
15	通信技术实用教程	7-301-25386-1	谢 慧	36	2015	电子课件/习题答案
16	物联网工程应用与实践	7-301-19853-7	于继明	39	2015	
			单片机与嵌入式			
1	嵌入式ARM系统原理与实例开发(第2版)	7-301-16870-7	杨宗德	32	2011	电子课件/素材
2	ARM嵌入式系统基础与开发教程	7-301-17318-3	丁文龙 李志军	36	2010	电子课件/习题答案
3	嵌入式系统设计及应用	7-301-19451-5	邢吉生	44	2011	电子课件/实验程序素材
4	嵌入式系统开发基础——基于八位单片机的C语言程序设计	7-301-17468-5	侯殿有	49	2012	电子课件/答案/素材
5	嵌入式系统基础实践教程	7-301-22447-2	韩 磊	35	2013	电子课件
6	单片机原理与接口技术	7-301-19175-0	李 升	46	2011	电子课件/习题答案
7	单片机系统设计与实例开发(MSP430)	7-301-21672-9	顾 涛	44	2013	电子课件/答案
8	单片机原理与应用技术	7-301-10760-7	魏立峰 王宝兴	25	2009	电子课件
9	单片机原理及应用教程(第2版)	7-301-22437-3	范立南	43	2013	电子课件/习题答案,辽宁"十二五"教材
10	单片机原理与应用及C51程序设计	7-301-13676-8	唐 颖	30	2011	电子课件
11	单片机原理与应用及其实验指导书	7-301-21058-1	邵发森	44	2012	电子课件/答案/素材
12	MCS-51单片机原理及应用	7-301-22882-1	黄翠翠	34	2013	电子课件/程序代码
			物理、能源、微电子			
1	物理光学理论与应用(第2版)	7-301-26024-1	宋贵才	46	2015	电子课件/习题答案,"十二五"普通高等教育本科国家级规划教材
2	现代光学	7-301-23639-0	宋贵才	36	2014	电子课件/答案
3	平板显示技术基础	7-301-22111-2	王丽娟	52	2013	电子课件/答案
4	集成电路版图设计	7-301-21235-6	陆学斌	32	2012	电子课件/习题答案
5	新能源与分布式发电技术	7-301-17677-1	朱永强	32	2010	电子课件/习题答案,北京市精品教材,北京市"十二五"教材
6	太阳能电池原理与应用	7-301-18672-5	靳瑞敏	25	2011	电子课件

序号	书名	书号	编著者	定价	出版年份	教辅及获奖情况
7	新能源照明技术	7-301-23123-4	李姿景	33	2013	电子课件/答案
基 础 课						
1	电工与电子技术(上册)(第2版)	7-301-19183-5	吴舒辞	30	2011	电子课件/习题答案，湖南省"十二五"教材
2	电工与电子技术(下册)(第2版)	7-301-19229-0	徐卓农 李士军	32	2011	电子课件/习题答案，湖南省"十二五"教材
3	电路分析	7-301-12179-5	王艳红 蒋学华	38	2010	电子课件，山东省第二届优秀教材奖
4	模拟电子技术实验教程	7-301-13121-3	谭海曙	24	2010	电子课件
5	运筹学(第2版)	7-301-18860-6	吴亚丽 张俊敏	28	2011	电子课件/习题答案
6	电路与模拟电子技术	7-301-04595-4	张绪光 刘在娥	35	2009	电子课件/习题答案
7	微机原理及接口技术	7-301-16931-5	肖洪兵	32	2010	电子课件/习题答案
8	数字电子技术	7-301-16932-2	刘金华	30	2010	电子课件/习题答案
9	微机原理及接口技术实验指导书	7-301-17614-6	李干林 李 升	22	2010	课件(实验报告)
10	模拟电子技术	7-301-17700-6	张绪光 刘在娥	36	2010	电子课件/习题答案
11	电工技术	7-301-18493-6	张 莉 张绪光	26	2011	电子课件/习题答案，山东省"十二五"教材
12	电路分析基础	7-301-20505-1	吴舒辞	38	2012	电子课件/习题答案
13	模拟电子线路	7-301-20725-3	宋树祥	38	2012	电子课件/习题答案
14	数字电子技术	7-301-21304-9	秦长海 张天鹏	49	2013	电子课件/答案，河南省"十二五"教材
15	模拟电子与数字逻辑	7-301-21450-3	邬春明	39	2012	电子课件
16	电路与模拟电子技术实验指导书	7-301-20351-4	唐 颖	26	2012	部分课件
17	电子电路基础实验与课程设计	7-301-22474-8	武 林	36	2013	部分课件
18	电文化——电气信息学科概论	7-301-22484-7	高 心	30	2013	
19	实用数字电子技术	7-301-22598-1	钱裕禄	30	2013	电子课件/答案/其他素材
20	模拟电子技术学习指导及习题精选	7-301-23124-1	姚娅川	30	2013	电子课件
21	电工电子基础实验及综合设计指导	7-301-23221-7	盛桂珍	32	2013	
22	电子技术实验教程	7-301-23736-6	司朝良	33	2014	
23	电工技术	7-301-24181-3	赵莹	46	2014	电子课件/习题答案
24	电子技术实验教程	7-301-24449-4	马秋明	26	2014	
25	微控制器原理及应用	7-301-24812-6	丁筱玲	42	2014	
26	模拟电子技术基础学习指导与习题分析	7-301-25507-0	李大军 唐 颖	32	2015	电子课件/习题答案
27	电工学实验教程（第2版）	7-301-25343-4	王士军 张绪光	27	2015	
28	微机原理及接口技术	7-301-26063-0	李干林	42	2015	电子课件/习题答案
29	简明电路分析	7-301-26062-3	姜 涛	48	2015	电子课件/习题答案
30	微机原理及接口技术（第2版）	7-301-26512-3	越志诚 段中兴	49	2016	二维码数字资源
电子、通信						
1	DSP技术及应用	7-301-10759-1	吴冬梅 张玉杰	26	2011	电子课件，中国大学出版社图书奖首届优秀教材奖一等奖
2	电子工艺实习	7-301-10699-0	周春阳	19	2010	电子课件
3	电子工艺学教程	7-301-10744-7	张立毅 王华奎	32	2010	电子课件，中国大学出版社图书奖首届优秀教材奖一等奖
4	信号与系统	7-301-10761-4	华 容 隋晓红	33	2011	电子课件
5	信息与通信工程专业英语(第2版)	7-301-19318-1	韩定定 李明明	32	2012	电子课件/参考译文，中国电子教育学会2012年全国电子信息类优秀教材

序号	书名	书号	编著者	定价	出版年份	教辅及获奖情况
6	高频电子线路(第2版)	7-301-16520-1	宋树祥　周冬梅	35	2009	电子课件/习题答案
7	MATLAB基础及其应用教程	7-301-11442-1	周开利　邓春晖	24	2011	电子课件
8	计算机网络	7-301-11508-4	郭银景　孙红雨	31	2009	电子课件
9	通信原理	7-301-12178-8	隋晓红　钟晓玲	32	2007	电子课件
10	数字图像处理	7-301-12176-4	曹茂永	23	2007	电子课件，"十二五"普通高等教育本科国家级规划教材
11	移动通信	7-301-11502-2	郭俊强　李成	22	2010	电子课件
12	生物医学数据分析及其MATLAB实现	7-301-14472-5	尚志刚　张建华	25	2009	电子课件/习题答案/素材
13	信号处理MATLAB实验教程	7-301-15168-6	李杰　张猛	20	2009	实验素材
14	通信网的信令系统	7-301-15786-2	张云麟	24	2009	电子课件
15	数字信号处理	7-301-16076-3	王震宇　张培珍	32	2010	电子课件/答案/素材
16	光纤通信	7-301-12379-9	卢志茂　冯进玫	28	2010	电子课件/习题答案
17	离散信息论基础	7-301-17382-4	范九伦　谢勰	25	2010	电子课件/习题答案
18	光纤通信	7-301-17683-2	李丽君　徐文云	26	2010	电子课件/习题答案
19	数字信号处理	7-301-17986-4	王玉德	32	2010	电子课件/答案/素材
20	电子线路CAD	7-301-18285-7	周荣富　曾技	41	2011	电子课件
21	MATLAB基础及应用	7-301-16739-7	李国朝	39	2011	电子课件/答案/素材
22	信息论与编码	7-301-18352-6	隋晓红　王艳营	24	2011	电子课件/习题答案
23	现代电子系统设计教程	7-301-18496-7	宋晓梅	36	2011	电子课件/习题答案
24	移动通信	7-301-19320-4	刘维超　时颖	39	2011	电子课件/习题答案
25	电子信息类专业MATLAB实验教程	7-301-19452-2	李明明	42	2011	电子课件/习题答案
26	信号与系统	7-301-20340-8	李云红	29	2012	电子课件
27	数字图像处理	7-301-20339-2	李云红	36	2012	电子课件
28	编码调制技术	7-301-20506-8	黄平	26	2012	电子课件
29	Mathcad在信号与系统中的应用	7-301-20918-9	郭仁春	30	2012	
30	MATLAB基础与应用教程	7-301-21247-9	王月明	32	2013	电子课件/答案
31	电子信息与通信工程专业英语	7-301-21688-0	孙桂芝	36	2012	电子课件
32	微波技术基础及其应用	7-301-21849-5	李泽民	49	2013	电子课件/习题答案/补充材料等
33	图像处理算法及应用	7-301-21607-1	李文书	48	2012	电子课件
34	网络系统分析与设计	7-301-20644-7	严承华	39	2012	电子课件
35	DSP技术及应用	7-301-22109-9	董胜	39	2013	电子课件/答案
36	通信原理实验与课程设计	7-301-22528-8	郏春明	34	2015	电子课件
37	信号与系统	7-301-22582-0	许丽佳	38	2013	电子课件/答案
38	信号与线性系统	7-301-22776-3	朱明旱	33	2013	电子课件/答案
39	信号分析与处理	7-301-22919-4	李会容	39	2013	电子课件/答案
40	MATLAB基础及实验教程	7-301-23022-0	杨成慧	36	2013	电子课件/答案
41	DSP技术与应用基础(第2版)	7-301-24777-8	俞一彪	45	2015	
42	EDA技术及数字系统的应用	7-301-23877-6	包明	55	2015	
43	算法设计、分析与应用教程	7-301-24352-7	李文书	49	2014	
44	Android开发工程师案例教程	7-301-24469-2	倪红军	48	2014	
45	ERP原理及应用	7-301-23735-9	朱宝慧	43	2014	电子课件/答案
46	综合电子系统设计与实践	7-301-25509-4	武林　陈希	32(估)	2015	
47	高频电子技术	7-301-25508-7	赵玉刚	29	2015	电子课件
48	信息与通信专业英语	7-301-25506-3	刘小佳	29	2015	电子课件
49	信号与系统	7-301-25984-9	张建奇	45	2015	电子课件
50	数字图像处理及应用	7-301-26112-5	张培珍	36	2015	电子课件/习题答案
51	激光技术与光纤通信实验	7-301-26609-0	周建华　兰岚	28	2015	

序号	书名	书号	编著者	定价	出版年份	教辅及获奖情况
			自动化、电气			
1	自动控制原理	7-301-22386-4	佟威	30	2013	电子课件/答案
2	自动控制原理	7-301-22936-1	邢春芳	39	2013	
3	自动控制原理	7-301-22448-9	谭功全	44	2013	
4	自动控制原理	7-301-22112-9	许丽佳	30	2015	
5	自动控制原理	7-301-16933-9	丁红 李学军	32	2010	电子课件/答案/素材
6	现代控制理论基础	7-301-10512-2	侯媛彬等	20	2010	电子课件/素材，国家级"十一五"规划教材
7	计算机控制系统(第2版)	7-301-23271-2	徐文尚	48	2013	电子课件/答案
8	电力系统继电保护(第2版)	7-301-21366-7	马永翔	42	2013	电子课件/习题答案
9	电气控制技术(第2版)	7-301-24933-8	韩顺杰 吕树清	28	2014	电子课件
10	自动化专业英语(第2版)	7-301-25091-4	李国厚 王春阳	46	2014	电子课件/参考译文
11	电力电子技术及应用	7-301-13577-8	张润和	38	2008	电子课件
12	高电压技术	7-301-14461-9	马永翔	28	2009	电子课件/习题答案
13	电力系统分析	7-301-14460-2	曹娜	35	2009	
14	综合布线系统基础教程	7-301-14994-2	吴达金	24	2009	电子课件
15	PLC原理及应用	7-301-17797-6	缪志农 郭新年	26	2010	电子课件
16	集散控制系统	7-301-18131-7	周荣富 陶文英	36	2011	电子课件/习题答案
17	控制电机与特种电机及其控制系统	7-301-18260-4	孙冠群 于少娟	42	2011	电子课件/习题答案
18	电气信息类专业英语	7-301-19447-8	缪志农	40	2011	电子课件/习题答案
19	综合布线系统管理教程	7-301-16598-0	吴达金	39	2012	电子课件
20	供配电技术	7-301-16367-2	王玉华	49	2012	电子课件/习题答案
21	PLC技术与应用(西门子版)	7-301-22529-5	丁金婷	32	2013	电子课件
22	电机、拖动与控制	7-301-22872-2	万芳瑛	34	2013	电子课件/答案
23	电气信息工程专业英语	7-301-22920-0	余兴波	26	2013	电子课件/译文
24	集散控制系统(第2版)	7-301-23081-7	刘翠玲	36	2013	电子课件，2014年中国电子教育学会"全国电子信息类优秀教材"一等奖
25	工控组态软件及应用	7-301-23754-0	何坚强	49	2014	电子课件/答案
26	发电厂变电所电气部分(第2版)	7-301-23674-1	马永翔	48	2014	电子课件/答案
27	自动控制原理实验教程	7-301-25471-4	丁红 贾玉瑛	29	2015	
28	自动控制原理（第2版）	7-301-25510-0	袁德成	35	2015	电子课件，辽宁省"十二五"教材
29	电机与电力电子技术	7-301-25736-4	孙冠群	45	2015	电子课件/答案
30	虚拟仪器技术及其应用	7-301-27133-9	廖远江	45	2016	
31	VHDL数字系统设计与应用	7-301-27267-1	黄卉 李冰	42	2016	电子课件

如您需要更多教学资源如电子课件、电子样章、习题答案等，请登录北京大学出版社第六事业部官网 www.pup6.cn 搜索下载。

如您需要浏览更多专业教材，请扫下面的二维码，关注北京大学出版社第六事业部官方微信（微信号：pup6book），随时查询专业教材、浏览教材目录、内容简介等信息，并可在线申请纸质样书用于教学。

感谢您使用我们的教材，欢迎您随时与我们联系，我们将及时做好全方位的服务。联系方式：010-62750667，szheng_pup6@163.com，pup_6@163.com，lihu80@163.com，欢迎来电来信。客户服务 QQ 号：1292552107，欢迎随时咨询。